绿色混凝土新技术及工程应用

中建商品混凝土有限公司
中 国 建 筑 科 学 研 究 院
中国绿色建筑与节能委员会

中国建筑工业出版社

图书在版编目（CIP）数据

绿色混凝土新技术及工程应用/中建商品混凝土有限公司等．—北京：中国建筑工业出版社，2010.9

ISBN 978-7-112-12384-1

Ⅰ.①绿…　Ⅱ.①中…　Ⅲ.①混凝土-无污染技术　Ⅳ.①TU528

中国版本图书馆 CIP 数据核字（2010）第 161703 号

本书由中建商品混凝土有限公司、中国建筑科学研究院及中国绿色建筑与节能委员会组织编写。内容包括：绿色混凝土的新型原材料利用、绿色混凝土的性能研究及绿色混凝土的生产与应用。

本书可供混凝土生产企业、建筑施工企业及科研人员学习使用，也可供高等院校相关专业师生学习参考。

*　　*　　*

责任编辑：郦锁林
责任设计：陈　旭
责任校对：王　颖　陈晶晶

绿色混凝土新技术及工程应用
中建商品混凝土有限公司
中国建筑科学研究院
中国绿色建筑与节能委员会
*
中国建筑工业出版社出版、发行（北京西郊百万庄）
各地新华书店、建筑书店经销
北京红光制版公司制版
北京同文印刷有限责任公司印刷
*
开本：787×1092 毫米　1/16　印张：$17^1/_4$　字数：420 千字
2010 年 9 月第一版　2011 年 1 月第二次印刷
定价：**48.00** 元
ISBN 978-7-112-12384-1
(19651)

《绿色混凝土新技术及工程应用》编委会

（排名不分先后）

序

水泥的发明和混凝土的创造，以及其后钢筋混凝土的诞生，它们无疑都是属于人类社会诸多发明创造之列的大事件，同时也极大地显示了人类所蕴蓄的无穷智慧和巨大创造力。它们带给人类社会，尤其是对人类物质文明的建设和贡献产生了至关重要的影响。当然，和任何事物一样，它们也应当在自身不断的发展和不断的应用之中得到进一步的完善和新的发展，以适应和满足人类社会新的发展需求，不然也可能被人类社会所淘汰。过去一百多年来，水泥、混凝土和钢筋混凝土的应用发展及其兴衰的过程和历史也是如此。

社会的发展和进步，以及人们生活的不断提高所带来的新的需求，尤其是现代社会快速发展，甚或不理性的资源过度消耗、过度浪费，造成全社会乃至全球的种种失衡现象，确实已经到了应当人人猛醒的时候了！这种检讨和反思，我以为应当是全民的、全社会的，而且应当以系统工程的方式来思考。

至今水泥、混凝土和钢筋混凝土仍然是土木建筑工程中应用最广、用量最大的工程材料，而且在可以预见的将来，它们仍将是全世界土木建筑工程中广泛应用的、不可或缺的大宗材料。因此，首先要在目前已经有所发展了、进步了的水泥、混凝土和钢筋混凝土的性能、选材、配制、生产工艺等方面，以及改进、优化设计和应用方面，为节能减排、节约资源、降低污染持续不断地下足工夫，进一步取得新的发展和进步，这是水泥、混凝土和钢筋混凝土的生存和发展之道。诚然，从系统工程的角度看，它们更需要从宏观上和总体上来筹划和考量。最近二三十年来，中国水泥、混凝土和钢筋混凝土的总产量和总用量一直居于世界首位，其中水泥和混凝土早已超过世界总产量的一半。这是一种优势，但也带来了许多新的压力和问题，如资源、能源的过度消耗，以及由此带来的环境污染、生态破坏等诸多问题。这些问题都需要用新的思考、新的对策、新的手段来解决，使建筑材料的生产逐步走上可持续发展之路。对于有利于产业发展和产品升级的事，业内和企业内部本身可以做的，应当尽快地努力去做。所以对于水泥、混凝土和钢筋混凝土在性能、选材、配制、生产工艺等方面，在节能减排、节约资源、降低污染指标方面的自身对比，并与市场甚至国际市场孰优孰劣的比较至关重要，并且非常直观，这可以说是“硬”指标的较量，也当然是各个企业都十分关心的大事。至于与其他替代或置换材料的相关比较，就并非这么直观和简单了。在此，我不是说不要或者是轻视和淡化这种比较，而相反，我认为还应当极大地重视和认真地进行这种比较，只是不能简单且孤立地进行以偏概全的对比，这样只会是以讹传讹、似是而非地误导他人，这种情况在现实生活中确实也不乏案例。总之，对此人们要善思之且慎待之。

当前，节能是全国的大事，是国家的国策，对土木建筑行业而言，节能乃是它首当其冲的要务。对此，业内上下全体同仁都应充分认识，并应共同协力不懈地对待之。目前，就全行业而言，已经有所行动，并开始有了较好的苗头和一些成果。就本人所见所闻而言，混凝土及其上下游产业链来说，现在已经做出了的一些案例和取得的初步成果还是值得称道的，其中中建商品混凝土有限公司及其分支机构精心打造的“绿色混凝土”生产线及其产品，颇具典范意义，至少他们努力的方向和路子是值得倡导的。2009 年夏，我在武汉参加全国混凝土及混凝土结构工程研讨会之际，应邀考察访问了中建商品混凝土有限公司，吴文贵总经理亲自向我作了详细介绍，王军总工程师和我的老友、身兼该公司顾问的张希黔总工程师一起陪同。在他们那里，我确实看到了井然有序的商品混凝土生产流水线及配置得当的各种设备和机具，眼前所见哪里像我以往经常看到的混乱不堪的工地搅拌站，这俨然像是环境相当整洁的办公区或是小型电子组装车间；加上吴总言简意赅、运筹有数的介绍和公司的发展愿景，自然而然地引发了我们非常热烈的讨论，后来俨然形成了一次小小的研讨会。总之，此行，给我的印象深刻，受益良多。最后，我和张总共同提出了在适当时机举办一次绿色混凝土技术研讨会的建议，其目的不仅为了推介中建商品混凝土有限公司的现有经验，更重要的是集思广益，相互交流全国同行之间的经验，共谋打造混凝土绿色产业。吴总对此表示赞成，并愿尽力做好具体的会务工作，竭诚欢迎同行光临参与。当然，这是一件好事，不久，筹办会议的工作在各方的积极支持和协同下开始了。经过各方整整一年的努力，会议可望于 2010 年 10 月 20 日正式召开。在此期间，我非常感谢我的挚友、中国绿色建筑与节能委员会王有为主任的全力支持，他在百忙中，数度参与会议的策划和研究，同时，研讨会还得到了中国建筑科学研究院建材研究所实质性的参与和支持。据我所知，研讨会学术方面的工作，主要由该所张罗筹办。当然，为办好这次会议，我们还有其他很多的支持者和赞助者，我在此难以一一列举。我想我们的研讨会，从动议到会议召开仅一年左右的时间，能够邀请到相当数量的与会者和按计划如期出版研讨会论文集，用一般文字通知征文已经难以如愿，而是主要采取了有目标地、面对面地约请才完成的，此举实属不易，但也凸显了组稿者的良苦用心，诚者应声多助也！

绿色事业是千秋大业，是任重道远的工作。打造绿色混凝土，虽然是绿色事业滔滔大河中的一支小小分流，但是我们业者愿意并且做好我们自己的“支流”工作，汇流到一起形成绿色事业的“大海”，这样我们才能共享我们美好的未来！我坚信此乃本次研讨会筹办者和与会者的一致心愿。有感于此，故特为之序！

许溶烈

2010 年 9 月 3 日于北京

前　言

混凝土技术发展到今天，除了需要考虑解决混凝土的开裂、脆性、耐久性等技术问题之外，还必须结合人类社会的可持续发展要求，从节约自然资源和能源、保护环境的角度，开发和应用新技术，积极利用固体废弃物，减少水泥和混凝土的消耗量，大大提高建筑的服役寿命，实现节能减排目标，走“绿色化”发展的道路，为我国建筑业的绿色化发展做出积极贡献。

由中建商品混凝土有限公司、中国建筑科学研究院、中国绿色建筑与节能委员会联合主办的“2010年全国绿色混凝土技术交流大会”在成都召开。征集到的论文约50多篇，经过审阅，遴选了40篇编纂成集，并由中国建筑工业出版社正式出版发行。内容涉及中水替代自来水、石灰石粉和工业废渣等新型原材料的利用研究，以耐久性为中心的混凝土性能研究，以及绿色混凝土的生产和应用技术等。

我们对来稿进行了审核、编辑，并对部分文字进行了必要的修改；对涉及内容的重大修改，多数征得了作者的同意；对文章中各种不同学术观点未作统一，以供读者分析选用。由于时间仓促和水平所限，书中难免有错误和不当之处，敬请读者予以指正。

目　录

一、绿色混凝土的新型原材料利用

二、绿色混凝土的性能研究

三、绿色混凝土的生产与应用

一、绿色混凝土的新型原材料利用

中水替代自来水拌制混凝土的性能研究

王安岭，路来军
（北京东方建宇混凝土科学技术研究院，北京 101119）

摘　要　把中水用做混凝土的拌合水，以自来水为基准，分别测定对水泥凝结时间、安定性、胶砂强度的影响规律，结合水质分析结果初步确定中水替代自来水的可行性；在此基础上完成对不同水胶比、不同掺合料掺量混凝土的工作性、抗压强度测试，评价中水用做混凝土拌合水的实施效果；通过选取有代表性的混凝土配合比，综合测定混凝土拌合物性能、硬化后的其他力学性能、耐久性能和体积稳定性，为中水拌制混凝土的工程应用提供完整的技术依据。

关键词　中水；自来水；混凝土；性能

1　引言

当今社会水资源严重短缺，如再不加以重视，势必威胁到人类的生存与发展。建筑业是用水大户，随我国基础设施投入力度的增大，工程建设需要大量的施工用水，这无疑加剧了用水负担。如果通过政策导向能够在施工环节采用一部分中水，将对节水和环保有重大意义。

中水是国际公认的“城市第二水源”，有效合理的应用中水可提高水资源综合利用率，缓解水资源短缺矛盾，实现水资源的社会效益、环境效益、经济效益及资源效益。

本文探讨的是中水在混凝土中的技术研究。

2　研究过程

2.1　原材料

北京琉璃河水泥厂和新港水泥厂 P·O42.5 水泥；滦平中砂；三河碎石，最大粒径 25.0mm；张家口Ⅱ级粉煤灰；北京建恺 JK-1 泵送剂；北京高碑店污水处理厂中水。

2.2　水质分析

不同水质的物质含量，见表 1。

王安岭（1971—　），男，工学硕士，高级工程师

不同水质的物质含量 **表 1**

项　目	水　质		标准要求物质含量限量		
	自来水	中水	预应力混凝土	钢筋混凝土	素混凝土
pH 值	7.85	8.05	≥5.0	≥4.5	≥4.5
不溶物（mg/L）	135	3	≤2000	≤2000	≤5000
可溶物（mg/L）	865	997	≤2000	≤5000	≤10000
Cl^-（mg/L）	9.63	155.85	≤500	≤1000	≤3500
SO_4^{2-}（mg/L）	11.42	97.44	≤600	≤2000	≤2700

从上表可以看出，中水满足《混凝土用水标准》（JGJ 63—2006）中对预应力混凝土水质要求，因此初步判断中水代替自来水用于拌制混凝土在技术上是可行的。

2.3　中水对水泥物理力学性能的影响

中水对水泥物理力学性能的影响，见表 2。

中水对水泥物理力学性能的影响 **表 2**

指标 / 品种	水　质	标准稠度用水量（%）	安定性	凝结时间		强度（N/mm²）			
						抗压强度		抗折强度	
				初凝	终凝	3d	28d	3d	28d
琉璃河 P·O42.5R	自来水	140	合格	2h18min	3h20min	29.2	52.1	5.9	7.9
	中　水	140		2h27min	3h26min	29.4	52.2	5.8	8.4
新港 P·O42.5	自来水	137		2h56min	3h39min	24.1	53.6	5.4	8.4
	中　水	137		2h32min	3h32min	26.2	55.1	5.2	8.8

不管采用何种水质，安定性结果都合格；自来水和中水的标准稠度用水量、凝结时间测定指标基本相同；中水对强度的影响在不同龄期的抗压强度、抗折强度有高有低，但都不低于自来水拌制胶砂抗压强度的 90%，这也满足混凝土用水要求。

2.4　中水对不同水胶比、不同粉煤灰掺量的混凝土强度影响

分别用自来水、中水配制 0.65、0.50、0.35 三种高、中、低水胶比的混凝土，粉煤灰掺量依次为 0、20%、40%，对比分析不同水质对不同水胶比、不同粉煤灰掺量混凝土强度的影响（表 3）。

中水对不同水胶比、不同粉煤灰掺量混凝土强度的影响 **表 3**

序号	水胶比	砂率（%）	水质	水泥（kg/m³）	粉煤灰（kg/m³）	JK-1（%）	坍落度（mm）	抗压强度（N/mm²）			
								3d	7d	28d	60d
1	0.65	52	自来水	277	0	2.1	185	14.6	25.6	34.3	36.8
2			中水				175	15.1	26.2	34.8	35.7
3			自来水	222	55		195	10.8	21.7	31.5	39.5
4			中水				170	10.4	19.3	28.0	36.4
5			自来水	166	111		175	9.2	15.3	29.2	39.0
6			中水				200	8.6	16.2	28.9	36.2

续表

序号	水胶比	砂率（%）	水质	水泥（kg/m^3）	粉煤灰（kg/m^3）	JK－1（%）	坍落度（mm）	抗压强度（N/mm^2）			
								3d	7d	28d	60d
7	0.50	47	自来水	360	0	2.3	195	27.3	43.0	53.4	56.2
8			中水				185	29.3	45.1	55.2	54.8
9			自来水	288	72		200	27.2	38.5	52.2	52.6
10			中水				180	25.5	36.8	51.7	52.3
11			自来水	216	144		185	19.5	30.5	46.8	49.7
12			中水				185	21.0	31.0	49.0	54.9
13	0.35	41	自来水	514	0	2.6	200	47.1	59.6	61.3	64.8
14			中水				195	49.6	58.3	65.9	63.5
15			自来水	411	103		195	47.1	58.9	64.1	63.5
16			中水				215	47.5	56.9	66.4	67.1
17			自来水	309	205		210	38.7	54.4	60.5	65.3
18			中水				200	37.2	53.5	60.8	67.6

由上表可以发现，用中水配制的混凝土与用自来水配制的混凝土强度增长规律表现一致，即随龄期的增长，相同配合比参数的混凝土强度都在逐渐增长；随粉煤灰掺量的增加，相同龄期的早期强度都在下降，60d龄期强度基本相同，且强度增长或下降幅度基本相同。

用中水拌制的混凝土与自来水拌制的混凝土在相同外加剂掺量下坍落度基本相同，同龄期混凝土强度也基本相同。说明无论水胶比高低、粉煤灰掺量如何，就对混凝土工作性和不同龄期抗压强度的影响来说，用中水代替自来水配制混凝土在技术上是可行的。

2.5 中水对混凝土性能的影响

中水对混凝土综合性能影响用配合比，见表4。

中水对混凝土综合性能影响用配合比 **表4**

序号	水　质	水胶比	砂率（%）	水泥（kg/m^3）	粉煤灰（kg/m^3）	外加剂（%）
1	自来水	0.40	43	360	90	2.8
2	中　水					

2.5.1 对拌合物性能的影响

混凝土拌合物性能试验，见表5。

混凝土拌合物性能试验 **表5**

序　号	坍落度保留值（mm）		凝结时间		含气量（%）
	出机（T_0）	1h（T_{60}）	初　凝	终　凝	
1	220	175	9h27min	11h47min	3.2
2	220	185	9h35min	11h40min	3.5

用中水与自来水拌制的混凝土坍落度保留值、凝结时间和含气量基本相同。

2.5.2 对其他力学性能的影响

混凝土其他力学性能试验，见表6。

混凝土其他力学性能试验 **表6**

序号	水质	抗压强度 (N/mm^2)	抗折强度 (N/mm^2)	劈拉强度 (N/mm^2)	轴压强度 (N/mm^2)	弹性模量 (N/mm^2)
1	自来水	52.5	5.30	4.64	48.8	37900
2	中 水	57.5	6.77	4.68	51.8	40200

2.5.3 对耐久性能的影响

(1) 抗渗性

混凝土的抗渗性试验，见表7。

混凝土的抗渗性试验 **表7**

序 号	水 质	抗渗等级（P）	试验情况描述
1	自来水	>28	2.8MPa无透水，劈检渗水高度平均值20mm
2	中水	>28	2.8MPa无透水，劈检渗水高度平均值15mm

(2) 抗氯离子渗透性

混凝土的抗氯离子渗透性试验，见表8。

(3) 抗碳化性

混凝土的抗碳化性试验，见表9。

混凝土的抗氯离子渗透性试验 **表8**

序号	水 质	电通量（库仑）
1	自来水	941.1
2	中水	938.7

混凝土的抗碳化性试验 **表9**

序号	水 质	碳化深度（mm）
1	自来水	6.7
2	中水	8.0

(4) 抗冻性

混凝土抗冻性试验，见表10。

混凝土抗冻性试验 **表10**

序号	水 质	动弹性模量（%）					重量损失率（%）
		100次	200次	225次	250次	275次	
1	自来水	91.8	76.5	70.1	62.6	52.4	0.1
2	中水	92.8	72.0	68.0	63.3	53.4	0.2

(5) 干燥收缩

混凝土的干燥收缩试验，见表11。

混凝土的干燥收缩试验 **表 11**

序号	水 质	混凝土收缩值（mm/m）							
		1d	3d	7d	14d	28d	45d	60d	90d
1	自来水	0.037	0.100	0.150	0.257	0.320	0.367	0.407	0.427
2	中水	0.060	0.120	0.183	0.300	0.393	0.420	0.447	0.460

（6）抗硫酸盐侵蚀

混凝土抗硫酸盐侵蚀性试验，见表 12。

混凝土抗硫酸盐侵蚀性试验 **表 12**

序 号	水 质	抗压强度（N/mm^2）（清水中养护 60d）	抗压强度（N/mm^2）（5%Na_2SO_4溶液中养护 60d）	抗腐蚀系数 K 值
1	自来水	56.1	60.7	1.08
2	中水	51.2	57.4	1.12

对上述混凝土的耐久性和体积稳定性测试结果表明，用中水和自来水配制的混凝土相关指标基本相同。因此，用中水代替自来水用于混凝土中在技术上是可行的。

3 结论

（1）通过对中水、自来水的水质化验结果发现，两种水质的 pH 值、可溶物、不溶物、氯化物、硫酸盐等指标满足《混凝土用水标准》（JGJ 63—2006）中对预应力混凝土的技术要求。

（2）通过对水泥物理性能的试验发现，中水和自来水的标准稠度用水量、凝结时间测定指标基本相同；安定性检验结果合格。不同水质对于胶砂强度的影响规律不明显，表现在不同龄期的抗压强度、抗折强度有高有低，但都不低于自来水拌制胶砂抗压强度的90%，这也满足混凝土用水要求。

（3）通过分别用中水、自来水配制不同粉煤灰掺量的高、中、低水胶比的混凝土发现，用两种水质拌制的混凝土在相同外加剂掺量下坍落度基本相同，同龄期混凝土强度也基本相同，强度波动范围可控制在±10%以内。

（4）通过选取有代表性的不同水质中水胶比混凝土进行拌合物性能和力学性能试验发现，混凝土拌合物出机坍落度、坍落度保留值、凝结时间、含气量等指标基本相同，其他力学性能指标也大体相同。

（5）通过选取有代表性的不同水质中水胶比混凝土进行耐久性能和体积稳定性试验发现，中水、自来水拌制的混凝土抗渗性、抗冻性、抗氯离子渗透性、干燥收缩、抗碳化性能等指标也没有明显差别。

（6）综合以上试验结果可以发现，中水替代自来水用于拌制混凝土在技术上是可行的。

参 考 文 献

[1] 丁威，冷发光，马冬花等．中水作为混凝土拌合用水试验研究．混凝土，2005，(6)：65-69.

[2] 马建芳．建筑中水发展趋势及其技术应用．山西建筑，2003，29；(11)：76-77.

[3] 郑晓萍，单为春．我国中水的开发与应用．冶金动力，2005；(5)：47-49.

高石粉含量人工砂制备泵送混凝土的试验研究

罗季英，季　宏

（金华市建筑建筑材料试验所有限公司，金华 321000）

摘　要　本文研究了石粉含量10%～30%的人工砂配制泵送混凝土的和易性、抗压强度和抗渗性能的影响规律。研究结果表明石粉含量在20%以下有助于改善混凝土和易性和抗渗性能。石粉含量增加时必须通过调整砂率才可能获得良好的工作性。水胶比0.35以上泵送混凝土的石粉含量限量宜为20%。

关键词　石粉；混凝土配合比；砂率；坍落度；扩展度；和易性

1　引言

建筑用砂石是混凝土工程的重要组成部分，作为一种地方性材料，它具有不可再生及不宜长途运输等特点。当前我国不少地区出现天然砂资源减少、甚至枯竭的情况，混凝土用砂供需矛盾突出。随着人们对人工砂认识的逐渐深入，以及人工砂质量的进一步提高，人工砂混凝土所占的份额必然会逐步增加[1]。

我国的不同标准均按混凝土强度等级规定人工砂的石粉含量，但是规定的石粉最高含量有所不同（见表1）。

我国不同地方标准对混凝土机制砂石粉含量的最高限值　　　　**表1**

标准类型	标　准　名　称	对石粉含量的最高限值
国家标准	建筑用砂（GB/T 14684—2001）	3%～7%
行业标准	普通混凝土用砂、石质量及检验方法标准（JGJ 52—2006）	5%～10%
贵州地方标准	山砂混凝土技术规范	20%
重庆地方标准	混凝土用机制砂质量标准及控制方法	石灰岩质7%，砂岩质10%

从表1中可以看出，不同标准规定的石粉含量差别较大。由于正常机制砂生产过程中会产生10%左右的石粉，限制石粉含量意味着增加人工砂的生产成本，同时也影响了人工砂的使用[1]。因此，系统研究较高石粉含量对混凝土拌合物性能、抗压强度和抗渗性能的影响，即研究人工砂中石粉的适宜含量，对于指导人工砂混凝土的科学应用，降低人工砂生产成本，促进砂石资源的可持续发展具有重要意义。

本试验的主要目的是通过分析不同石粉含量（5%～30%）对人工砂在商品混凝土制

罗季英（1968—　），女，高级工程师，浙江省金华市迎宾大道128号金华市建筑材料试验所有限公司（321000），电话：13806789998

备时的拌合物性能、力学性能和抗渗性能的影响关系，确定人工砂混凝土的适宜石粉含量。为高石粉含量人工砂的应用提供技术依据。

2 原材料

2.1 水泥

采用同一批次的尖峰 P·O42.5，主要性能指标的检测结果见表 2。

水泥主要性能指标　　表 2

细度（%）	标准稠度用水量（%）	凝结时间（min）		抗压强度（MPa）		抗折强度（MPa）		安定性
		初凝	终凝	3d	28d	3d	28d	
1.7	27.1	195	265	28.2	54.6	6.3	10.1	合格

2.2 细骨料

采用金华人工砂（经水洗），主要物理性能指标检验结果见表 3。

人工砂主要物理性能指标　　表 3

细度模数	级配	表观密度（kg/m³）	堆积密度（kg/m³）	吸水率（%）	亚甲蓝 MB 值	石粉含量（%）	泥块含量	压碎值指标
3.0	Ⅱ区	2620	1700	3.1	1.0	5.0	0.2	3.2

2.3 石粉

人工砂中的石粉通常是指小于 0.075 mm 的颗粒，在混凝土中主要起微骨料作用[2]。试验时为了能够统一石粉的品质我们所用的石粉用粉磨设备将轧制石灰岩石屑经粉磨后得到。经 30min 粉磨后的石粉经筛分析试验（80μm 筛）筛余为 12%，比表面积达到 458m²/kg。

2.4 粗骨料

采用碎石 5～31.5mm，主要物理性能指标的检验结果见表 4。

石子主要物理性能　　表 4

粒径	级配	表观密度（kg/m³）	堆积密度（kg/m³）	吸水率（%）	含泥量（%）	泥块含量（%）	针片状颗粒含量（%）	压碎值指标（%）
5～31.5	连续级配	2500	1420	4.0	0.8	0.4	4.0	6.0

2.5 粉煤灰

采用金华自立（浙能兰溪电厂）生产 II 级粉煤灰，主要物理性能试验结果见表 5。

粉煤灰主要物理性能试验结果　　表5

细度（45μm筛余）(%)	需水量（%）	烧失量（%）	SO_3（%）	含水率（%）
18.7	105	2.28	0.3	0.4

2.6 泵送剂

采用LS801-H液态泵送剂，主要性能指标试验结果见表6。

泵送剂试验结果　　表6

密度（g/cm³）	含固量	砂浆减水率（%）	水泥净浆流动度（%）
1.168	30.8	18	8.71

3 试验成果分析

3.1 高石粉含量人工砂对泵送混凝土拌合物性能的影响

以水胶比0.40混凝土配合比为例，测试不同石粉含量（5%～0%）的拌合物性能，分析石粉含量对和易性的影响。本试验中混凝土设计坍落度为120～170mm。混凝土试验成果见表7。

混凝土试验成果表　　表7

试验号	水胶比	石粉含量（%）	砂率（%）	每方混凝土材料用量（kg/m³）						拌合物性能		
				水泥	水	砂	石	粉煤灰	外加剂	和易性	坍落度（mm）	扩展度（mm）
S-1	0.40	5	43	393	185	783	1038	69	7.1	好	170	350
S-2	0.40	10	43	393	185	783	1038	69	6.9	好	160	350
S-3	0.40	15	43	393	185	783	1038	69	6.9	好	120	220
S-4	0.40	20	43	393	185	783	1038	69	6.9	黏稠	95	170
S-5	0.40	25	43	393	185	783	1038	69	6.9	黏稠	55	—
S-6	0.40	30	43	393	185	783	1038	69	6.9	黏稠	40	—

由表7可以看出，石粉含量在20%内仍有较好的施工性，但增到20%时，坍落度明显降低，流动度变差，扩展度变小，继续增大发现混凝土变得异常黏稠基本已无法泵送。说明石粉的含量对和易性有一个最佳的范围。

3.2 高石粉含量人工砂对硬化后混凝土性能试验

分析高石粉含量人工砂对混凝土抗压强度和抗渗性能的影响，试验采用正交方法进行混凝土配合比设计。水胶比范围为0.55～0.35，砂率随着石粉含量相应调整，以良好的工作性为原则。正交试验的水平因素如表8所示。混凝土试验用配合比如表9所示。试验成果见表10。

泵送混凝土水平因素 **表 8**

因素 \ 水平	1	2	3	4	5
石粉含量（%）	10	15	20	25	30
水胶比	0.55	0.5	0.45	0.4	0.35

注：每一系列配合比均以含石粉 5%的人工砂作为空白进行比对。

泵送混凝土试验安排及配合比设计 **表 9**

试验号 \ 因素	石粉含量	水胶比	砂率（%）	每方混凝土材料用量（kg）					
	1	2		水泥	水	砂	石	煤灰	外加剂
SA-0	0（5%）	1（0.55）	46	286	185	887	991	50	5
SA-1	1（10%）	1（0.55）	44	286	185	849	1030	50	5
SA-2	2（15%）	1（0.55）	42	286	185	810	1069	50	5
SA-3	3（20%）	1（0.55）	40	286	185	772	1107	50	5
SA-4	4（25%）	1（0.55）	38	286	185	733	1146	50	5
SA-5	5（30%）	1（0.55）	36	286	185	694	1183	50	5
SB-0	0（5%）	2（0.50）	45	315	185	855	1045	55	5.5
SB-1	1（10%）	2（0.50）	43	315	185	817	1083	55	5.5
SB-2	2（15%）	2（0.50）	41	315	185	779	1121	55	5.5
SB-3	3（20%）	2（0.50）	39	315	185	741	1159	55	5.5
SB-4	4（25%）	2（0.50）	37	315	185	703	1197	55	5.5
SB-5	5（30%）	2（0.50）	35	315	186	665	1234	55	5.5
SC-0	0（5%）	3（0.45）	44	349	185	821	1045	62	6.2
SC-1	1（10%）	3（0.45）	42	349	185	784	1082	62	6.2
SC-2	2（15%）	3（0.45）	40	349	185	746	1119	62	6.2
SC-3	3（20%）	3（0.45）	38	349	185	709	1157	62	6.2
SC-4	4（25%）	3（0.45）	36	349	185	672	1194	62	6.2
SC-5	5（30%）	3（0.45）	34	349	186	634	1231	62	6.2
SD-0	0（5%）	4（0.40）	43	393	185	783	1038	69	6.9
SD-1	1（10%）	4（0.40）	41	393	185	747	1075	69	6.9
SD-2	2（15%）	4（0.40）	39	393	185	711	1111	69	6.9
SD-3	3（20%）	4（0.40）	37	393	185	674	1148	69	6.9
SD-4	4（25%）	4（0.40）	35	393	185	638	1184	69	6.9
SD-5	5（30%）	4（0.40）	33	393	186	601	1220	69	6.9
SE-0	0（5%）	5（0.35）	42	449	185	742	1024	79	7.9
SE-1	1（10%）	5（0.35）	40	449	185	706	1059	79	7.9
SE-2	2（15%）	5（0.35）	38	449	185	671	1095	79	7.9
SE-3	3（20%）	5（0.35）	36	449	185	636	1130	79	7.9
SE-4	4（25%）	5（0.35）	34	449	185	600	1165	79	7.9
SE-5	5（30%）	5（0.35）	32	449	185	565	1200	79	7.9

高石粉含量人工砂泵送混凝土试验成果 **表 10**

试验号	拌合物性能			硬化后混凝土性能		
	和易性	坍落度（mm）	扩展度（mm）	28d 抗渗等级	抗压强度（MPa）	
					7d	28d
SA-0	一般	150	350	＞P8	22.3	33.2
SA-1	一般	180	370	P10	22.8	33.6
SA-2	好	150	360	＞P12	22.9	34.8
SA-3	好	150	350	＞P12	22.2	33.5
SA-4	好	100	230	＞P12	23.1	31.0
SA-5	黏稠	90	—	＞P12	22.7	30.9
SB-0	好	170	270	P10	25.8	36.5
SB-1	好	170	350	P10	25.9	38.1
SB-2	好	130	330	P12	27.7	38.0
SB-3	好	150	360	＞P12	30.0	40.4
SB-4	黏稠	110	280	＞P12	26.8	37.5
SB-5	黏稠	40	—	＞P12	25.8	37.0
SC-0	好	160	340	＞P12	28.7	41.5
SC-1	好	130	350	＞P12	34.2	45.2
SC-2	好	120	300	＞P12	32.7	44.6
SC-3	好	140	330	＞P12	32.0	45.8
SC-4	黏稠	100	280	＞P12	29.9	44.7
SC-5	黏稠	90	200	＞P12	28.6	43.5
SD-0	好	150	340	P10	39.5	48.3
SD-1	好	130	320	＞P12	40.1	49.0
SD-2	好	150	260	＞P12	37.0	46.5
SD-3	黏稠	100	200	＞P12	34.0	46.1
SD-4	黏稠	80	170	＞P12	35.5	46.0
SD-5	黏稠	60	—	＞P12	33.9	44.8
SE-0	好	130	300	＞P12	47.0	57.0
SE-1	好	130	300	P10	48.2	56.2
SE-2	好	140	310	＞P12	43.7	54.5
SE-3	黏稠	100	240	＞P12	41.7	50.8
SE-4	黏稠	70	—	＞P12	39.4	48.9
SE-5	黏稠	50	—	＞P12	38.9	46.6

从表 10 可知，掺加适量石粉能够改善拌合物性能，混凝土的抗渗等级随着石粉含量增大而提高。28d 抗压强度可以通过其与石粉含量之间关系图（见图 1）得知，水胶比在

0.40 以上随着石粉掺量增大，混凝土 28d 抗压强度先增大后降低，石粉含量在 20%以下混凝土抗压强度较基准有提高。但水胶比在 0.35 则可以看出石粉含量增加混凝土抗压强度呈下降趋势。说明水胶比越小或是混凝土强度等级越高人工砂中的石粉含量应严格控制，当混凝土强度等级在 C50 以上时，人工砂中的石粉含量应控制在 10%以内。

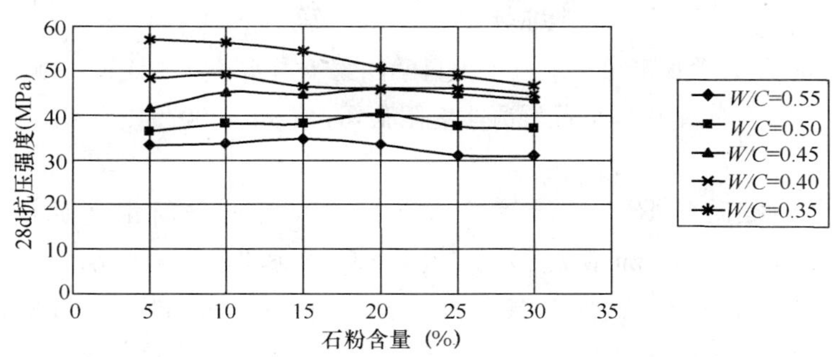

图 1　泵送混凝土抗压强度与石粉含量关系曲线

4　结论

（1）用高石粉含量人工砂配制泵送混凝土时，当人工砂石粉含量在 20%以内，混凝土有较好的和易性，超过 20%时，坍落度迅速下降，混凝土拌合物变得很黏稠，无法保证工作性，不能泵送；

（2）人工砂石粉含量与水胶比有密切关系，当水胶比小于 0.35 时人工砂中石粉含量应严格加以控制，石粉限量应为 10%以下，当水胶比在 0.40 以上人工砂中石粉限量可达 20%。

参　考　文　献

[1]　韦庆东．人工砂石制备高性能混凝土研究．北京工业大学工学硕士学位论文，2007.

[2]　李兴贵．高石粉含量人工砂在混凝土中的应用研究．建筑材料学报，2004 年 01 期．

石灰石粉在超高强混凝土RPC中的作用机理

刘数华[1]，王　军[2]

（1. 武汉大学水资源与水电工程科学国家重点实验室，武汉 430072；

2. 中建商品混凝土有限公司，武汉 430070）

摘　要　超高强RPC（活性粉末混凝土）是一种新型高性能水泥基材料。本文在RPC中掺加石灰石粉，部分取代水泥，分析石灰石粉掺量对RPC抗压强度的影响。试验结果表明，石灰石粉对RPC的抗压强度具有一定的贡献作用。微观作用机理分析表明，石灰石粉在RPC中的作用主要有填充效应、活性效应和加速效应。

关键词　PRC；石灰石粉；抗压强度；作用机理

超高强RPC（活性粉末混凝土）是20世纪80年代末90年代初开始研制并应用于实际工程中的新型水泥基材料，能为基础设施工程提供一百年以上的寿命，优越的耐久性条件使其备受科研工作者青睐。RPC的基本配制原理是：通过提高组分的比表面积与活性，使材料内部的缺陷（孔隙与微裂缝）减到最少，以获得超高强度与高耐久性。RPC具有广阔的应用前景，短短的几年内，它就已经在工程建设领域里获得了应用。但是，RPC有个很大的缺陷，就是水泥参加水化的程度较低，浪费水泥。采用石灰石粉部分取代水泥用于RPC中，用一定的制作成型工艺和湿热养护方法，获得很高的强度，能够达到节约水泥、降低成本的目的。

1　原材料

试验使用的原材料主要有42.5普通硅酸盐水泥（C）、硅粉（SF）、一级粉煤灰（FA）、石灰石粉（LP）、河砂（最大粒径为2.5cm，S）、聚羧酸高效减水剂Glenium ACE68（WR）及自来水（W）。其中，石灰石粉的主要成分是$CaCO_3$，比表面积为457.9 m^2/kg，需水量比为92%，具有一定的减水作用。

由于石灰岩的强度相对较低，很容易将其磨细加工成石灰石粉。图1是石灰石粉、粉煤灰和水泥的颗粒粒径分布。通过对比，可以明显看出，石灰石粉颗粒基本上都在10.0μm以下，比粉煤灰颗粒更细，而水泥的颗粒粒径最大，且细颗粒较少。

图2为石灰石粉的颗粒形貌照片。从其形貌可以看出，石灰石粉基本上呈无规则几何结构，并拥有一定的级配，用作混凝土粉体材料时，将有良好的填充效果。

刘数华（1978—　），男，江西吉安人，副教授，主要从事高性能水泥基材料研究

基金项目：国家科技支撑计划课题（2008BAE61B05）；中建股份科技研发课题（CSCEC-2009-Z-19）

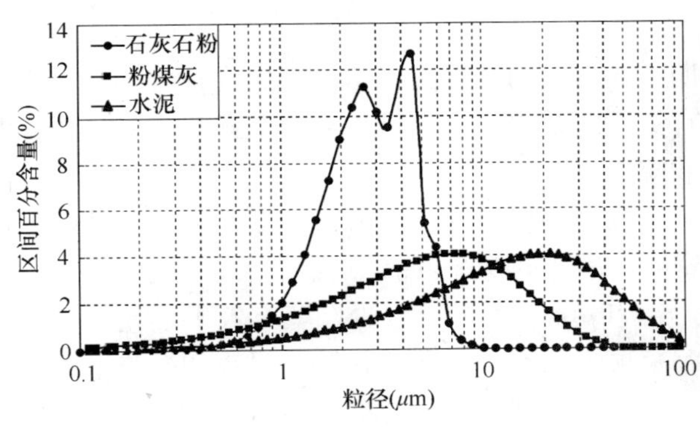

图 1　石灰石粉、粉煤灰和水泥的颗粒粒径分布

图 2　石灰石粉的颗粒形貌

2　试验及结果分析

试验采用的试件尺寸为 40mm×40mm×40mm，RPC 的配合比如表 1 所示。其中，胶砂比为 1∶1，水胶比为 0.18，石灰石粉的掺量分别为 0、10%、20%，并与掺粉煤灰者作对比。试件制作步骤为：将胶凝材料（水泥、硅粉、石灰石粉和粉煤灰）搅拌 2min，加砂再搅拌 1min，加水和减水剂搅拌 8min。浇筑入模 24h 拆模，并立即放入 90℃的养护箱进行 72h 蒸养，之后让其在养护箱内自然冷却 24h。自加水算起，整个过程为历时 5d 后测试强度。

RPC 的配合比和强度　　**表 1**

编号	S/B	C/B（%）	SF/B（%）	LP/B（%）	FA/B（%）	W/B	WR/B（%）	抗压强度（MPa）
S1	1	90	10	0	0	0.18	3	154.5
S2	1	70	10	10	10	0.18	3	150.2
S3	1	70	10	20	0	0.18	3	125.1
S4	1	70	10	0	20	0.18	3	120.9

表 1 中同时列出了 RPC 的抗压强度试验结果，可以看出，掺加石灰石粉后 RPC 的抗压强度有所降低，但是当掺量为 10%时，抗压强度仅降低了 4.3MPa，降低幅度不到 5%，非常小，这说明石灰石粉掺量较小（≤10%）时，对超高性能水泥基材料强度的影响很小。当石灰石粉掺量为 20%时（试件 S3），抗压强度减小不到 20%，这说明石灰石粉对 RPC 的强度仍有一定贡献。

3　石灰石粉在 RPC 中的作用机理

水泥基材料的微观结构决定其宏观性能，而宏观性能又反映其微观结构。石灰石粉在复合胶凝材料中的作用机理主要包括：填充效应、活性效应和加速效应。这些我们在早期文章中均有介绍。

3.1 填充效应

与粉煤灰相比，虽然石灰石粉在早期不具备火山灰活性，但由于它在搅拌期间不参与水化反应，将获得更好的形态效应，具有更好的减水作用；同时，石灰石粉颗粒比粉煤灰更细，因而也将具有更好的微骨料填充效应。

石灰石粉在复合胶凝材料体系中的填充效应主要表现为石灰石粉对水泥浆基体和界面过渡区中孔隙的填充作用，使浆体更为密实，减小孔隙率和孔隙直径，改善孔结构。

纯水泥试样由于颗粒粒径较为单一，且 10μm 以下颗粒较少，填充效果最差，空隙最多；加入石灰石粉后，由于石灰石粉的粒径很小，能与水泥熟料及粉煤灰和矿渣形成良好的级配，因而具有很好的填充效果。随着石灰石粉掺量的增加，>200nm 的多害孔明显减少，50nm 和 20nm 以下的少害孔或无害孔明显增加，石灰石粉对砂浆孔隙的细化作用明显。

3.2 活性效应

水化早期（7d 和 28d），石灰石粉不参与水化反应，没有新的水化产物生成；石灰石粉表面完整，没有侵蚀迹象。随着水化反应的不断进行，水化后期（180d），可以发现单碳水化铝酸钙（$C_3A \cdot CaCO_3 \cdot 11H_2O$）和三碳水化铝酸钙（$C_3A \cdot 3CaCO_3 \cdot 32H_2O$）；而采用铝酸钙水泥激发时，28d 就有单碳水化铝酸钙和三碳水化铝酸钙的生成，90d 衍射峰更强。这说明石灰石粉在水化后期是具备水化活性的。此外，水化碳铝酸盐还可以与其他水化产物相互搭接，使水泥石结构更加密实，从而提高强度和耐久性。

3.3 加速效应

对于石灰石粉的加速效应和活性效应而言，我们不能将二者绝对地分开，只要我们在水泥基材料中掺入石灰石粉，二者便同时作用于水泥基材料，它们对于水泥基材料性能的贡献程度可能有所不同。对于普通硅酸盐水泥，铝酸钙含量较少，石灰石粉对水泥胶砂早期强度的贡献中加速效应起主导作用，活性效应可忽略不计。对于铝酸钙水泥，铝酸钙含量较多，石灰石粉对水泥胶砂后期强度的贡献中活性效应起主要作用，而加速效应处于次要地位。

石灰石粉在混凝土硬化过程中具有加速作用。石灰石粉颗粒作为一个个成核场所，致使溶解状态中的 C-S-H 凝胶遇到固相粒子并接着沉淀其上的概率有所增大。这种作用在早期是显著的，无论何种水泥，掺入石灰石粉后均加速了其水化，石灰石粉的细度越大，其早期抗压强度增长越明显。

适当掺量的石灰石粉充当了 C-S-H 的成核基体，降低了成核位垒，加速了水泥的水化。从强度来看，石灰石粉掺量不大时，抗压强度降低较小；同样掺量的石灰石粉和粉煤灰，前者的早期强度要高于后者。在水化早期，石灰石粉和粉煤灰均可看做惰性材料，此时便凸显出石灰石粉在复合胶凝材料水化中的加速作用。

4 结论

石灰石粉在 RPC 中具有填充效应、活性效应和加速效应，对 RPC 的强度仍有一定贡献作用。当石灰石粉掺量为 10%时，抗压强度降低很小，不到 5%；当石灰石粉掺量为 20%时，抗压强度也减小不到 20%。

参 考 文 献

[1] 刘数华，冷发光，李丽华．混凝土辅助胶凝材料 [M]．北京：中国建材工业出版社，2010.

[2] 刘数华，阎培渝．石灰石粉对水泥浆体填充效应和砂浆孔结构的影响 [J]．硅酸盐学报．2008. 1：69～72.

[3] 刘数华，阎培渝．石灰石粉在复合胶凝材料中的水化性能 [J]．硅酸盐学报．2008. 10：1401～1405.

[4] LIU Shuhua，YAN Peiyu. Experimental Study on Sodium Sulfate Attack on Mortar Containing Limestone Powder and Fly Ash [C]．Proceedings of International Conference on Durability of Concrete Structures，26-27 November，2008，Hangzhou，China：542～548.

[5] 饶美娟，刘数华，方坤河．石灰石粉对水泥基材料水化动力学的影响 [J]．建筑材料学报. 2009. 6：734～736.

[6] LIU Shuhua，YAN Peiyu. Effect of Limestone Powder on Microstructure of Concrete [J]．Journal of Wuhan University of Technology (Materials Science Edition)，2010. 2：328～331.

[7] 刘数华．石灰石粉对复合胶凝材料水化特性的影响 [J]．建筑材料学报．2010. 2：218～221.

[8] 刘数华．RPC200 二次回归正交试验研究 [J]．公路．2008. 10：201～205.

[9] 刘数华，阎培渝，冯建文．活性粉末混凝土在桥梁工程中的研究和应用 [J]．公路．2009. 3：149～154.

石灰石粉对混凝土工作性和力学性能的影响

林培仁，李章建，潘盛仁，梁丽敏，曹　宝

（云南建工混凝土有限公司，昆明 650051）

摘　要　对石灰石粉作掺合料的混凝土的工作性与力学性能进行研究。提出了以石灰石粉取代粉煤灰作为混凝土掺合料的思路，研究石灰石粉取代粉煤灰的可行性。为大规模石粉的回收利用提供生产可行性分析。从石粉细度、掺入量、混凝土的水胶比方面进行对比试验。试验结果表明，以石灰石粉取代粉煤灰作为混凝土掺合料时，混凝土的各项性能指标均能达到甚至好于预期水平，磨细石灰石细度对工作性与力学性能的影响都不大，掺量以15%为佳。

关键词　绿色混凝土；石灰石粉；耐久性；工作性；力学性能

1　引言

绿色混凝土，指既能减少对地球环境的负荷，又能与自然生态系统协调共生，为人类构造舒适环境的混凝土材料。为混凝土进行“绿化”的主要手段之一就是在混凝土当中大量使用各种工业废渣，其中最为主要的是粉煤灰与矿渣。

然而随着混凝土产业越来越多地使用粉煤灰，粉煤灰需求量越来越大。我国粉煤灰资源分布不均匀，目前在许多地区粉煤灰供应量不足，尤其是优质粉煤灰更是供不应求。在四川等西南省份则二级粉煤灰都不能保证供应。而石灰石粉是以生产石灰石碎石和机制砂时产生的细砂和石屑为原料，通过进一步粉磨制成的细粉，因为在混凝土中具有良好的减水和填充效应而被关注和应用。近年来的研究和应用，证实石灰石粉作为混凝土矿物掺合料的组成部分应用于混凝土中可以补充粉煤灰供应的不足，具有良好前景。

近年来，已有一些国家开发生产了石灰石粉含量超过5%的石灰石硅酸盐水泥（Portland limestone Cement）。作为混凝土的掺合料和水泥生产的混合材在国外也已经有广泛的研究和利用。在日本，从20世纪末石灰石粉已开始广泛应用于高流动性混凝土和高性能喷射混凝土。因为其填充水泥对环境有较低负荷，因此石灰石粉用作填料水泥在未来将更加突出。石灰石粉取代水泥在降低造价成本，减小水化热，提高资源利用以及保护生态环境等方面有突出的作用[1]。一些研究人员通过研究发现石灰石粉掺加混凝土中对强度是有贡献的，它参与了混凝土的水化反应。[1,2]石灰石粉在混凝土中的应用研究相对比较多，不同掺量的石灰石粉、不同比表面积的石灰石粉对混凝土的影响均有研究[3]。

不过现在国内的研究主要还停留在理论研究阶段，而对于能否进行实际生产的可行性

林培仁（1985—　），男，学士，助理工程师

基金项目：云南省科技计划项目（2009CA017）

研究工作进行得较少。具体到云南地区就存在砂石的技术性能大多存在缺陷（级配不能满足要求，或是含泥量过大）与国标存在一定的差异问题，而砂石作为混凝土中最主要的材料，对混凝土的影响是巨大的。对于在实验室中以低水胶比，高水泥用量，精细的选料进行的实验能否在实际生产中重现就值得商榷。云南建工混凝土公司作为西南最大的商品混凝土生产企业，2010 年为昆明及周边地区生产了 220 万 m^3 混凝土，若通过研究确定石灰石粉确能应用到实际生产，将极大地推动石灰石粉的生产利用。

2 实验设计及研究

2.1 原材料

2.1.1 水泥

本课题试验中使用的水泥为云南国资东骏牌 P·O42.5 普通硅酸水泥，28d 抗压强度 47.2MPa。

2.1.2 石灰石粉

所用的石灰石粉是通过球磨机对人工砂不同的破碎时间而产生不同比表面积获得的，其主要化学成分为碳酸钙。而人工砂是通过在矿山直接开采石灰石，再把石灰石进行机械破碎成人工砂。由于人工砂是直接从山上获得，含泥量相对较高，颜色呈黑黄色。所以粉末出来的石灰石粉呈黄白色，并不是纯白色。其粉磨时间与比表面积见表 1。

石灰石粉的比表面积 **表 1**

球磨机所耗时间（min）	15	45	75	135
比表面积（cm^2/g）	4000	6000	9000	12000

用 X 射线荧光光谱仪对石粉的化学成分进行分析，其结果见表 2。

石灰石粉的化学成分 **表 2**

CaO	CO_2	SiO_2	Al_2O_3	Fe_2O_3	MgO	Y_2O_3	其他	合计
46.89	36.84	1.77	0.78	1.03	5.5	1.22	5.96	100

细骨料试验所用的细骨料包括机制砂、山砂。山砂为昆明龙潭山砂。机制砂为建工砂石料公司生产，是通过对石灰石破碎筛选。其细度模数、表观密度、紧密密度、堆积密度、含水率，见表 3。

实验所用机制砂、山砂的物理性质 **表 3**

	表观密度（kg/m^3）	堆积密度（kg/m^3）	紧密密度（kg/m^3）	含水率（%）	含泥量（%）
山砂	2700	1423	1603	3.5	17.5
机制砂	2700	1586	1809	0.7	11.5

由于特细砂山砂与机制砂的细度模数差异较大，为使二者在混合使用时，能有较好的

级配，事先进行了人工匹配，确定合适的搭配比例。

粗骨料：建工砂石料公司生产的石灰石，破碎规格 5～20mm 和 5～16mm，含泥量 <1.0%。

矿渣：昆钢水淬高炉矿渣，比表面积 3850cm^2/g，表观密度 2.91g/cm^3，7d、28d 的活性指标分别为 62%、82%。

水：试验所用的水为昆明饮用自来水。

缓凝减水剂：所使用的缓凝减水剂为云南建工混凝土有限公司复配生产萘系 JG-3 型高效缓凝减水剂，减水率 15%左右。

2.2 实验设计

实验的主要技术路线如图 1。

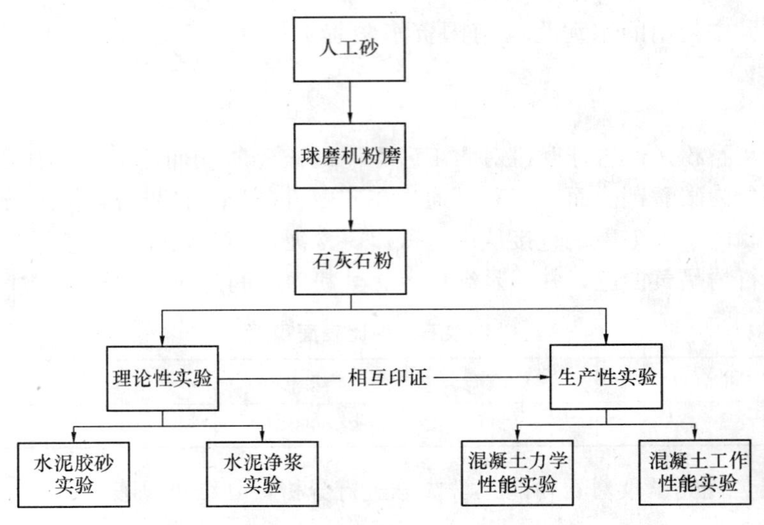

图 1 实验技术路线图

(1) 利用石灰石易碎性，将机制砂（主要成分为 $CaCO_3$）放入球磨机进行粉磨，并分时间段粉磨，得出不同比表面积的石灰石粉。

(2) 对粉磨得到的石灰石粉进行比表面积的测定。为将来生产提供生产参数。

(3) 进行理论验证实验，用得到的石灰石粉取代部分水泥做胶砂实验。分别测定胶砂静浆流动度、抗压强度和抗折强度。分析石灰石粉对水泥静浆流动度的影响，与外加剂的适应性以及对胶砂强度的影响。由于这个实验使用的都是比较标准的原材料，根据实验结果，可以对现有的文献的适用情况进一步校验。

(4) 根据云南建工混凝土公司现行的生产配方适当调整后得出试配配合比。主要研究石灰石粉比表面积在 4000～2000cm^2/g，水胶比在 0.8～0.3 之间，石灰石粉掺量在 10%～20%之间的石灰石矿粉混凝土的工作性能。

3 试验结论

3.1 理论性实验结果分析

3.1.1 水泥净浆实验结果分析

试验首先研究了石灰石粉对净浆流动度的影响，掺量为15%的石灰石粉做净浆试验。其试验数据分析结果见表4。

通过表4可知，不同比表面积的石灰石粉对净浆流动度的影响为：随石灰石粉的比表面积增加，净浆流动度有所降低。这是由于随着石灰石粉包裹粉体所需水分增加造成的。

试验数据分析结果 **表4**

胶材总量(g)	水泥品种	外加剂及掺量	掺合料及掺量	水胶比	净浆流动度(mm) 0′	30′	60′
300	东骏P·O42.5	JG-3×1.6%	—	0.35	224	211	212
			石粉4000cm²/g×15%		220	208	210
			石粉6000cm²/g×15%		216	200	198
			石粉9000cm²/g×15%		213	200	191
			石粉12000cm²/g×15%		197	182	178

3.1.2 水泥砂胶强度实验结果分析

试验主要研究石灰石粉的比表积对水泥抗压强度的影响，试验数据见表5。

水泥胶砂实验表 **表5**

编号	胶　材　品　种	7d抗折	7d抗压	28d抗折	28d抗压
PM-1	P·O42.5	7.9	36.0	8.6	47.6
PM-2	P·O42.5+30%石粉（4000）	5.3	20.5	7.6	37.2
PM-3	P·O42.5+30%石粉（6000）	5.2	20.8	7.7	35.0
PM-4	P·O42.5+30%石粉（9000）	5.3	22.4	7.7	32.8
PM-5	P·O42.5+30%石粉（12000）	5.2	22.1	7.7	35.2

通过抗压强度数据进行分析：掺入30%石灰石粉的水泥胶砂试块在早期其强度是纯水泥的60%左右，后期达到70%左右，这证明掺入石粉的水泥试块强度随龄期的增加是有所增加的；另一方面，在同一龄期，随比表面积的增长，其抗压强度有相对增长，导致这一结果的出现，应是石灰石粉的颗粒效应影响的结果，比表面积越大，颗粒越小，填充越密实，导致抗压强度增高。

3.2 生产性实验结果分析

试配配方及其实验结果分别见表6和表7。

试 配 配 方 **表 6**

编 号	石灰石粉比表面积 (cm^2/g)	水胶比	胶凝材料 (kg)	矿渣 (%)	石灰石粉掺量 (%)
P440	4000	0.4	440	15	15
P441	6000	0.4	440	15	15
P442	9000	0.4	440	15	15
P455	12000	0.6	310	15	15
P456	12000	0.5	370	15	15
P457	12000	0.4	440	15	15
P480	12000	0.3	550	15	15
P481	12000	0.4	440	15	10
P482	12000	0.4	440	15	20

石灰石粉作掺合料的混凝土力学性能实验结果 **表 7**

编号	坍落度/60min 后 (mm/mm)	抗压强度 (MPa)		
		R_3	R_7	R_{28}
P440	190/80	21.7	27.9	41.8
P441	210/105	20.9	29.6	41.2
P442	190/90	22.5	23.8	42.1
P455	190/135	9.5	15.2	25.0
P456	180/100	13.3	20.0	30.4
P457	175/100	19.3	27.6	41.1
P480	80/0	31.8	35.6	69.9
P481	150/95	26.4	34.8	42.9
P482	160/130	20.7	28.5	37.9

试验对混凝土工作性进行了测定。其中保塑性是将拌合好后的混凝土放置 60min 后，再放入搅拌机中搅拌 1min 后再进行坍落度实验。

混凝土力学性能实验按《普通混凝土拌合物性能试验方法标准》（GB/T 50080—2002）要求进行，早期使用 10cm×10cm×10cm 三联模混凝土试件，实验结果乘以系数 0.95 得到混凝土试件抗压强度。28d 实验使用 15cm×15cm×15cm 混凝土标准试件。

3.2.1 混凝土工作性能分析

由图 2 我们可以得到：

（1）掺入比表面积为 12000cm^2/g 石灰石粉的坍落度最接近工程应用要求。随石灰石粉比表面积的增加，虽然坍落度减小，但混凝土的粘聚性却变好，而且对于工程应用来说，175mm 以上的坍落度依然是比较好的。即随石灰石粉比表面积的增加，混凝土的工作性越好能很好地满足工作上的需要。但从混凝土的保塑性实验结果与水泥净浆的结果的

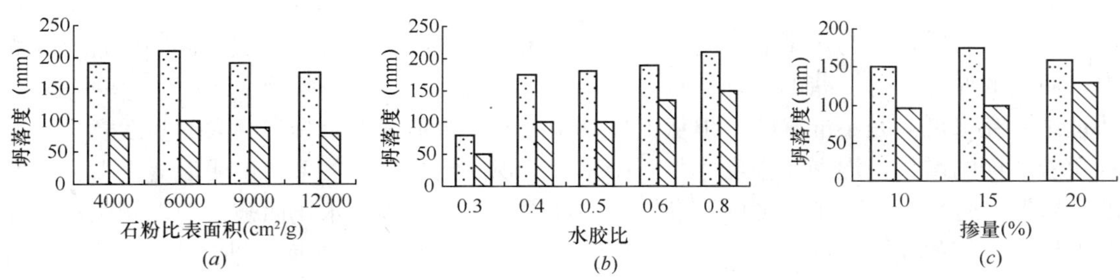

图 2　各项参数与石灰石粉混凝土抗工作性之间的关系

(*a*) 工作性与石粉比表面积的关系；(*b*) 工作性与水胶比的关系；(*c*) 工作性与石粉掺量的关系

相互比较中，我们可以看出，石灰石粉混凝土坍落度损失在都在50%左右，而且掺入比表面积大的石粉损失的反而小，这是由于我们用来拌制混凝土的砂石原料中砂的含泥量大，砂石中的泥会迅速的吸附水泥中的外加剂与水，降低外加剂的保塑能力。

(2) 石灰石粉混凝土坍落度与扩展度随水胶比的减小而增加，这与普通混凝土是一致的，只是水胶比为 0.3 石灰石粉混凝土坍落度有些低，这是实验保持外加剂的掺量一致所导致的。

(3) 混凝土的坍落度随石灰石粉的掺量增加而增加，当达到 15%时，随掺量的增加而减小。而经时损失则随石灰石粉掺量的增加而增加。综合两者进行分析，以满足工程应用需要为最主要目标，石灰石粉掺量以 15%时为最佳掺量。

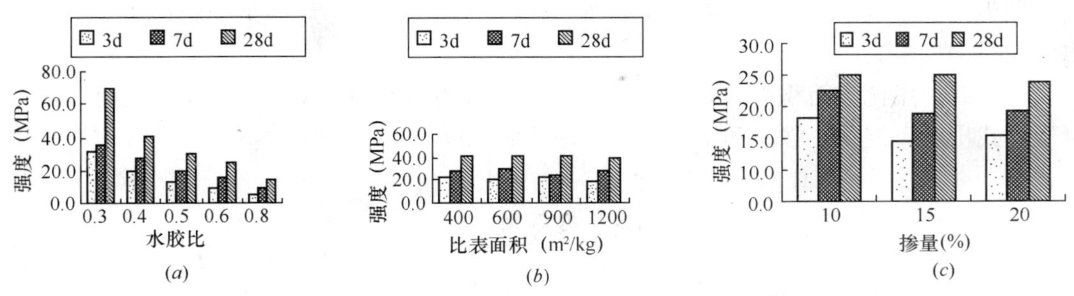

图 3　各项参数与石灰石粉混凝土力学性能之间的关系

(*a*) 水胶比与抗压强度的关系；(*b*) 石粉的比表面积与抗压强度的关系；(*c*) 石粉掺量与抗压强度的关系

3.2.2　混凝土力学性能分析

由图 3 我们可以得到：

(1) 水胶比对普通混凝土的影响同样适用于石灰石粉混凝土，其预期强度满足实际生产的要求，即在工作性与力学性上有所保证，同时也满足经济性要求。

(2) 比表面积对石灰石粉对混凝土强度的影响并不规律，而且它对混凝土的力学性能的影响比较小。这再次体现了实际生产当中原材料的差异对混凝土性能的影响。出现了反常情况原因，可能是试验所用的粗细骨料与标准存在较大的差异，导致试验的结果与理论有所偏差。但混凝土整体上依然能在保证经济性的前提下达到较高强度，保证富余，满足生产的需要。

（3）当石粉掺量与早期强度不呈比例。从试验角度来看，由于在拌制混凝土的过程中，使用的原材料有一些的波动，且实验条件和工程应用差不多，所以会发生一些偏差，从理论研究来说，是不准确的，但从工程应用的研究价值来看，具有巨大的实践意义。而且随着龄期的增长，混凝土强度才与石粉掺量呈现一定的反比关系，说明混凝土发强度发展到后期，骨料对混凝土强度的不利影响才会因为胶材的逐渐水化而被抵消，所以从总体上来说，我们的实验与混凝土的强度随着石灰石粉掺量的增加而减少与这一理论没有冲突。

4 结论

（1）石灰石粉的净浆实验表明：随着石灰石粉比表面积的增加，其净浆流动度减小，但经时损失并不明显。

（2）石灰石粉的水泥砂胶实验表明：随石灰石粉比表面积的增加，其胶砂强度增加，后期强度甚至优于Ⅱ级粉煤灰。

（3）石灰石粉的工作性实验表明，掺入石灰石粉后提高了混凝土的黏聚性，工作性能满足生产应用的要求，掺量以15%为佳，但是混凝土总体保塑性不好，经时损失较大，一个小时之后，损失在50%左右，这与净浆实验结果不太一致，这是由于拌制混凝土用的砂石原材料属于本地方原材料，级配不好，含泥量大，导致了实际对理论的偏离。

（4）用不同比表面积石灰石粉作为掺合料拌制混凝土，比表面积无论是对早期强度还是后期强度，影响都不明显，而且在后期这种影响更是基本消失，这与水泥胶砂实验反映出的结果同样不太一致。

（5）通过用比表面积为12000cm^2/g的石灰石粉掺量分别为10%、15%、20%拌制混凝土，找出对于混凝土强度和工作性而言，其最佳掺量均为15%。

参 考 文 献

[1] 涂成厚．石灰石粉的应用．国外建材科技，1999年12月，第20卷，第4期．

[2] 路平，路树标．$CaCO_3$对C_3S水化的影响．硅酸盐学报，1987年第十五卷第四期．

[3] 李晶．石灰石粉掺量对混凝土性能影响的试验研究．[D]，大连理工大学．

钢渣作为矿物掺合料在混凝土中应用的前景

王　强，阎培渝

（清华大学土木工程系，北京 100084）

摘　要　发展绿色高性能混凝土是和矿物掺合料分不开的，目前粉煤灰和矿渣等常用矿物掺合料在我国很多地区已经成为了紧缺的商品。钢渣是大宗的工业废料，我国对钢渣的利用率很低，积存的钢渣已有 3 亿 t 以上，并以每年几千万吨的排放量增长。本文从钢渣的成分、易磨性以及对混凝土性能的影响等三个方面对钢渣进行了剖析，在此基础上提出了钢渣作为矿物掺合料应用于混凝土应重点关注的几个问题。

关键词　绿色混凝土；矿物掺合料；钢渣；前景

1　引言

水泥混凝土已成为当今世界上应用最广泛的建筑材料。中国 2009 年的水泥产量达到了 16.3 亿 t，生产混凝土超过 29 亿 m^3。我国在进行着快速的工业化，基础设施建设的规模很大，硅酸盐水泥混凝土作为廉价的建筑材料，将继续被大量采用。根据专业机构的预测，今后几年，中国的混凝土产量依然会以 6%～8%的年增长率增长。

每生产 1t 硅酸盐水泥需要约 1.5t 石灰石和大量的煤、石油等燃料或电能；同时，每生产 1t 水泥熟料要释放约 1t 二氧化碳，硅酸盐水泥工业已被认为是高耗能和污染环境严重的工业之一，因而日益受到关注。全球二氧化碳的排放大约有 7%来自水泥工业。为了实现可持续发展的目标，需要在基础设施建设和环境保护这两个同等重要的社会需求之间找出解决矛盾的途径。混凝土工业需要重新定向，发展有利于环境保护的工艺技术，在这个背景下，提出了绿色高性能混凝土（Green High Performance Concrete，简称 GHPC）的概念。吴中伟院士指出[1]，发展绿色高性能混凝土的目的在于加强人们对绿色的重视，加强绿色意识；要求混凝土工作者更自觉地提高 HPC 的绿色含量或加大绿色度，节约更多的资源能源，将对环境的破坏减到最少。绿色高性能混凝土应具有下列特征：更多地节约熟料水泥，减少环境污染；更多地掺加工业废渣为主的掺合料；更大幅度发挥高性能的优势，减少水泥与混凝土用量。

现代混凝土是以工业化生产的预拌混凝土为代表，以高效减水剂和矿物掺合料的大规模使用为特征[2]。现代混凝土要实现高性能和“绿色”，与矿物掺合料是分不开的，现代混凝土的核心技术之一就是围绕矿物掺合料展开的[3]。目前最常用的矿物掺合料有高炉矿渣、粉煤灰和硅灰等。硅酸盐水泥水化生产大量的 $Ca(OH)_2$，混凝土内部是碱性环境，其孔溶液的 pH 值一般大于 13，矿物掺合料能够与 $Ca(OH)_2$ 发生反应，生成有利的 C-S-

王强（1983—　），男，博士，清华大学土木工程系建筑材料研究所（100084），电话：13581856331

H 凝胶等水化产物。在增加水化产物的同时，减少了混凝土中 $Ca(OH)_2$ 含量，使水化产物颗粒变得细小，提高界面过渡区的密实程度，改善混凝土的微观结构。未参与反应的矿物掺合料微粒则沉积在浆体与骨料间的过渡区，改善了这个原本最疏松、薄弱的区域的结构，使其密实度和结合强度增加。另外，掺入矿物掺合料也有助于改善混凝土的流动性，降低用水量，从而提高混凝土的抗渗性和耐久性[4]。大量地用矿物掺合料来代替水泥，从混凝土的经济、能效、耐久性和生态利益看来，都有突出的优越性。

目前对粉煤灰和矿渣的研究已经很深入，其在混凝土中已经得到大规模应用。在我国的很多地区，粉煤灰和矿渣都已成为紧缺的产品。开发利用新的工业废渣，既符合我国可持续发展的原则，又能够为混凝土工业提供更广泛的掺合料。钢渣的排放量约占钢产量的10%～15%，我国的钢产量约占全世界钢产量总量的1/5，因此我国的钢渣排放量也是很巨大的，2009 年我国排放的钢渣约 6000 万 t。目前我国积存的钢渣已有 3 亿 t 以上。如果能够通过深入的研究使分布广、数量大的钢渣作为矿物掺和料应用于混凝土，将会获得巨大的经济效益并有益于环境保护。

2 钢渣的成分

炼钢的原理是通过炉渣与金属氧化物反应，还原出满足一定成分要求的铁碳合金，其主要化学反应过程可以概括为脱碳、脱硫、脱磷和脱氧。脱碳主要是通过鼓入氧气来实现，只有在实际含氧量超过平衡所要求的含氧量时，脱碳才能进行。当碳氧化到一定程度，氧的传入不能立刻停下来，于是钢中溶解了过多的氧，以 FeO 的形式存在。脱硫的机理是 FeS 与 CaO、MgO、MnO 生成不溶于或难溶于钢的 CaS、MgS、MnS。其中，CaO 是炼钢生产中最主要的脱硫剂。碱度越高，对脱硫越有利。高碱度的高氧化性炉渣有最大的脱磷能力，首先需要用氧化成分 FeO 将磷转化成 P_2O_5，然后用 CaO 与 P_2O_5 结合成稳定的化合物 $4CaO \cdot P_2O_5$。脱氧主要是将 FeO 转化为 Fe，常用的脱氧元素是 Mn、Al 和 Si。Mn 的脱氧产物是 FeO 和 MnO 的固溶体，Al 的脱氧产物是 Al_2O_3，Si 的脱氧产物是 SiO_2。炼钢结束后，炉渣经过冷却结晶形成了钢渣。国内外的研究表明[5-8]，钢渣的主要矿物组成是硅酸二钙（C_2S）、硅酸三钙（C_3S）、RO 相（MgO、FeO 和 MnO 的固溶体）及少量游离氧化钙（f-CaO）、铁铝酸钙（C_4AF）。

熔融钢渣的冷却方法有多种：空气中自然冷却、喷水冷却、水淬、空气淬冷以及浅池急冷等[9]。绝大部分钢渣的冷却方法是在空气中自然冷却，熔融钢渣在自然冷却后变成大块钢渣和少量粉末。粉末的产生是由于冷却到 675℃左右时，β-C_2S 转变成 γ-C_2S 所致，同时在这个转变的过程中，体积约增加 10%[10]。众所周知，水泥的活性之所以高，是因为在水泥熟料的实际生产中，由于采用了急冷的方法，C_2S 和 C_3S 是以介稳态的形式存在的。由于钢渣的冷却速率缓慢，利于熟料矿物的晶格重排，因此，钢渣中的 C_2S、C_3S 等熟料矿物的活性低于水泥中的熟料矿物。有研究表明钢渣在 48h 的水化放热总量仅为水泥的 10.5%[11]，可以认为钢渣是一种活性很低的硅酸盐水泥熟料。

水泥熟料、钢渣、矿渣和粉煤灰四者的主要化学组成如表 1 所示[9,12-14]。钢渣的化学成分中，CaO 是主要活性成分。与硅酸盐水泥相比，钢渣的化学组成中 CaO 和 SiO_2 的含量较低，因此钢渣中的硅酸钙含量低于水泥。但钢渣的化学组成与矿渣相比，CaO 含量较高，SiO_2含量较低。当SiO_2与CaO的比例较高时，熔体的黏度较大，冷却时易形成低碱性的高硅玻璃体，使玻璃结构中的网络形成体增加，降低矿物活性[12]。因此，理论上钢渣化学组成中SiO_2与CaO的比例比矿渣更利于形成高活性的硅酸钙矿物。钢渣中的铁含量很高，这是一个不利的方面。首先，单质Fe的存在不利于钢渣粉的加工和复合胶凝材料浆体微结构的强度，当钢渣粉中金属铁超过一定限度时，会导致钢渣粉安定性不良，宜将金属铁的含量控制在2%以内[15]。其次，无论是FeO还是Fe_3O_4，都不是生成C_3S和C_2S的成分，铁含量高就意味着熟料矿物的含量低。

水泥熟料、钢渣、高炉矿渣和粉煤灰化学组成的对比 **表1**

项目	CaO	SiO_2	Al_2O_3	F_2O_3	MgO	FeO	P_2O_5
水泥	62～68	20～24	4～7	2.5～6.5	1～2	—	微量
钢渣	30～55	8～20	1～6	3～9	3～13	7～20	1～4
矿渣	30～50	26～42	7～20	—	1～18	0.2～1	—
粉煤灰	2～7	40～60	15～40	4～20	0.2～5	—	—

Mason[16]提出用钢渣化学组成计算得到的碱度值(用M表示)来评价钢渣的活性，定义钢渣碱度$M = w(CaO)/[w(SiO_2)+w(P_2O_5)]$。随着炼钢过程中CaO的不断加入，钢渣矿物组成逐渐变化，主要发生(1)式、(2)式、(3)式的化学反应：

$$2(CaO \cdot RO \cdot SiO_2) + CaO = 3CaO \cdot RO \cdot 2SiO_2 + RO \quad (1)$$

$$3CaO \cdot RO \cdot 2SiO_2 + CaO = 2(2CaO \cdot SiO_2) + RO \quad (2)$$

$$2CaO \cdot SiO_2 + CaO = 3CaO \cdot SiO_2 \quad (3)$$

式中，RO为MgO、FeO和MnO的固溶体。可见，随着CaO的增多，钢渣的碱度增大。从式(1)～(2)，RO相减少，C_2S增多；从式(2)～式(3)，C_2S减少，C_3S增多。因此，在一定程度上，钢渣的碱度增大，钢渣的水化活性增大。

根据唐明述的研究结果[17]，钢渣的碱度决定了其主要矿物相，根据钢渣的碱度可以将钢渣分为橄榄石渣(低水化活性)、镁硅钙石渣(低水化活性)、硅酸二钙渣(中水化活性)和硅酸三钙渣(高水化活性)，如表2所示。

钢渣的矿物组成、活性和碱度[17] **表2**

水化活性	钢渣种类	碱度 $CaO/(SiO_2+P_2O_5)$	主要矿物相
低	橄榄石	0.9～1.4	橄榄石、RO相和镁蔷薇辉石
	镁硅钙石	1.4～1.6	镁蔷薇辉石、C_2S和RO相
中	硅酸二钙	1.6～2.4	C_2S和RO相
高	硅酸三钙	>2.4	C_2S、C_3S、C_4AF、C_2F和RO相

钢渣的科学利用应充分考虑到钢渣的活性，对于橄榄石渣和镁硅钙石渣（低碱度渣），由于其矿物组成中活性成分少，因此其水化活性低，应更多的考虑作为骨料使用。而对于水化活性较高的钢渣，则应充分利用其胶凝性能，将其作为矿物掺合料应用于混凝土。我国的钢渣70%以上为转炉钢渣，而且转炉钢渣的碱度较高，以中碱度和高碱度渣为主。因此，我国的转炉钢渣作为矿物掺合料在混凝土中应用有很大的潜力。

3　钢渣的易磨性

钢渣的颜色较深，一般呈黑色，硬度大，密度为 1700～2000kg/m^3[18]，其原始颗粒粒径与混凝土的粗骨料接近。目前我国对钢渣的利用率约为 44%[19]，美国的钢渣基本上达到排用平衡[20]，欧洲 65%的钢渣得到了利用[21]，但钢渣主要作为回填料使用。也有少量钢渣作为骨料使用，研究结果表明，将钢渣作为骨料应用于沥青混凝土中，沥青混凝土满足相关的性能要求，并且抗高低温的性能得到了改善[22]；用钢渣替代 75%的粗骨料可以改善沥青混凝土的力学性能[23]。将钢渣作为粗骨料应用于水泥混凝土时，可以改善混凝土的力学性能并获得良好的耐久性[24,25]。钢渣无论是作为填料还是作为粗骨料使用时，一般都不需要加工。当钢渣作为细骨料使用时，也只需简单的粉磨。

当钢渣作为矿物掺合料应用于混凝土时，首先要将钢渣粉磨到一定的细度。相对于水泥、粉煤灰和矿渣，钢渣的易磨性很差。根据国标 GBJ 92286 的相关指标，钢渣可以归类为最坚硬的岩石之列[26]。事实上，并不是钢渣中的所有成分都难磨，钢渣中矿物成分的易磨性有很大的差异。图 1 是将磨细钢渣与水泥的粒度分布进行对比，其中水泥的比表面积为 312m^2/kg，钢渣 A 的比表面积为 458m^2/kg，钢渣 B 的比表面积为 506kg/m^3。显然，钢渣的粒度分布与水泥不同，钢渣中小于 6μm 或大于 60μm 的颗粒比水泥中多，而粒径在 6～60μm 之间的颗粒则比水泥中少得多。图 2 是钢渣颗粒的 SEM 图片，从图片中也可以看出，钢渣颗粒的粒度分布的连续性很差，即小颗粒和大颗粒较多，但中间粒径的颗粒较少。有研究结果表明，钢渣中的大颗粒主要以 RO 相为主，而小颗粒主要以硅酸盐和铝酸盐相为主[28]。钢渣中的难磨组分主要以 RO 相、Fe_3O_4、铁铝酸钙为主，而 C_2S 和 C_3S 的易磨性很好[29]。因此，当钢渣磨到一定的细度时，继续粉磨会使小颗粒（<6μm）的钢渣更细，而大颗粒的钢渣却变化很小，从而使钢渣的比表面积不能继续明显增大。

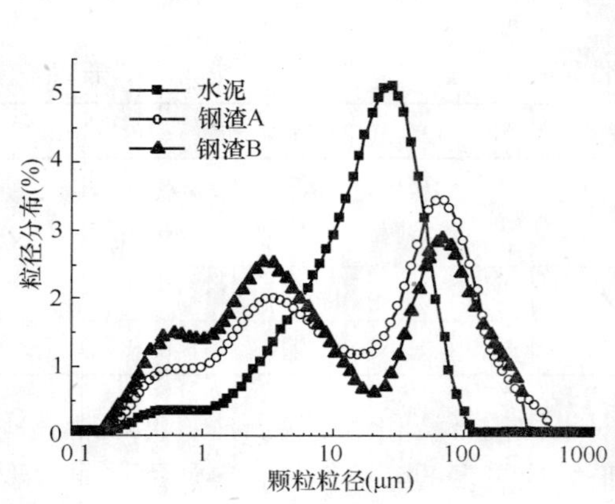

图 1　水泥和钢渣的粒度分布

图 2　钢渣颗粒的 SEM 图像

从理论上来讲，提高钢渣的细度，使矿物晶格产生错位、缺陷、重结晶，表面形成易溶于水的非晶态结构；可以增大钢渣中矿物与水的接触面积，提高矿物与水的作用力，从而使水分子容易进入矿物内部加速水化反应。因此，增大钢渣的比表面积可以提高钢渣的活性。同时，细小的颗粒还可以起到物理填充的作用，改善过渡区的微结构。一些研究结果也证实了这一点[29,30]。李永鑫[15]研究结果表明，将钢渣作为掺和料掺入水泥中，钢渣比表面积从 400m²/kg 提高到 500m²/kg 时，水泥各龄期的强度有明显增长；当比表面积继续提高，水泥的早期强度虽有小幅度增长，但后期强度几乎没有增长。并且，当钢渣的比表面积达到 500m²/kg 时，继续提高钢渣的细度需要粉磨更多的时间，消耗更多的能量，因而并不值得。所以，将钢渣的比表面积控制在 400 ～ 500m²/kg 之间比较合适。

4 钢渣对混凝土性能的影响

4.1 降低需水量

钢渣的活性较低，达到可塑性所需的水量较少。用钢渣替代部分水泥后，复合胶凝材料的需水量小于等质量纯水泥的需水量。李永鑫[15]的研究结果表明，在水泥中掺入 10%～50%的钢渣粉，会降低水泥的标准稠度需水量，而且随着钢渣掺量的增大，水泥标准稠度需水量有下降的趋势。林晖也得到了相似的结果[31]。钢渣的需水量低，这在一定程度上能够改善混凝土的工作性，尤其对于低水胶比的混凝土。但是当水胶比较高或者钢渣掺量较大时，混凝土的抗离析的能力下降。

用钢渣替代部分水泥后，尤其是在钢渣掺量较高时，在保证混凝土流动性的前提下，可以适当降低用水量，这在一定程度上可以提高混凝土的强度和耐久性。

4.2 延长初凝时间和降低水化热

图 3 将水泥-钢渣复合胶凝材料与纯水泥的水化放热速率进行了对比。从图 3 中可以看出，复合胶凝材料的水化诱导期比水泥长，且当钢渣掺量较大时，复合胶凝材料的水化诱导期明显长于水泥。诱导期越长，混凝土保持塑性状态的时间就越长，混凝土的初凝时间就越长。许多研究结果都表明，用钢渣替代部分水泥之后，复合胶凝材料的初凝时间延长[31-33]。因此，钢渣在混凝土中起到了一定的缓凝作用，这对于商品混凝土的长距离运输是有利的。但对于浇注好的结构结构，如梁、板、柱等，如果初凝时间过长，容易造成混凝土中的骨料下沉而浆体上浮。

图 3 还显示，水泥-钢渣复合胶凝材料早期的水化放热量低于水泥，且钢渣掺量越大，复合胶凝材料的水化放热量越低。这对于降低混凝土的温升是有利的，尤其是大体积混凝土。

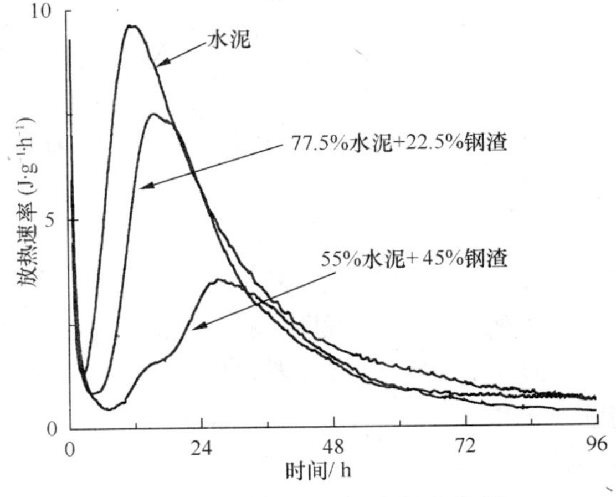

图 3 水泥和水泥-钢渣复合胶凝材料的水化放热速率曲线

4.3 降低早期强度

表 3 列出了钢渣对砂浆不同龄期抗压强度的影响程度。从表 3 中可以看出，用钢渣替代部分水泥之后，砂浆各个龄期的强度有所有降低。但基本上呈这样一个规律：随着龄期的增加，砂浆强度降低的百分比减少。龄期为 1d 时，强度降低的百分比大于钢渣的掺量；且掺量越大，强度降低的幅度越大。当掺量为 22.5%时，砂浆的 3d 强度降低的百分比略小于钢渣的掺量；但当掺量为 45%和 60%时，砂浆 7d 强度降低的百分比才接近或略小于钢渣的掺量。由此可见，钢渣降低砂浆早期强度的作用比较明显，钢渣掺量越大，早期强度发展越慢。众多的研究结果也显示，钢渣明显降低混凝土的早期强度[15,34,35]。

钢渣对砂浆抗压强度降低的百分比（%） **表 3**

掺量	水胶比	龄期（d）					
		1	3	7	28	90	360
22.5%	0.50	37.10	21.35	16.33	12.55	9.88	16.49
	0.42	41.43	19.02	20.93	16.04	10.09	13.59
	0.34	29.32	18.98	12.80	18.73	11.30	3.78
45%	0.50	92.47	50.53	48.21	35.36	30.39	28.87
	0.42	85.71	42.67	49.59	31.75	18.32	17.08
	0.34	74.87	40.31	47.65	32.54	23.19	14.33
60%	0.50	95.70	85.77	64.29	48.10	43.56	33.51
	0.42	96.07	77.89	55.49	39.44	32.39	20.95
	0.34	94.76	76.13	56.40	36.92	40.43	19.61

5 钢渣在混凝土中应用的前景

并不是全部钢渣都适合做矿物掺合料应用于混凝土，表 2 显示，碱度低于 1.6 时，钢渣中的胶凝组分很少，因而钢渣的活性很低，这种钢渣更适合做填料或者骨料使用。对于中碱度和高碱度的钢渣，可以考虑将其作为矿物掺合料应用于混凝土，在使用过程中应关注以下几个方面：

5.1 钢渣的安定性

钢渣的安定性问题是钢渣在混凝土中应用时必须首先解决的问题。近些年我国对钢渣的研究越来越多，但钢渣的工程应用鲜有报道，这其中一个重要的原因就是钢渣的安定性问题没有得到很好的解决，工程上不敢使用。一般认为影响钢渣安定性的因素主要有 RO 相、游离 CaO 和 MgO。

唐明述的研究结果表明[17]，以固溶态存在的 RO 相，无论是方铁石还是 MgO、MnO、FeO 形成的固溶体，对水都比较稳定，用高温高压也不能加速其水化，即 RO

相是非活性的。肖琪仲[36]、钱光人[37]对钢渣进行的高温高压水热反应试验研究结果也表明 RO 相是相对稳定的。王强[27]的研究结果显示，RO 相即使在碱激发、高温激发的条件下水化 360 d，仍基本保持惰性，反应程度很低。有学者认为 RO 相并不是绝对的惰性，RO 相是否影响钢渣的安定性主要取决于 RO 相中 MgO 的含量，当 RO 相中 MgO 的含量超过 70％时，钢渣的安定性不良[38]。但在 MgO、MnO、FeO 形成固溶体的过程中，由于 MgO 的含量远低于 FeO，因而钢渣的 RO 相中 MgO 的含量超过 70％的很少。

游离 CaO 是否会使钢渣有安定性不良的问题取决于其活性和含量。众所周知，生石灰的早期活性很高，其水化速率甚至比 C_3S 还要快。但水泥中的游离 CaO 由于经过了“死烧”和“过烧”的过程，其水化速率很慢，因而为防止游离 CaO 在后期水化造成膨胀，对水泥中的游离 CaO 有所限制。钢渣中的游离 CaO 主要是在炼钢的过程中不断加入的，经历了高于 1500℃的高温，因而其活性也低于生石灰。但不能将钢渣中的游离 CaO 与水泥中的游离 CaO 等同，钢渣中的游离 CaO 的反应特性还需要深入的研究。另外，并不是全部钢渣中游离 CaO 的含量都高，显然，游离 CaO 的含量越高，安定性不良的风险性就越高。

我国《通用硅酸盐水泥》（GB 175—2007）规定，水泥中 MgO 的含量不宜超过 5.0％，如果水泥经压蒸安定性试验合格，则水泥中 MgO 的含量允许放宽到 6.0％。这主要是因为如果 MgO 的含量较大，会在水泥生产的过程中生成部分方镁石，其活性比 C_2S 低，会在混凝土硬化很长一段时间后反应并产生膨胀，从而产生危害。钢渣中 MgO 的含量为 3～13％，但大部分 MgO 在钢渣生成的过程中与 MnO、FeO 形成的固溶体，而 RO 相的活性很低，因而 MgO 对钢渣安定性的影响并不像对水泥安定性的影响那么大。

另外，有研究表明当钢渣中金属铁粒含量在 2.2％以上时，压蒸试验的安定性不合格[15]，因此钢渣必须经过磁选。钢渣水泥标准 YB/TO 22—92 中规定，用于生产钢渣水泥的钢渣，其金属铁的含量必须低于 1％。

5.2 充分利用钢渣的优势

现代混凝土使用的水泥强度等级高、放热量大，且水泥的用量也较大，因此现代混凝土中的水化放热量大，混凝土的水化温升大，温度应力是导致混凝土开裂的主要因素之一。尤其对于大体积混凝土，控制温度应力是预防开裂的关键。掺入钢渣之后能够明显降低混凝土的水化放热，对预防混凝土开裂是有利的。图 4 是用温度应力试验机对混凝土试件提供 100％约束，测定了混凝土的温度应力变化历程。图 4 中应力的值大于 0 时为压应力，小于 0 时为拉应力。对混凝土开裂有直接影响的是拉应力，因此这里主要关注钢渣对混凝土在约束状态下产生的拉应力的影响。图 4 显示，掺钢渣的混凝土与纯水泥混凝土相比，产生拉应力的时间推迟，且早期拉应力较小。因此，将钢渣作为矿物掺合料掺入混凝土中，能够减小构

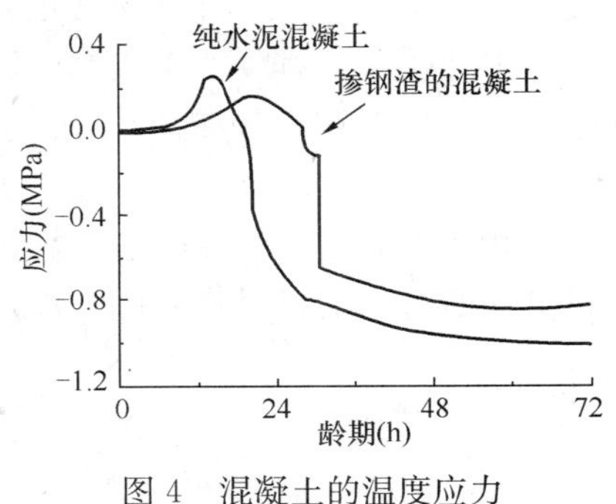

图 4 混凝土的温度应力

件在受到约束时产生的早期温度拉应力。

有研究表明，提高钢渣早期的水化温度，能够提高钢渣早期的反应程度，从而增大钢渣早期对混凝土强度的贡献[27]。大体积混凝土的温升较大，在大体积混凝土中掺入钢渣既可以降低混凝土内部的问题，又可以利用混凝土的温升来激发钢渣早期的活性。文献［39］报道了钢渣在大体积混凝土中得到了成功应用。夏季施工时，普通结构构件的放热量虽然远低于大体积混凝土，但由于外部温度较高，构件内部的温峰也常常能达到40℃，因而也可以用掺入钢渣来适当降低温峰。并且在这种情况下，混凝土的温度高于混凝土标准养护的温度，对钢渣的早期活性也有一定的激发作用，从而在一定程度上减小钢渣混凝土早期强度低的不利影响。

5.3 与粉煤灰复掺

图5是钢渣水化产物在不同龄期的XRD谱。从图5中可以看出，RO相的活性很低，几乎不参与水化反应。而胶凝相则随着水化龄期的增加而不断减少，到360d龄期时，胶凝相的特征峰的强度已经很弱，说明未水化的胶凝相已经很少。由于RO相的颗粒粒径较大，往往大于20 μm，因此RO相不具有很好的微骨料填充的作用。所以360d后，钢渣中的活性成分所能起到的化学作用有限，而惰性成分又不能起到微骨料填充的作用，因而钢渣混凝土的长期性能改善的空间较小。

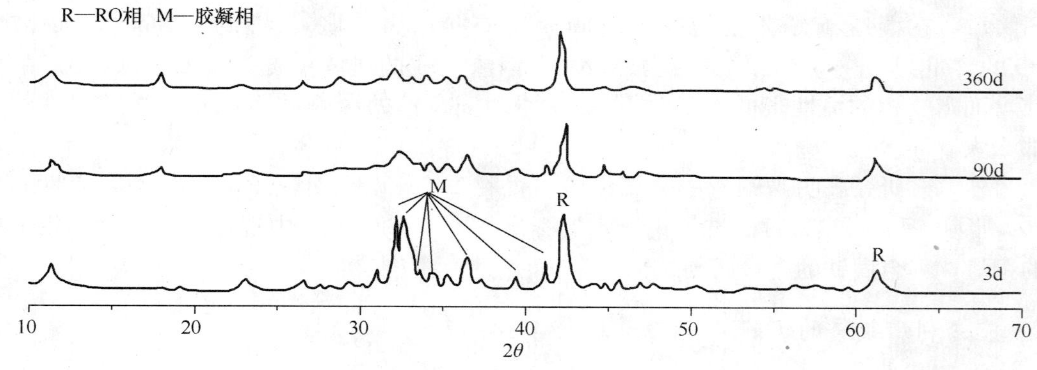

图5 钢渣水化产物的XRD谱

粉煤灰的早期活性很低，早期主要起物理填充作用；同时，由于其早期反应程度低，使复合胶凝材料中的实际水灰比增大，改善了水泥的水化环境，促进了水泥的水化。粉煤灰后期参与反应的程度逐渐提高，其化学作用也越累越明显，对混凝土强度和耐久性的贡献越累越大。但粉煤灰在360d龄期的反应程度仍并不高，大掺量粉煤灰混凝土中的粉煤灰反应程度甚至低于40%[40-42]。因此，粉煤灰混凝土的性能在龄期360d之后仍有很大的增长空间。由此可见，将钢渣与粉煤灰复合使用（称之为复合掺合料），既可以使复合掺合料早期所起到的化学作用高于粉煤灰，又可以使复合掺合料后期所起到的化学作用高于钢渣。

5.4 钢渣的重构与分级

钢渣中的胶凝组分是与硅酸盐水泥类似的硅酸盐相、铝酸盐相，但钢渣中的这些胶凝相的含量远低于水泥。这是因为钢渣的化学成分中 Fe、Mg、Mn 的含量远高于水泥，因而使得钢渣中 RO 相的含量较高。很显然，减少钢渣中的 RO 相和增多胶凝相，会提高钢渣的活性，这也是钢渣重构的方向。

钢渣中的胶凝相大部分是小颗粒，而 RO 相大部分是大颗粒。因此，可以探索将钢渣磨到合适的细度，然后对钢渣进行颗粒分级成两部分。颗粒小的部分中胶凝相占的比重增大，其水化活性高于未筛分的钢渣，更适合做矿物掺合料应用于混凝土；颗粒大的部分中以 RO 相为主，其活性很低，可以考虑作为细骨料使用。

6 结论

钢渣是大宗的工业废渣，将其应用于混凝土中符合发展绿色混凝土的理念。对于活性很低的钢渣，可以考虑将其作为骨料应用于混凝土中。而对于活性较高的钢渣，应优先考虑将其作为矿物掺合料应用于混凝土中。尽管钢渣的安定性问题没有解决，但当钢渣掺量较低（15%以下）时，安定性问题的影响很小。为了能够使钢渣在混凝土中像粉煤灰和矿渣一样大规模应用，目前应着重解决钢渣的安定性问题，同时深入系统地研究钢渣对混凝土各方面性能的影响和内在机理。

参 考 文 献

[1] 吴中伟．绿色高性能混凝土—混凝土的发展方向［C］．高强与高性能混凝土研讨会，江西庐山，1997.

[2] 阎培渝．现代混凝土的特点［J］．混凝土，2009，1：3-5.

[3] 吴中伟，廉慧珍．高性能混凝土［M］．北京：中国铁道出版社，1999.

[4] 赵铁军，刘淑梅．活化掺合料混凝土的研究［J］．青岛建筑工程学院学报，1996（1）：25-31.

[5] 王玉吉，叶贡欣．氧气转炉钢渣主要矿物相及其胶凝性能的研究［J］．硅酸盐学报，1981，9（3）：302-308.

[6] 欧阳东，谢宇平，何俊元．转炉钢渣的组成、矿物形貌及胶凝特性［J］．硅酸盐学报，1991，19（6）：488-494.

[7] Kourounis S，Tsivilis S，Tsakiridis P. E，Papadimitriou G. D，Tsibouki Z. Properties and hydration of blended cements with steelmaking slag［J］. Cem. Concr. Res，2007，37：815-822.

[8] Shi C. J. Characteristics and cementitious properties of ladle slag fines from steel production［J］. Cem. Concr. Res，2002，32：459-462.

[9] 史才军．碱-激发水泥和混凝土［M］．北京：化学工业出版社，2008：38-43.

[10] Lea F. M. The chemistry of cement and concrete［M］. 3rd Ed，Edward Arnold，New York，1974.

[11] 王强，阎培渝．大掺量钢渣复合胶凝材料早期水化性能和浆体结构［J］．硅酸盐学报，2008，36（10）：70-75.

[12] 袁润章．胶凝材料学［M］．武汉：武汉工业大学出版社，1996.

[13] Wu X. Q，Zhu H，Hou X. K，Li H. Study on steel slag and fly ash composite Portland cement［J］.

Cem. Concr. Res, 1999, 29: 1103-1106.

[14] 赵铁军．混凝土渗透性［M］．北京：科学出版社，2006.

[15] 李永鑫．含钢渣粉掺合料的水泥混凝土组成结构及性能研究［D］．北京：中国建筑材料科学研究院，2003.

[16] Mason B. The constitution of some open-hearth Slag［J］. J. Iron Steel Inst. 1994 (11): 69-80.

[17] 唐明述，袁美栖，韩苏芬，沈兴．钢渣中 MgO、MnO、FeO 的结晶状态与钢渣的体积稳定性［J］．硅酸盐学报，1979，7 (1): 35-46.

[18] 肖忠明．工业废渣在水泥生产中的应用［M］．北京：中国建材工业出版社，2009.

[19] H. Motz, J. Geiseler. Products of steel slags an opportunity to save natural resources［J］. Waste Manage. 2001, 21 (3): 285-293.

[20] 石青．美国钢铁渣工业的发展概况［J］．建筑节能，1980 (4): 31-35.

[21] 朱桂林．中国钢铁工业固体废物综合利用的现状和发展［J］．废钢铁，2003 (3): 34-41.

[22] Wu S. P, Xue Y. J, Ye Q. S, Chen Y. C. Utilization of steel slag as aggregates for stone mastic asphalt (SMA) mixtures［J］. Bldg. Environ. 2007, 42: 2580-2585.

[23] Asi I. M, Qasrawi H. Y, Shalabi F. I. Use of steel slag aggregate in asphalt concrete mixes［J］. Can. J. Civil Eng. 2007, 34 (8): 902-911.

[24] Beshr H, Almusallam A. A, Maslehuddin M. Effect of coarse aggregate quality on the mechanical properties of high strength concrete［J］. Constr. Build. Mater. 2003 (17): 97-103.

[25] Maslehuddin M, Alfarabi M, Shameem M, Ibrahim M, Barry M. S. Comparison of properties of steel slag and crushed limestone aggregate concretes［J］. Constr. Build. Mater. 2003, 17 (2): 105-112.

[26] 黄弘，唐明亮，沈晓冬等．工业废渣资源化及其可持续发展—典型工业废渣的物性和利用现状［J］．材料导报，2006，20: 450-454.

[27] 王强．钢渣的胶凝性能及在复合胶凝材料水化硬化过程中的作用［D］．清华大学博士论文，2010.

[28] 侯贵华，李伟峰，王京刚．转炉钢渣中物相易磨性及胶凝性的差异［J］．硅酸盐学报，2009，37 (10): 1613-1617.

[29] 李军华．钢渣微粉在水泥及混凝土中的作用［J］．山东建材，2002 (4): 21-22.

[30] 徐彬．固态碱组分碱矿渣水泥的研制及其水化机理和性能研究［D］．北京：清华大学，1995.

[31] S. Kourounis, S. Tsivilis, P. E. Tsakiridis, G. D. Papadimitriou, Z. Tsibouki, Properties and hydration of blended cements with steelmaking slag［J］. Cement and Concrete Research 37 (6) (2007): 815-822.

[32] ı. Akln Altun, ı. smail Yllmaz, Study on steel furnace slags with high MgO as additive in Portland cement［J］. Cement and Concrete Research 32 (8) (2002): 1247-1249.

[33] A. Rai, J. Prabakar, C. B. Raju, R. K. Morchalle, Metallurgical slag as a component in blended cement［J］. Construction and Building Materials 16 (8) (2002) 489-494.

[34] 朱航．钢渣矿粉的制备及其在水泥混凝土中的应用研究［D］．武汉：武汉理工大学，2006.

[35] 王博，戴连鹏，周明辉．磨细钢渣高性能混凝土的实验研究［J］．沈阳建筑工程学院学报，2003，19 (2): 148-149.

[36] 肖琪仲．钢渣的膨胀破坏与抑制［J］．硅酸盐学报，1996，24 (6): 635-640.

[37] 钱光人，徐光亮，李和玉等．低碱度钢渣的矿物组成、岩相特征与膨胀研究［J］．西南工学院学报，1997，12 (1): 35-39.

[38] Qian G R, Sun D D, Tay J H, et al. Hydrothermal reaction and autoclave stability of Mg bearing RO phase in steel slag［J］. British Ceramic Transactions, 2002, 101 (4): 159-164.

[39] 陈平，余洪波，王红喜．利用钢渣矿粉制备中低强度等级大体积砼的试验研究［J］．武汉理工大学学报，2006，28（5）：37-39.

[40] Lam L，Wong YL，Poon CS. Degree of hydration and gel/space ratio of high-volume fly ash/cement systems［J］. Cem Concr Res 2000；30：747-756.

[41] Nathan S，Narayanan N. Influence of a fine glass powder on cement hydration：Comparison to fly ash and modeling the degree of hydration［J］. Cem Concr Res 2008；38：429-436.

[42] Pipat T，Toyoharu N，Kiyofumi K. Effect of water curing conditions on the hydration degree and compressive strengths of fly ash-cement paste［J］. Cem Concr Compos 2006；28：781-789.

掺钢铁渣粉混凝土收缩特性及体积安定性探讨

杨景玲，卢忠飞，闫　文，张亮亮，夏　春

（中冶建筑研究总院有限公司，北京 100088）

摘　要　钢铁渣粉是一种新型的固体废弃物综合利用的产品，作混凝土掺合料有利于改善混凝土的工作性，其配制的混凝土后期强度高。试验主要研究了掺钢铁渣粉混凝土的干缩以及通过高温养护研究其体积安定性，并与纯水泥混凝土、掺矿渣粉混凝土和双掺矿渣粉、粉煤灰混凝土作对比，试验结果表明，掺钢铁渣粉的混凝土干缩值低于掺其他掺合料混凝土的干缩值，并且对混凝土安定性没有影响。

关键词　钢铁渣粉；收缩；安定性

1　引言

我国是钢铁产业大国，钢铁产量连续多年居世界首位，并逐年增多。伴随钢产量的增加钢渣的排放量也在逐年增多，以 2009 年钢产量 5.68 亿 t 计算钢渣的排放量就达到 7000 多万 t，但利用率很低，约为 10%[1,2]，大量钢渣的堆放不仅占用土地还污染环境。但钢渣具有潜在胶凝活性、微膨胀、耐磨等优点，并能改善混凝土工作性[3]，将其用于建材行业将大有作为，缺点是早期水化慢、强度低。矿渣粉用于建材行业技术早已成熟，用作混凝土掺合料具有改善混凝土的工作性、降低水化热等优点，但也有自身的局限性，如掺量过多将增加混凝土的收缩、降低混凝土的碱度等[4]。

钢铁渣粉是以钢渣、矿渣为主要原料，通过合理的工艺配制而成，实现钢渣粉和矿渣粉优势互补，成为一种优异的混凝土掺合料。由于钢铁渣粉中的钢渣粉内存在游离氧化钙等不稳定成分，水化后体积会膨胀，因此钢铁渣粉用作掺合料对混凝土的收缩性能及体积安定性的影响是决定其能否大量应用的关键。本试验主要参照混凝土相关试验方法对混凝土掺钢铁渣粉后的干缩及体积安定性进行了探索性试验研究，也为今后深入研究钢铁渣粉用作混凝土掺合料提供参考。

2　试验方法

2.1　原材料

钢渣：新余钢厂钢渣，化学成分见表 1；

闫文（1981—　），男，硕士，工程师，主要研究方向为固体废弃物的综合处理与利用，北京市海淀区西土城路 33 号 8 号楼 506 室（100088），电话：010-82227968

矿渣：新余明特法处理的粒化高炉矿渣，化学成分见表 1；

粉煤灰：北京环电Ⅱ级粉煤灰，化学成分见表 1；

水泥：冀东水泥厂生产的 P·O42.5 级水泥，化学成分见表 1；

减水剂：JG-2 萘系减水剂，减水率为 25%。

原材料的主要化学成分（%） **表 1**

名　称	SiO_2	Al_2O_3	CaO	MgO	Fe_2O_3	SO_3	f-CaO
钢渣	12.67	1.63	43.82	9.60	24.57	0.16	3.80
矿渣	31.31	14.29	39.09	9.06	2.07	0.19	—
粉煤灰	58.02	20.73	3.43	1.52	8.86	0.90	0.13
水泥	21.85	4.27	62.70	2.47	2.56	2.93	—

1# 钢铁渣粉、2# 钢铁渣粉分别为钢渣粉与矿渣粉不同工艺配制而成的两种产品，比表面积分别为 424m²/kg、494m²/kg；

2.2 水质分析

2.2.1 混凝土干缩试验方法

按照《普通混凝土长期性能和耐久性能试验方法标准》（GB/T 50082—2009）进行，将混凝土试件拆模后放置在 20±2℃、湿度为 60%±5%的环境中进行养护，到规定的龄期再进行测量；

2.2.2 混凝土体积安定性试验方法

将 75mm×75mm×275mm 的混凝土试件拆模后放在混凝土碱骨料箱中的试件架上，在 80℃的高温潮湿环境下进行养护，养护至规定的龄期前 1d 取出放在混凝土标养室中养护 1d，然后取出在温度为 20±2℃、湿度为 60%±5%的环境中进行测量。

3 试验结果与讨论

试验设计的混凝土胶材用量为 400 kg/m³，设计密度为 2400 kg/m³，具体配合比见表 2。

混凝土配合比 **表 2**

编号	混凝土配合比（kg/m³）								备　注
	水泥	矿渣粉	粉煤灰	钢铁渣粉	水	砂子	石子	减水剂	
KXG1	400				162	790	1048	3.6	
KXG2	200	200			162	790	1048	3.6	矿渣粉比表面积为 414 m²/kg
KXG3	200	200			162	790	1048	3.6	矿渣粉比表面积为 509 m²/kg
KXG4	200	120	80		162	790	1048	3.6	矿渣粉比表面积为 509 m²/kg
KXG5	200			200	162	790	1048	3.6	1# 钢铁渣粉
KXG6	240			160	162	790	1048	3.6	2# 钢铁渣粉
KXG7	200			200	162	790	1048	3.6	2# 钢铁渣粉
KXG8	160			240	162	790	1048	3.6	2# 钢铁渣粉

3.1 不同掺合料对混凝土工作性及抗压强度的影响

不同的掺合料对混凝土的工作性及力学性能有不同的影响，试验分别研究了矿渣粉的比表面积、双掺矿渣粉和粉煤灰、钢铁渣粉的比表面积和掺量对混凝土工作性及强度的影响，并与纯水泥混凝土相对比，试验结果见表3。

混凝土的工作性及抗压强度　　表3

编号	混凝土工作性			抗压强度（MPa）			
	坍落度（cm）	扩展度（cm）	流空时间（s）	3d	7d	28d	60d
KXG1	18.5	50.4	8.0	35.5	46.1	53.8	57.0
KXG2	20.0	51.2	7.5	28.4	40.3	54.2	56.9
KXG3	21.5	52.5	6.0	33.7	41.9	55.0	60.6
KXG4	20.5	50.7	8.0	23.2	34.9	47.0	52.4
KXG5	20.5	52.0	4.5	21.3	32.7	46.0	51.2
KXG6	21.0	50.2	4.0	27.7	39.2	47.8	53.5
KXG7	20.2	53.7	5.0	29.9	39.5	53.8	57.2
KXG8	21.5	51.4	4.0	28.5	36.7	48.9	50.2

由表3试验结果可见，掺磨细矿渣粉后混凝土的工作性有所改善，并且矿渣粉的比表面积越高，对混凝土工作性改善的效果越佳，但掺量过高有轻微的泌水现象；掺粉煤灰后能改善混凝土的和易性，但增加了混凝土的黏聚性；掺钢铁渣粉后不但能改善混凝土的和易性还能改善混凝土的黏聚性，工作性优于单掺矿渣粉或双掺矿渣粉和粉煤灰。

纯水泥配制的混凝土早期抗压强度高于其他混凝土，并且后期强度保持良好的增长趋势；矿渣粉的比表面积越高配制的混凝土抗压强度越高，当矿渣粉比表面积为509m^2/kg、掺量为50%时，混凝土3d、7d、28d和60d的抗压强度分别为33.7MPa、41.9 MPa、55.0MPa、60.0MPa，除早期强度比纯水泥配制的混凝土略低外，后期强度增长迅速，比纯水泥配制的混凝土还高；双掺矿渣粉和粉煤灰对混凝土的力学性能有不利影响，无论是早期强度或是后期强度都要比纯水泥或单掺矿渣粉配制的混凝土低，这主要是因为粉煤灰活性较低影响混凝土的强度；钢铁渣粉作混凝土掺合料早期强度比纯水泥略低，但后期强度能不断增高；提高钢铁渣粉的比表面积有助于提高混凝土的强度，对比KXG6、KXG7、KXG8的不同龄期的抗压强度值可以发现，2#钢铁渣粉的最佳掺量为50%。

综合考虑不同混凝土掺合料的工作性、力学性能，钢铁渣粉是一种性能优异的混凝土掺合料。

3.2 不同掺合料对混凝土干缩的影响

混凝土暴露于干燥环境中便会产生干缩，干缩量取决于许多因数，其中包括材料的性能、温度、环境的相对湿度、暴露的时间长短以及结构的尺寸等[5]。如果限制混凝土的收缩，产生拉应力混凝土可能出现开裂，影响着混凝土的使用寿命，因此在使用一种新的掺合料时要考虑其对混凝土干缩的影响。试验研究了不同掺合料对混凝土干缩的影响，结果见表4。

混凝土的干缩试验结果（‰）　　表 4

编号＼龄期	1d	3d	7d	14d	28d	45d	60d	90d	120d
KXG1	0.040	0.100	0.187	0.263	0.360	0.413	0.437	0.477	0.501
KXG2	0.043	0.103	0.203	0.303	0.383	0.423	0.450	0.483	0.503
KXG3	0.040	0.120	0.220	0.320	0.427	0.473	0.497	0.527	0.540
KXG4	0.040	0.100	0.213	0.277	0.357	0.407	0.433	0.467	0.483
KXG5	0.043	0.100	0.187	0.303	0.340	0.400	0.413	0.437	0.450
KXG6	0.043	0.107	0.200	0.300	0.370	0.413	0.423	0.447	0.460
KXG7	0.045	0.110	0.180	0.275	0.330	0.390	0.400	0.430	0.445
KXG8	0.040	0.120	0.180	0.267	0.333	0.373	0.380	0.413	0.427

由试验结果可见，随着水化龄期的增加所有混凝土的干缩都呈现增长趋势，其中矿渣粉粉磨越细干缩越大，这是因为矿渣粉磨越细水化速度越快，加速混凝土内部相对湿度的降低引起干缩增大；双掺矿渣粉和粉煤灰能降低混凝土的干缩，因为粉煤灰自身活性低，水化速度慢，并且粉煤灰颗粒较水泥细，掺到混凝土中能填充内部空隙，增加密实性，因此能减缓混凝土的干缩；掺 1# 钢铁渣粉、2# 钢铁渣粉早期干缩值大于纯水泥混凝土，后期干缩值逐渐低于纯水泥混凝土，这可能是因为钢铁渣粉中矿渣粉早期水化较快，干缩相对较快，但后期在较密实的混凝土内部由于钢渣的不断水化增加了混凝土的密实性及由于钢渣粉中 f-CaO 及可能存在微量的 f-MgO 成分，缓慢水化造成的微膨胀特性，补偿部分混凝土收缩造成后期混凝土后期干缩减小。由试验结果还可以看出，提高钢铁渣粉的掺量，有利于降低混凝土的干缩。因此掺钢铁渣粉有利于降低混凝土的干缩。

为了更好地解释钢铁渣粉对混凝土干缩的影响，试验按照混凝土中胶材的配合比进行了净浆的 SEM 电镜形貌观察，试验选取观察的试样为 KXG1、KXG4、KXG7，各水化龄期为 3d、7d、28d，形貌观察结果见图 1。

由图 2 的 SEM 电镜照片可见，水泥水化 3d 时在水泥颗粒空隙处有钙矾石生成，这些钙矾石相互交错、编织成网状结构连接着其他矿物；水泥复掺矿渣粉和粉煤灰后水化 3d 只有少量的钙矾石，大量尚未水化的球状粉煤灰覆盖在其他水化产物表面，并填充空隙，增加内部的密实性，使混凝土的干缩值低于其他混凝土的干缩值；水泥复掺 2# 钢铁渣粉后生成大量钙矾石，从形貌上看生成的钙矾石密集程度超过了纯水泥，使内部相对湿度降低，加速了混凝土的干缩，因此早期的干缩值高于纯水泥的干缩值。从 28d 的水化产物的形貌照片看，水泥水化 28d 后生成大量的凝胶产物和水化 $Ca(OH)_2$，水化产物之间有少量的空隙；复掺矿渣粉和粉煤灰后除生成大量的凝胶产物和水化 $Ca(OH)_2$ 外，还有少量球状粉煤灰尚未水化，这些粉煤灰分布与凝胶体各处，部分被水化产物包裹，部分填充在凝胶间的空隙处提高密实性，有利于降低混凝土的干缩；水泥复掺 2# 钢铁渣粉后水化产物结构较致密，也有利于降低干缩。

图 1　不同胶凝材料水化后的 SEM 照片

3.3　不同掺合料对混凝土体积安定性的影响

目前评定混凝土的体积安定性是否合格主要还是对其胶凝组分进行检测，方法以净浆的沸煮法和压蒸法为主。净浆沸煮和压蒸安定性试验结果见表 5。由试验结果表明，钢渣粉及钢铁渣粉沸煮法和压蒸法安定性均合格，但由于钢铁渣的煅烧温度比水泥的煅烧温度高，各矿物组分内部结构比水泥致密，尤其是钢渣中 f-CaO 及 f-MgO 水化速度相对较慢，因此以净浆的沸煮法和压蒸法评定钢铁渣粉对混凝土的安定性是否合格有待商榷。为此我们将掺不同掺合料的混凝土试件置于 80℃高温潮湿环境中加速长期养护，通过测量其混凝土试件的外观及体积变化值的大小进行相互比较来评定其对混凝土安定性的影响，试验结果见图 2。

净浆安定性试验结果 **表 5**

编号	净浆配合比（%）				安定性	
	水泥	矿渣粉	钢渣粉	2# 钢铁渣粉	沸煮法	压蒸法
K1	100	—	—	—	合格	合格
K2	50	50	—	—	合格	合格
K3	60	—	—	40	合格	合格
K4	50	—	—	50	合格	合格
K5	40	—	—	60	合格	合格
K6	60	—	40	—	合格	合格
K7	40	—	60	—	合格	合格

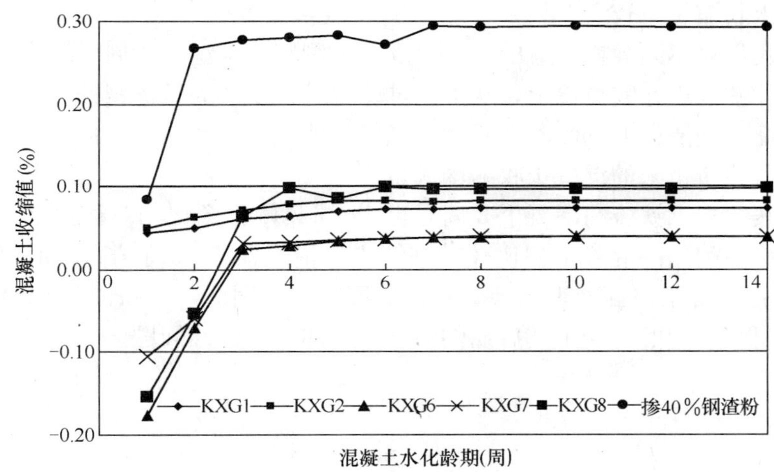

图 2　混凝土试件高温潮湿养护条件下各龄期的收缩变化

由图 2 可以看出：

（1）在高温潮湿环境养护下，混凝土体积都表现为膨胀，膨胀值都随水化时间的延长而增大，这可能是因为混凝土在高温潮湿环境下水化加快，并且在潮湿环境中有足够的水分提供，使混凝土表现为“湿涨”从而引起混凝土体积膨胀。

（2）在所有试验结果中混凝土掺 40％的钢渣粉体积膨胀量最大，第一周膨胀量就达到 0.061％，第二周膨胀量为 0.267％，观察其外观发现试件在第一周出现许多裂纹，随着时间的延长裂纹增多，裂纹宽度增加，并出现剥落现象（见图 3），主要原因是混凝土钢渣掺量过大，其 f-CaO 消解膨胀所致，但在以净浆沸煮法和压蒸法评定混凝土安定性的试验中该钢渣粉掺量达到 60％时沸煮法和压蒸法都能合格，因此用沸煮法和压蒸法评价掺钢铁渣粉的混凝土的安定性可能过于宽松，不能达到评定掺有钢渣粉混凝土安定性的目标。

（3）掺钢铁渣粉的混凝土第 1 周体积都表现为收缩，后逐渐膨胀，并且膨胀量随钢铁渣粉掺量的增加而增大，至第 3 周后膨胀缓慢平滑，对于掺钢铁渣粉后造成混凝土早期表现为收缩的原因是因为钢铁渣粉中矿渣粉比表面积大，早期激发致钢铁渣粉水化速度较快

图 3　混凝土中掺 40%钢渣粉后养护一周的形貌

等，造成混凝土收缩相对较大。1～3 周较快膨胀主要是钢渣中 f-CaO 等水化造成体积膨胀引起，根据我们对不同龄期钢渣中的 f-CaO 含量测定，常温下 4 周后钢渣粉在富水环境中，f-CaO 的消解率可达 90%以上，从上述试验也验证了 3 周后掺钢铁渣粉混凝土体积相对较稳定，因此，钢渣中 f-CaO 不会对后期混凝土体积安定性造成不良影响，早期膨胀可以补偿磨细矿渣粉所带来的混凝土收缩增大。

（4）试验表明掺钢铁渣粉混凝土 3 周后至 14 周其体积变化相对稳定，体积膨胀量与纯水泥、水泥矿粉配制的混凝土相比较，钢铁渣粉掺量在 60%时稍高，但钢铁渣粉掺量在 50%以下时低于纯水泥混凝土和掺矿渣粉的混凝土。因此，钢铁渣粉在掺量小于 60%时（占胶凝材料）配制的混凝土其后期的不会产生体积安定性问题。

4　结论

通过本试验可以看出：

（1）钢铁渣粉作混凝土掺合料不仅能改善混凝土的工作性，对混凝土的力学性能也没有不利影响，2# 钢铁渣粉替换水泥 50%时，28d、60d 抗压强度基本不下降。

（2）钢铁渣粉作混凝土掺合料虽然早期干缩略有增大，但后期干缩小于纯水泥混凝土和掺矿渣粉或复掺矿渣粉和粉煤灰的混凝土，即钢铁渣粉作混凝土掺合料具有降低混凝土干缩的作用。

（3）本试验所用的钢渣粉其掺入量超过 40%时，其混凝土可能因钢渣中 f-CaO 早期消解膨胀造成混凝土体积安定性不良，用沸煮法和压蒸法评价掺钢铁渣粉的混凝土的安定性可能过于宽松。

（4）掺钢铁渣粉的混凝土由于钢渣中 f-CaO 等早期水化可以补偿磨细矿渣粉所带来的混凝土收缩增大。本试验所用的 2# 钢铁渣粉在掺量小于 60%时（占胶凝材料）配制的混凝土高温养护 6 周后体积稳定很好，由此推断 2# 钢铁渣粉掺入（掺量小于 60%）不会引起混凝土体积安定性不良。

参 考 文 献

[1] 王强，鲍立楠，阎培渝．转炉钢渣粉在水泥混凝土中应用的研究进展［J］．混凝土，2009（2）：53-56.

[2] 朱桂林．中国钢铁工业固体废弃物综合利用现状和发展［J］．废钢铁，2003（3）：34-41.

[3] 林晖，王玲，李云峰．钢渣粉混凝土的工作性能和力学性能研究进展［J］．工业建筑，2008（38）：867-869.

[4] 张巍，杨全兵．混凝土收缩研究综述［J］．低温建筑技术，2003（5）：4-6.

[5] 魏利国，李承．高强混凝土的收缩开裂［J］．山西建筑，1997（3）：22-25.

大掺量钢铁渣粉混凝土耐久性试验研究

杨景玲，卢忠飞，张亮亮，闫　文，夏　春

（中冶建筑研究总院有限公司，北京 100088）

摘　要　钢铁渣粉是以钢渣、高炉矿渣等材料复合而成的新型混凝土矿物掺合料。本文主要研究了大掺量钢铁渣粉 C30 混凝土的抗氯离子渗透性、抗冻性和钢筋锈蚀等耐久性能。抗冻性试验和钢筋锈蚀试验结果表明，大掺量钢铁渣粉 C30 混凝土与基准混凝土相差不大；而大掺量钢铁渣粉 C30 混凝土的抗氯离子渗透性能优于基准混凝土。

关键词　钢铁渣粉；钢渣；大掺量；混凝土；耐久性

1　引言

随着我国钢铁工业的快速发展，作为炼钢副产物的钢铁渣（钢渣和高炉矿渣）产生量也与日俱增。2009 年我国钢铁产量占全球总产量的 47%，为 5.678 亿 t，按每生产 1t 钢约产生 0.3t 高炉矿渣和 0.14t 钢渣计，2009 年共排放 1.7 亿 t 高炉矿渣和 7900 万 t 钢渣。但高炉矿渣和钢渣的综合利用情况却相差较大。经过多年不懈努力，粒化高炉矿渣已广泛用作水泥混合材和混凝土掺合料，综合利用率在 80%以上。而钢渣由于早期水化活性较低等原因，在水泥和混凝土行业中的使用受到限制，但钢渣又有后期强度不断增长、耐磨性好等特点。本文中的钢铁渣粉是以稳定化处理后的钢渣、粒化高炉矿渣等为原材料，按不同工艺及比例制备而成，文章研究了 3 种钢铁渣粉，其中 3# 钢铁渣粉加入了专用的激发剂。钢铁渣粉作混凝土掺合料可以充分发挥钢渣与矿渣二者优点，减少钢渣对环境的影响，提高钢渣资源化利用率。为了掌握钢铁渣粉作为矿物掺合料应用于水泥混凝土行业的性能，本文研究了大掺量钢铁渣粉（40%以上）C30 混凝土的抗氯离子渗透性、抗冻性和钢筋锈蚀性能等耐久性。

2　试验原材料、配合比及试验方法

2.1　试验原材料

（1）水泥：冀东三河盾石牌 P·O42.5R 级水泥；

（2）粉煤灰：北京环电粉煤灰开发有限公司产 II 级粉煤灰；

（3）砂：北京密云产中砂，细度模数 2.62；

（4）碎石：粒径分别为 5～10mm 和 10～20mm；

（5）水：自来水；

（6）外加剂：北京冶建特种材料有限公司产 JG-5 泵送剂；

（7）矿渣粉：新余钢厂粒化高炉矿渣，用试验小磨磨至比表面积为 400m^2/kg。

（8）钢铁渣粉：新余钢厂钢渣和粒化高炉矿渣配制而成。钢渣化学成分见表 1，钢铁渣 XRD 图谱见图 1 和图 2。

钢渣粉的化学成分 **表 1**

SiO_2	CaO	Al_2O_3	MgO	Fe_2O_3	FeO
11.76	49.92	1.56	7.63	11.95	8.58

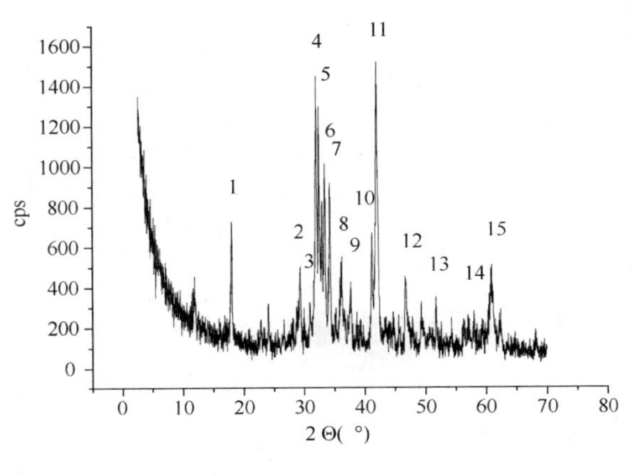

图 1 钢渣的 XRD

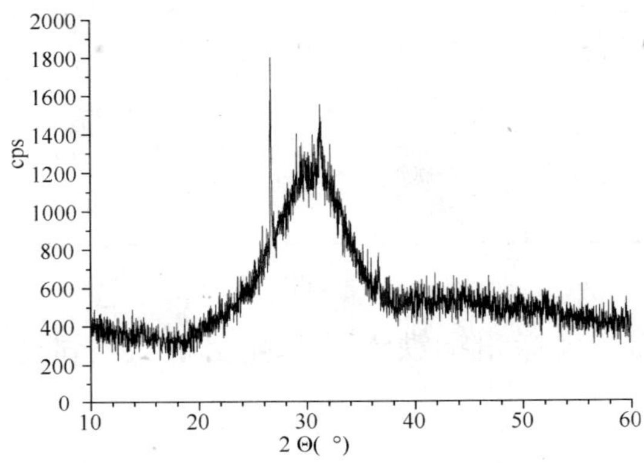

图 2 粒化高炉矿渣的 XRD

从 XRD 衍射试验分析表明，钢渣中主要矿物有硅酸三钙(2、3、4、5、7、10、13)，硅酸二钙(4、5、6、9、10)，$Ca(OH)_2$(1、7、12)，RO 相(8、11、15)，橄榄石(6、7、11)，铁酸二钙(4、6)等。粒化高炉矿渣中以玻璃体为主，含量在 97%以上。

钢渣粉碱度系数为 4.2，为高碱度钢渣，其 7d 和 28d 活性指数分别为 62.8% 和 76.8%，按《用于水泥和混凝土中的钢渣粉》(GB/T 20491—2006) 评定，为二级。矿渣粉为 S95 级。

2.2 试验配合比

混凝土试验选择 3 种胶凝材料体系：基准水泥，水泥＋钢铁渣粉体系，水泥＋矿渣粉＋粉煤灰体系。设计强度等级为 C30，胶凝材料用量均为 380kg/m^3，3 种钢铁渣粉掺量均为 50%（占胶凝材料质量比）。混凝土配合比见表 2。抗冻性试验混凝土中掺有引气剂。

从抗压强度试验结果看，B1 和 B2 混凝土的 3d 立方体抗压强度比基准混凝土低约 14MPa，但 28d 已与基准混凝土持平。B3 混凝土 3d 立方体抗压强度较基准混凝土低约 5MPa，28d 强度稍高于基准混凝土，说明 3# 钢铁渣粉具有良好的早期活性，3 种钢铁渣粉 28d 抗压强度与基准混凝土相当。B4 混凝土可能是掺加粉煤灰的原因，拌合物含气量均低于其他混凝土，其 3d 立方体抗压强度介于 B2 和 B3，28d 立方体抗压强度已与基准混凝土持平。

各组混凝土配合比表 **表 2**

编号	掺合料类别和掺量	水泥（kg/m³）	砂（kg/m³）	石（kg/m³）	水（kg/m³）	掺合料（kg/m³）	外加剂（kg/m³）	坍落度（mm）	含气量（%）	抗压强度（MPa）	
										3d	28d
B0	基准水泥	380	794	1011	165	0	9.88	185	4.7	27.4	41.5
B1	1# 钢铁渣粉 50%	190	794	1011	165	190	9.88	205	4.6	13.8	40.3
B2	2# 钢铁渣粉 50%	190	794	1011	165	190	9.88	215	4.5	13.7	41.5
B3	3# 钢铁渣粉 50%	190	794	1011	165	190	9.88	215	5.3	21.1	43.2
B4	矿渣粉 15%+粉煤灰 30%	209	758	1047	165	171	9.88	190	3.2	18.3	41.3

3 大掺量钢铁渣粉混凝土耐久性试验

3.1 抗氯离子渗透性

混凝土抗氯离子渗透性是衡量混凝土耐久性好坏的重要指标之一。试验采用《普通混凝土长期性能和耐久性能试验方法标准》（GB/T 50082—2009）中的电通量法，将标养 28d 和 56d 的混凝土试件切割成 ϕ100mm×50mm 试样，真空饱水后，在标准夹具下，通过 0.3 mol/L NaOH 溶液和 3.0%NaCl 溶液给混凝土施加 60V 直流电，通电 6h，记录通过的电量。《混凝土耐久性检验评定标准》（JGJ/T 193）中对电通量的等级划分标准如表 3 所示。

混凝土抗氯离子渗透性评定 **表 3**

等 级	Q-Ⅰ	Q-Ⅱ	Q-Ⅲ	Q-Ⅳ	Q-Ⅴ
电通量（C）	≥4000	≥2000 <4000	≥1000 <2000	≥500 <1000	<500

混凝土电通量测定值 **表 4**

编 号	电通量（库仑）		抗氯离子渗透性
	28d	56d	
B0	3414	2999	较差
B1	1386	1248	较好
B2	1090	1080	较好
B3	960	896	好
B4	945	825	好

表 4 是 28d 和 56d 龄期的 C30 混凝土抗氯离子渗透性能。由表 4 可见，28d 和 60d 龄

期时，B1～B4 通过的电量分别比 B0 低 2028 库仑和 1751 库仑以上，说明大掺量钢铁渣粉混凝土及双掺矿渣粉和粉煤灰混凝土的抗氯离子渗透性能明显优于基准混凝土。B3 和 B4 通过的电量更是低于 1000 库仑，抗氯离子渗透性属于“好”的水平。

氯离子在混凝土中的渗透取决于两个因素，一是混凝土对氯离子渗透的扩散阻碍能力，这种能力决定于混凝土的孔隙率及孔径分布；二是混凝土对氯离子的物理或化学结合能力及固化能力，这种固化能力既影响渗透速率，又影响水中自由氯离子结合速率[1]。

矿物掺合料在混凝土中的作用主要有三种基本效应，即形态效应，活性效应和微骨料效应。钢渣粉与矿渣粉的比表面积均在 $400m^2/kg$ 以上，平均粒径比水泥小，二者复配掺入混凝土中，优化了胶凝材料体系的颗粒级配，改善了混凝土孔结构，使得大孔向小孔转变，钢铁渣粉的这种形态效应有利于混凝土密实度的提高。矿渣粉会消耗部分 $Ca(OH)_2$ 产生二次水化反应，改善骨料与胶凝材料结合区 $Ca(OH)_2$ 的取向度，降低 $Ca(OH)_2$ 的含量，减小 $Ca(OH)_2$ 晶体的尺寸[2]，而钢渣粉可以在 28d 以后持续水化，产生 C-S-H 凝胶和 $Ca(OH)_2$ 晶体，填充水泥石中的孔隙，矿渣粉和钢渣粉活性效应产生的水化产物可以大大改善混凝土结构的密实性。粉煤灰也在 28d 后继续水化，产生大量低碱度 C-S-H 凝胶。二次水化产物还可以很好的对氯离子产生物理化学吸附作用，使得大掺量钢铁渣粉混凝土及双掺矿渣粉和粉煤灰混凝土对氯离子有较好的固化能力，降低氯离子在混凝土中的渗透速率。

3.2 抗冻性能

抗冻性是指混凝土在水饱和状态下能经受多次冻融循环作用而不被破坏的性能。在寒冷地区，混凝土受冻融循环破坏往往是导致混凝土劣化的主要因素。抗冻性可间接反映混凝土抵抗环境水浸入和抵抗冰晶压力的能力[3]。试验参照《普通混凝土长期性能和耐久性能试验方法标准》（GB/T 50082—2009）进行，采用快冻法，每种配合比制作 100mm×100mm×400mm 试块 1 组（标养 28d）。当相对动弹性模量下降至初始值的 60%时或质量损失率超过 5%停止试验。

冻融 200 次后，B4 表面砂浆脱落较多，质量损失率为 2.1%，相对动弹性模量也降至 60%以下，而 B0～B3 质量损失分别为 0.2%、0.8%、0.6%、0.6%，相对动弹性模量仍在 85%以上。冻融 250 次后，B2 和 B3 相对动弹性模量降至 60%以下。B0 和 B1 直至冻融 300 次后相对动弹性模量降至 60%以下。以抗冻等级评价，B0 和 B1 为 F275 级，B2 和 B3 为 F225 级，B4 为 F175 级。抗冻性能试验结果见表 5。

抗冻性能试验结果 **表 5**

编 号	不同循环次数下相对动弹性模量（%）								
	50 次	75 次	125 次	175 次	200 次	225 次	250 次	275 次	300 次
B0	97.9	96.0	95.9	95.3	95.2	95.2	95.0	94.7	21.5
B1	97.1	95.4	92.0	87.9	86.7	76.9	69.3	60.4	32.7
B2	97.9	96.8	96.5	92.8	88.5	74.0	39.6	—	—
B3	97.2	97.2	92.7	92.0	85.7	84.7	38.5	—	—
B4	94.9	93.7	88.3	62.4	50.2	—	—	—	—

一般来说，混凝土受冻融破坏的程度决定于以下因素：冻结温度和速度、可冻水的含量、水饱和程度、材料的渗透性、冰水混合物流入卸压空气泡的距离（以气泡平均间距表示）已经抵抗破坏的能力（强度）等[4]。从试验结果可以看出，5 组混凝土抗冻融循环次数均达到 175 次以上，主要原因一是使用了减水剂，混凝土水胶比较低，减少了因水分蒸发而形成的孔隙，使水泥石具有比较低的孔隙率，改善了水泥石的抗渗透性能；更重要的是使用了引气剂，在混凝土中引入大量细小而稳定的气泡，成为冰水迁移的“蓄水池”，缓冲结冰引起的静水压和渗透压。据了解，不加引气剂的普通混凝土抗冻性不高，20～30MPa 级一般只能经受 5～25 次冻融循环试验，40～50MPa 一般能经受 25～50 次，而引起混凝土的抗冻性很容易提高到 200～300 次以上[5]。B4 可能是由于粉煤灰中的未燃炭吸附了较多的引气剂，使得混凝土中的气泡数量减少，造成其抗冻性能劣于其他未掺加粉煤灰的混凝土。

3.3　钢筋锈蚀

混凝土的孔溶液具有高碱性（pH＞12.5），钢筋在这种高碱度环境中，表面会形成钝化膜而难以锈蚀。但混凝土的中性化如碳化或内部碱储备不足会降低内部孔溶液的碱度，pH 值低于 11.5 时钢筋钝化膜就会破坏，另外氯离子的渗透作用也会破坏钢筋的钝化膜，钝化膜的破坏再加上外部侵蚀介质的侵入就会引发钢筋的锈蚀。因此要提高混凝土的护筋性，一方面需要保证混凝土的碱储备和提高混凝土的抗碳化能力，另一方面需要提高混凝土的抗氯离子渗透性能[6]。

现在水泥生产中均大量掺加粉煤灰、火山灰等各类混合材，预拌混凝土中也普遍掺加大量粉煤灰，粉煤灰在二次水化反应中会消耗大量的 $Ca(OH)_2$，掺到一定数量，水泥石中的 $Ca(OH)_2$ 就可能达不到饱和，而粒化高炉矿渣主要成分是硅酸钙玻璃体，它只是借助 $Ca(OH)_2$ 激发活性而不需要大量消耗熟料水化生成的 $Ca(OH)_2$，因此掺粒化高炉矿渣的胶凝材料，很容易维持孔溶液中 $Ca(OH)_2$ 的饱和状态[7]。钢铁渣粉中的钢渣矿物组成与硅酸盐水泥熟料类似，CaO 含量高于粒化高炉矿渣和粉煤灰，后期水化过程中生成 $Ca(OH)_2$，有助于保证混凝土中的碱储备。

试验采用《普通混凝土长期性能和耐久性能试验方法标准》（GB/T 50082—2009）混凝土中钢筋锈蚀试验方法，采用 100mm×100mm×300mm 的棱柱体试件，试件中埋置直径为 6.5mm 的普通低碳钢筋热轧盘条。混凝土试件标养至 28d 龄期，然后进行碳化试验，碳化 28d 后再标养 56d 后取出，破型，先测出碳化深度，然后进行钢筋锈蚀程度的测定。混凝土钢筋锈蚀试验结果见表 6。

混凝土钢筋锈蚀试验结果　　**表 6**

编号	碳化深度（mm）	钢筋锈蚀的失重率（%）	编号	碳化深度（mm）	钢筋锈蚀的失重率（%）
B0	0.5	0.02	B3	0.5	0.02
B1	0.5	0.02	B4	2.0	0.02
B2	0.5	0.02			

研究表明[8]，混凝土中掺加大量矿物掺合料，对其抗碳化性能影响有正面作用与负面作用两种：① 正面作用：矿物掺合料可以减小混凝土中总的孔隙率及细化孔隙，使 CO_2 难以侵入混凝土内部发生碳化反应；②负面作用：矿物掺合料掺入后，其火山灰效应，能与水泥水化后的 $Ca(OH)_2$ 发生二次反应，使混凝土的碱度降低，从而使混凝土抗碳化能力减弱。因此，矿物掺合料应用于混凝土后，对混凝土的抗碳化性能的影响主要取决于正面作用与负面作用各自作用效果的大小。

从试验结果看，B4 碳化深度高于 B0～B3，原因主要是 B4 掺加了 30％的粉煤灰，而粉煤灰的火山灰反应会消耗大量 $Ca(OH)_2$，从而使得粉煤灰混凝土的碳化深度都高于其他混凝土，这是掺加粉煤灰混凝土的主要缺点。但掺加大量钢铁渣粉的 B1～B3 混凝土碳化深度与基准混凝土相同，说明大量钢铁渣粉在混凝土中的掺加，不会对混凝土的抗碳化性能造成不良影响。这主要是因为一方面钢铁渣粉中矿渣粉的二次水化反应及钢渣的后期水化反应产生的水化产物减少了混凝土中的孔隙，使得大孔隙细化，提高了混凝土密实性，另一方面，钢铁渣粉的高碱性保证了混凝土中的碱储备，使得孔溶液中的 $Ca(OH)_2$ 处于饱和状态，因此仅表面有轻微碳化。

破型后的钢筋仅端部有极少锈迹，其他部位表面光洁，无锈蚀现象。端部的锈蚀可能是混凝土试件抹砂浆保护层时密封不佳造成的。试验结果表明大掺量钢铁渣粉混凝土的抗碳化性能和抗氯离子渗透性能优越，赋予混凝土良好的护筋性。

4 结论

（1）钢铁渣粉作混凝土掺合料，优化了胶凝材料体系的颗粒级配，粒化高炉矿渣粉的二次水化反应及钢渣的后期水化反应产生的水化产物可以填充混凝土中孔隙，改善混凝土中的孔结构，提高了混凝土的抗氯离子渗透性能。

（2）大掺量钢铁渣粉混凝土具有良好的抗冻融循环能力，与水泥＋矿渣＋粉煤灰体系相比具有更好的抗冻融性能，抗冻等级均在 F225 级以上。

（3）钢铁渣粉中的钢渣粉具有与硅酸盐水泥熟料类似的矿物组成，后期水化过程中生成 $Ca(OH)_2$，粒化高炉矿渣具有硅酸钙玻璃体结构，活性激发不需消耗大量熟料水化生成的 $Ca(OH)_2$，因此大掺量钢铁渣粉混凝土可以维持孔溶液中 $Ca(OH)_2$ 的饱和状态，保证了混凝土中的碱储备，抗碳化性能优于水泥＋矿渣＋粉煤灰体系，具有良好的护筋性能。

（4）试验结果表明，大掺量钢铁渣粉混凝土具有良好的抗氯离子渗透性能、抗冻性能和护筋性，与水泥＋矿渣＋粉煤灰体系相比，水泥＋钢铁渣粉体系抗冻性能和护筋性能更佳。

参 考 文 献

[1] 姚燕．新型高性能混凝土耐久性的研究与工程应用［M］．北京：中国建材工业出版社，2004：444-451.

[2] 王海娜，金南国，王科元．自密实混凝土抗氯离子渗透性及碳化性能研究［J］．混凝土，2010

(4)：37-38.
[3] 苏卿．高性能混凝土的耐久性试验研究［D］．西安：西安理工大学，200547-49.
[4] 黄士元，蒋家奋，杨南如等．近代混凝土技术［M］．陕西：陕西科学技术出版社，1998.
[5] 邬长森．引气剂在高性能混凝土中的作用［J］．建筑技术开发，1999（8）：19-21.
[6] 祝战奎．锂渣复合渣高强高性能自密实混凝土研究［D］．重庆：重庆大学，2007：66-67.
[7] 王福元，吴正严．粉煤灰利用手册（第二版）［M］．北京：中国电力出版社，2004：186-190.
[8] 彭波，杨文，王军等．大掺量矿物掺合料对预拌混凝土碳化的影响［J］．混凝土，2009（5）：108-110.

磨细石粉作为矿物掺合料的试验研究

代瑞平，杨　文，梅　群，于振猛

（中建商品混凝土有限公司，武汉 430074）

摘　要　利用试验磨将碎石粉磨成不同比表面积的石粉，研究了石粉掺量和石粉比表面积对水泥胶砂强度和净浆流动度的影响。研究表明：石粉比表面积随着粉磨时间的增加而增大；随着石粉掺量的增加，胶砂强度降低，且当掺量大于20%时，降低幅度较为明显；随着石粉比表面积的增加，胶砂强度明显增大；石粉比表面积越大，对改善净浆流动性的作用越大。

关键词　石粉；比表面积；胶砂强度；流动度

1　引言

我国石材矿藏丰富，是建筑装饰石材生产第一大国。但是，由于很多生产厂商的设备和技术比较落后，在开采和加工石材的过程中往往会产生大量的石材尾矿、边角料及石粉等，这些废弃石料不易处理和利用，目前主要以填埋和堆放的方式处理，占用了大量的良田和河道，造成了巨大的环境污染和资源浪费。

如果能合理利用这些石粉作为混凝土掺合料，便可有效地解决环境污染和资源浪费的问题。石粉与矿渣、粉煤灰相比，其来源广泛，价格低廉，运输方便，不用烘干，不仅可以节约资源，改善环境，而且具有良好的经济效益和社会效益。

关于石粉在混凝土中所起的作用有两种观点：一种认为石粉是一种惰性掺和料，它不参与水泥的水化过程，只是在混凝土中起骨料微填充作用[1]；另一种则认为石粉参与水泥的水化过程，并且对混凝土的工作性能、力学性能和耐久性都有一定影响[2-4]。本文主要研究了粉磨时间对石粉粒径的影响，石粉掺量和石粉比表面积对水泥胶砂强度和净浆流动度的影响，为石粉在混凝土中的应用提供参考依据。

2　主要原材料

（1）水泥：亚东 P·O42.5 水泥，其主要性能指标检测情况如表 1。

亚东 P·O42.5 水泥物理性能　　　　**表 1**

标准稠度用水量 (ml)	比表面积 (m^2/kg)	凝结时间（min）		抗折强度（MPa）		抗压强度（MPa）		安定性
		初凝	终凝	3d	28d	3d	28d	
130	3630	205	265	6.2	9.5	27.7	52.0	合格

代瑞平（1985—　），女，中建商品混凝土有限公司，E-mail：drp@cscec.com

图1　石粉的SEM照片

（2）石粉：利用碎石破碎而成，碎石的粒径为5～10mm，含泥量小于0.5%。图1为石粉的颗粒形貌，可看出石粉基本上呈无规则几何结构，表面光滑。

（3）砂：标准砂。

（4）减水剂：聚羧酸减水剂，减水率22.3%，固含量11.6%。

3　试验结果与分析

3.1　*石粉比表面积与粉磨时间的关系*

本部分以试验磨为粉磨设备，每次装料5kg，通过粉磨时间的不同，研究碎石的易磨性及其比表面积与粉磨时间的关系，如表2所示。

石粉比表面积与粉磨时间的关系　　**表2**

编号	粉磨时间（min）	比表面积（cm^2/g）	编号	粉磨时间（min）	比表面积（cm^2/g）
1#	15	4150	4#	40	6070
2#	20	4560	5#	50	6510
3#	30	5450	6#	60	7240

由表2可以看出：当粉磨时间为15min时，石粉的比表面积即可达4150cm^2/g，因此碎石易磨性好；石粉比表面积随着粉磨时间的增加而增大，粉磨时间越长，石粉比表面积越大，且两者的相关性较好。

3.2　*石粉掺量对胶砂强度的影响*

试验按照《用于水泥和粉煤灰中的粒化高炉矿渣粉》（GB/T 48046—2008）标准进行了石粉不同掺量下的胶砂强度试验。选取粉磨时间为20min（2#）与50min（5#）的两种石粉（即比表面积为4560cm^2/g与6510cm^2/g）进行胶砂强度试验，砂浆配比如表3所示。

砂　浆　配　比　　**表3**

编　号	水泥（g）	石粉（g）	水（g）	标准砂（g）
L5	427.5	22.5	225	1350
L10	405	45	225	1350
L15	382.5	67.5	225	1350
L20	360	90	225	1350
L25	337.5	112.5	225	1350
L30	315	135	225	1350

拌制的砂浆置于40mm×40mm×160mm三联模具中成型，标准条件下养护1d后脱模，之后置于20±2℃的水中养护至指定龄期（3d、7d、28d），测其抗压强度，如图2所示。

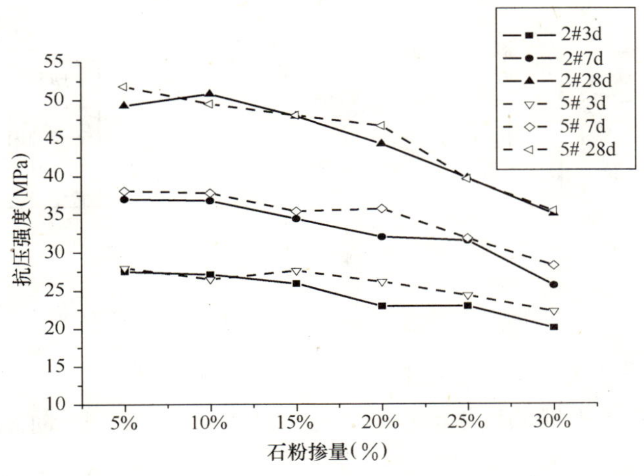

图2　两种不同工艺的石粉28d胶砂抗压强度

由图2可以得出：在同等条件下，比表面积为4560cm²/g石粉的胶砂抗压强度低于比表面积为6510cm²/g石粉的胶砂抗压强度；胶砂强度随着石粉掺量的增加而降低，当石粉掺量低于20%时，强度随石粉掺量的增加降幅较小，当石粉掺量高于20%时，抗压强度降幅明显；掺入石粉后的胶砂在早龄期时强度下降幅度比长龄期时小。

由于石粉基本无水化活性，因此石粉掺量对胶砂强度的影响比其比表面积的影响大；磨细石粉具有非均质成核效应和稀释效应，掺入的磨细石粉虽为惰性物质，但对水泥胶砂强度有影响，但当掺入少量石粉时，能促进水泥的水化，表现为砂浆早期强度值下降不明显。

3.3　不同比表面积石粉对胶砂强度的影响

选取粉磨时间为20min（2＃）、30min（3＃）、40min（4＃）、50min（5＃）和60min（6＃）的石粉（石粉掺量为胶凝材料量的20%）进行胶砂强度试验，按表3中编号为L20的配比进行试验，结果如图3所示。

由图3可以得出：当石粉掺量为20%替代胶凝材料时，胶砂强度明显随着石粉比表面积的增加而增大。比表面积为6510cm²/g的石粉与比表面积为7240cm²/g的石粉对胶砂强度的影响较为接近，考虑到粉磨时间对成本的增加，建议使用比表面积为6510cm²/g的石粉作为矿物掺合料。

3.4　石粉对净浆流动性能的影响

试验按照《水泥与外加剂相容性试验方法》（JC/T 1083—2008）进行了不同比表面积的石粉在不同掺量下的净浆流动度试验，如表4所示。

由表4可以得出：石粉的掺入，可明显改善净浆的流动性；石粉比表面积越大，对改

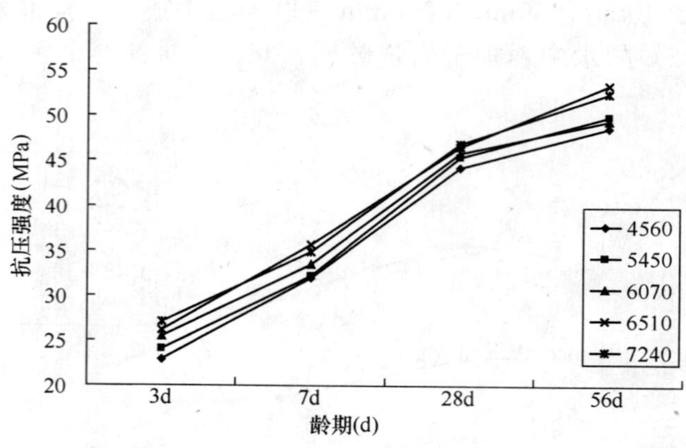

图 3　掺加不同比表面积石粉的 28d 胶砂抗压强度

善净浆流动性的作用越大。当石粉的比表面积较小（小于 5000cm²/g）时，其掺量越大，净浆的流动性越差；当石粉的比表面积适中（5000～6000cm²/g）时，其掺量对净浆流动性的影响相关性不强；当石粉的比表面积较大（大于 6000cm²/g）时，其掺量越大，净浆流动性越大；因此，建议在混凝土中使用比表面积大于 6000cm²/g 的石粉。

石粉对净浆流动性能的影响　　**表 4**

编　号	石粉占胶凝材料量（%）	石粉比表面积（cm²/g）	流动度（mm）		流动度比（%）	
			初始	1h	初始	1h
0#	0	—	220	278	—	—
A1	5	4560	224	294	102	100
A2	10		227	280	103	97
A3	15		240	285	109	92
A4	20		240	287	109	84
B1	5	5450	292	277	133	106
B2	10		280	271	127	101
B3	15		272	255	124	103
B4	20		267	234	121	103
00#	0	—	185	163	—	—
C1	5	6070	197	171	106	105
C2	10		220	201	119	123
C3	15		228	216	123	133
C4	20		220	206	119	126
D1	5	6510	201	191	109	117
D2	10		214	219	116	134
D3	15		262	247	142	152
D4	20		252	248	136	152
E1	5	7240	225	215	122	132
E2	10		237	225	128	138
E3	15		248	224	134	137
E4	20		272	256	147	157

4 结论

（1）在 1h 内，石粉比表面积随着粉磨时间的增加而增大。

（2）胶砂强度随着石粉掺量的增加而降低，当石粉掺量低于 20%时，强度随石粉掺量的增加降幅较小，当石粉掺量高于 20%时，抗压强度降幅明显。

（3）胶砂强度随着石粉比表面积的增加而增大。

（4）石粉可明显改善净浆的流动性，石粉比表面积越大，对净浆流动性的改善越好。

参 考 文 献

［1］ 吴明威，付兆岗，李铁翔等．机制砂中石粉含量对混凝土影响的实验研究［J］．铁道建筑术，2000，26（4）：46-49.

［2］ PU TERMAN M，MALORNY W. Some doubts and ideas on the microst ructure formation of PCC ［J］. Cement and ConcreteResearch，1998，18（4）：166-178.

［3］ 胡曙光，李悦，陈卫军等．石灰石混合材掺量对水泥性能的影响［J］．水泥工程，1996，23（4）：22-24.

［4］ RAHHAL V，TAL ERO R. Early hydration of Portland cement with limestone mineral additions ［J］. Cement and Concrete Research，2005，3（7）：1285-1291.

熟料-石灰石粉-燃煤灰复合胶凝材料的性能

侯云芬[1]，黄天勇[1]，孙永梅[2]，杨文烈[3]

(1. 北京建筑工程学院，北京 100044；2. 北京科技大学，北京 100083；
3. 重庆大业集团有限公司，重庆 400060)

摘　要　为充分利用石灰石粉和燃煤灰两种工业废渣生产胶凝材料，分别选取石灰石粉和两种燃煤灰，研究了不同熟料/混合料（石灰石粉＋燃煤灰）和石灰石粉/燃煤灰比值的熟料-石灰石粉-燃煤灰复合胶凝材料的性能，并用扫描电子显微镜分析其微观结构。结果表明：随着混合料掺量和燃煤灰与石灰石粉比例的增大，胶凝材料的标准稠度用水量、细度、凝结时间逐渐增大，而密度、与外加剂的适应性减小。随着燃煤灰与石灰石粉的比例增大，抗压强度逐渐增大，并且燃煤灰与石灰石粉的比例为 7：3 时抗压强度最高。混合材掺量为 20％时，抗压强度超过 42.5MPa，其 28d 最高抗压强度为 43.6MPa，混合材掺量为 40％时，抗压强度超过 32.5MPa，其 28d 最高抗压强度为 35.0MPa。

关键词　熟料；石灰石粉；燃煤灰；胶凝材料；性能；微观结构

1　引言

我国石灰石资源分布十分广泛，价格低廉。近些年来，将石灰石粉用作水泥混合材和混凝土掺合料在国内外已有广泛的研究和利用。胡曙光[1]等人研究发现石灰石细粉颗粒表面光滑，水分在其表面附着力小，所以石灰石粉起到了一定的物理减水作用。刘数华、阎培渝[2]研究发现较细石灰石粉颗粒能改变胶凝材料体系的颗粒级配，对水泥浆体有很好的填充效果。

燃煤灰是一类排放量巨大的工业废渣，而且其总排放量有增无减，但是其利用率却不高，特别是对于烧失量高、需水量大的燃煤灰的利用就更少了。这样不仅占用大量宝贵土地资源，而且还造成了严重的环境污染，因此对燃煤灰的开发利用是十分紧迫的。

本文利用石灰石粉良好的减水作用来弥补燃煤灰的高需水量，利用燃煤灰良好的颗粒级配弥补石灰石粉颗粒分布窄的缺点，结合一定细度的熟料形成熟料-石灰石粉-燃煤灰胶凝材料复合体系，利用石灰石粉和燃煤灰的粉体堆积填充效应，充分发挥熟料的活性，进而达到各成分优势互补的效果，不仅能改善胶凝材料的性能，还能降低成本、减排降耗、节约能源。

侯云芬（1968—　），女，副教授，博士，houyunfen@163.com

2 实验

2.1 原材料

实验所用熟料块、石灰石粉、燃煤灰Ⅰ和燃煤灰Ⅱ均由重庆大业混凝土集团提供。先用鄂式破碎机将熟料块破碎为5mm以下的熟料颗粒，再用实验室球磨机磨细而成。采用萘系减水剂。

熟料、石灰石粉、燃煤灰Ⅰ和燃煤灰Ⅱ的化学成分见表1，粒径分布及标准稠度用水量见表2，颗粒形貌见图1，熟料的矿物组成见表3。

由表1可知石灰石粉、燃煤灰Ⅰ和燃煤灰Ⅱ均具有较高的烧失量。由表2可知，与熟料相比石灰石粉的需水量较低，而燃煤灰Ⅰ和燃煤灰Ⅱ需水量都较高，尤其是燃煤灰Ⅰ的需水量更高，为熟料需水量的1倍多。比较各种原料的粒径分布发现：石灰石粉颗粒很细且分布集中，主要为2～8μm，燃煤灰Ⅰ颗粒比燃煤灰Ⅱ细，且级配较好。

熟料、石灰石粉、燃煤灰Ⅰ、燃煤灰Ⅱ化学组成 **表1**

名　称	loss	SiO_2	Fe_2O_3	Al_2O_3	CaO	MgO	SO_3
熟　料	0.78	21.69	2.97	4.89	64.29	2.18	1.09
石灰石粉	39.76	6.48	0.73	1.85	43.57	5.39	—
燃煤灰Ⅰ	14.55	32.83	17.41	28.06	2.98	1.11	2.01
燃煤灰Ⅱ	8.58	38.40	15.26	27.26	5.61	0.98	1.72

熟料、石灰石粉、燃煤灰Ⅰ、燃煤灰Ⅱ粒径分布及标准稠度需水量 **表2**

粒径（μm） 名称	1	3	10	20	30	45	60	80	100	标准稠度需水量（%）
熟料＋石膏	3.0	17	43	63	74.3	85.6	92	97	99	25%
石灰石粉	1.4	20	73.4	97	100	100	100	100	100	24%
燃煤灰Ⅰ	5.8	25	53	73	81	85	87	90	92	57%
燃煤灰Ⅱ	2.0	11	32	49	58	69	74	81	86	41%

熟料的矿物组成 **表3**

矿物名称	C_3S	C_2S	C_3A	C_4AF	R_2O	SUM	SR
含量（%）	59.82	17.08	7.94	9.03	0.98	98.53	0.86

由图1可知熟料和石灰石粉的粒形不规则，但其表面结构非常致密，燃煤灰Ⅰ粒形不仅不规则而且表面疏松多孔，吸水性很高，相应需水性增大，燃煤灰Ⅱ虽然有部分球状颗粒，但多数颗粒粒形不规则，且表面疏松多孔，吸水性高，相应需水性也较大。

2.2 实验方法

控制熟料与混合材比例为4∶1和3∶2，燃煤灰和石灰石粉比例为5∶5、6∶4和

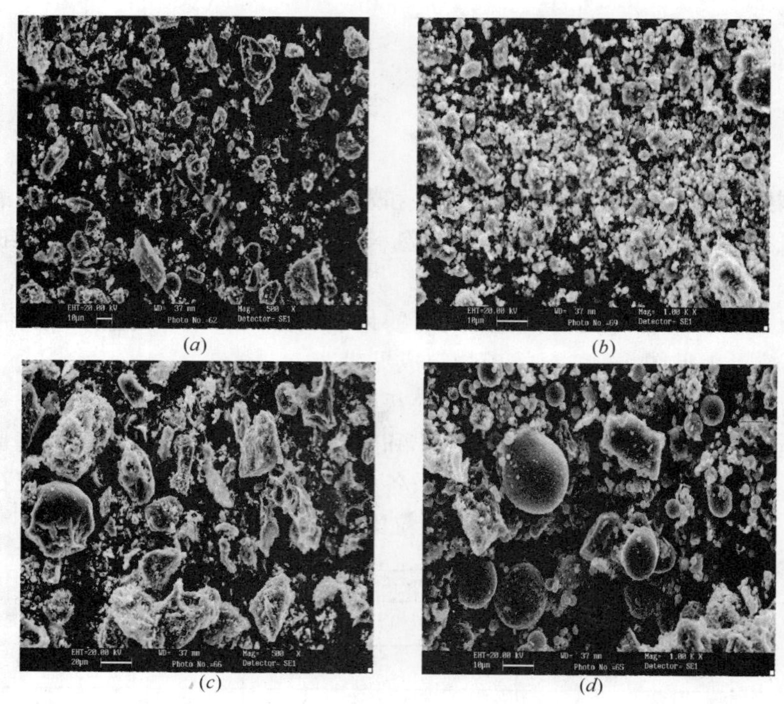

图 1 熟料、石灰石粉、燃煤灰Ⅰ和燃煤灰Ⅱ的颗粒形貌
(*a*) 熟料；(*b*) 石灰石粉；(*c*) 燃煤灰Ⅰ；(*d*) 燃煤灰Ⅱ

7∶3，设计 13 组配合比（如表 4 所示）。

按照国家标准《水泥标准稠度用水量、凝结时间、安定性检验方法》(GB/T 1346—2001) 测定胶凝材料的标准稠度用水量、凝结时间；按照国家标准《水泥细度检验方法筛析法》(GB/T 1345—2005) 测定胶凝材料的细度；按照国家标准《水泥密度测定方法》(GB/T 208—94) 测定胶凝材料的密度；按照国家标准《混凝土外加剂匀质性检验方法》(GB/T 8077—2000) 测定胶凝材料与外加剂的净浆流动度。按照国家标准《水泥胶砂强度检验方法》(GB/T 17671—1999) 进行成型、养护，并测定胶砂的 3d 和 28d 抗折、抗压强度。

胶凝材料配合比 **表 4**

组 成	编 号												
	0	1-1	1-2	1-3	2-1	2-2	2-3	3-1	3-2	3-3	4-1	4-2	4-3
熟料+石膏 (g)	450	360	360	360	270	270	270	360	360	360	270	270	270
石灰石粉 (g)	0	45	36	27	90	72	54	45	36	27	90	72	54
燃煤灰Ⅰ (g)	0	45	54	63	90	108	126	0	0	0	0	0	0
燃煤灰Ⅱ (g)	0	0	0	0	0	0	0	45	54	63	90	108	126

3 结果与讨论

3.1 物理性能

按照表 4 配制的胶凝材料测得胶凝材料的标准稠度用水量、凝结时间、密度、细度结果见表 5 和图 2。

胶凝材料的标准稠度用水量、凝结时间、密度、细度　　表 5

编号	燃煤灰：石灰石粉	标准稠度用水量（%）	初凝时间（min）	终凝时间（min）	密度（g/m³）	细度（%）	
						45μm	80μm
0	0	24.6	76	101	3.07	11.9%	2.8%
1-1	5：5	28.6	110	151	2.94	11.6%	3.0%
1-2	6：4	29.2	118	154	2.90	12.8%	3.3%
1-3	7：3	30.8	129	158	2.89	13.0%	3.4%
2-1	5：5	33.6	140	179	2.81	14.2%	4.2%
2-2	6：4	34.3	144	180	2.79	14.9%	4.8%
2-3	7：3	35.6	169	201	2.80	15.7%	5.3%
3-1	5：5	26.0	110	140	2.93	11.8%	2.4%
3-2	6：4	26.4	113	141	2.91	12.5%	2.7%
3-3	7：3	26.8	122	154	2.93	12.9%	3.0%
4-1	5：5	27.2	134	158	2.79	13.3%	3.2%
4-2	6：4	28.2	137	165	2.81	15.6%	4.0%
4-3	7：3	28.6	161	199	2.83	15.3%	4.7%

由表 5 和图 2 可知随混合材掺量增加（比较 0、1、2 号试样或 0、3、4 号试样），胶凝材料的标准稠度用水量增大，密度减小，细度增大，凝结时间延长。随着石灰石粉掺量减少，标准稠度用水量增大，凝结时间延长，细度增大。比较不同燃煤灰的影响发现（1 号和 3 号试样或 2 号和 4 号试样），燃煤灰Ⅰ配制试样的标准稠度用水量较多，而不同于燃煤灰对凝结时间和细度的影响差异较小。

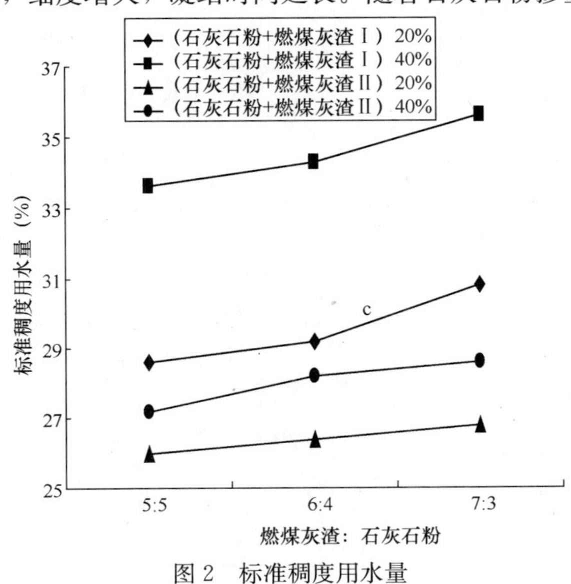

图 2　标准稠度用水量

石灰石粉因其颗粒表面光滑，水分在其表面附着力小，本身需水量就较少，所以可以体现出良好的减水效果[1]，而燃煤灰因其粒形不仅不规则而且表面疏松多孔，需水性很大，尽管石灰石粉弥补了一部分水量，但是由于石灰石粉掺量较少，因此试样的标准稠度用水量均较大，特别是燃煤灰Ⅰ与石灰石粉总掺量为40%，比例为7∶3时（试样2-3）标准稠度用水量达到35.6%。因此，在配制混凝土时，为了减少拌合水量，应该注意燃煤灰的掺量。

从凝结时间可以看出，随着石灰石粉掺量的增加，胶凝材料的凝结时间提前，这主要是由于石灰石粉在水泥浆中充当了水化硅酸钙（C-S-H）的成核基体，降低了成核位垒，加速了水泥水化[2,4]。由于石灰石粉和燃煤灰的密度均小于熟料密度，故随着石灰石粉、燃煤灰掺量的增加，胶凝材料的密度逐渐减小。燃煤灰的粒径分布比较宽广，粗颗粒大于熟料，因而胶凝材料的细度随着燃煤灰掺量的增加而增大。

3.2 与外加剂的适应性

配制的胶凝材料掺入萘系减水剂后净浆流动度结果见表6，萘系减水剂掺量2.0%时净浆流动度值见图3。

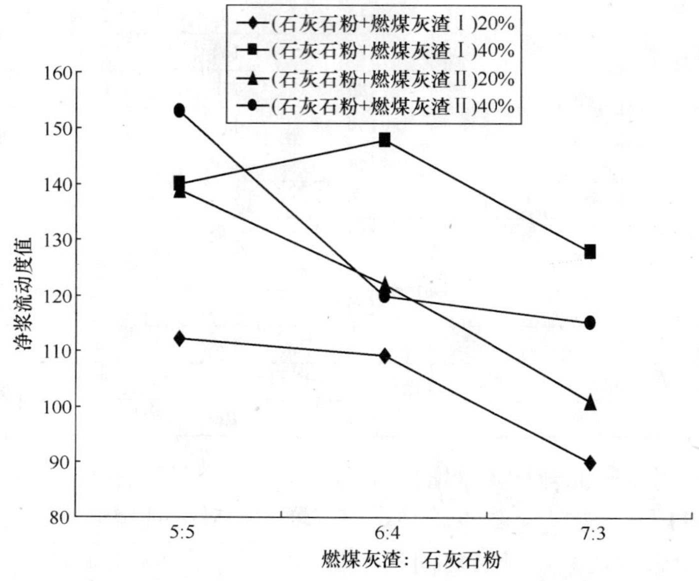

图3 减水剂掺量2.0%时流动度的变化

胶凝材料的净浆流动度 **表6**

编号	萘系外加剂掺量						
	2.0%	2.2%	2.4%	2.8%	3.0%	3.2%	3.4%
0	195	226	245	251	260	—	
1-1	112	162	178	190	201	—	216
1-2	109	156	167	179	190	—	203
1-3	90	136	146	161	179	—	196
2-1	139	150	193	203	216	228	—
2-2	122	142	183	196	209	219	—
2-3	101	128	170	182	198	203	—
3-1	140	180	193	218	223	—	—
3-2	148	172	—	216	205	—	229

续表

编号	萘系外加剂掺量						
	2.0%	2.2%	2.4%	2.8%	3.0%	3.2%	3.4%
3-3	128	—	180	207	213	—	225
4-1	153	—	223	225	230	245	—
4-2	120	—	223	225	230	245	—
4-3	115	—	148	180	185	—	—

由表 6 和图 3 可知，随着混合材比例的增加，试样与萘系减水剂的适应性减弱，随着石灰石粉掺量的增加，与萘系减水剂的适应性有一定的增强。由于燃煤灰含碳量高，且粒形不仅不规则而且表面疏松多孔，当加入萘系外加剂的时候，燃煤灰会吸附部分萘系外加剂，从而使得胶凝材料与外加剂适应性减弱，净浆流动度值减小。

3.3 胶砂强度

各配比试样的 3d 和 28d 抗折、抗压强度结果见表 7、图 4。

胶凝材料的抗折强度与抗压强度 **表 7**

强度(MPa)	编号												
	0	1-1	1-2	1-3	2-1	2-2	2-3	3-1	3-2	3-3	4-1	4-2	4-3
3d 抗折强度	6.1	5.9	5.8	5.8	4.5	4.6	4.3	6.1	5.6	5.9	4.4	4.7	4.5
3d 抗压强度	27.7	27	26.7	24.7	17.6	18.2	17.5	25.1	26.7	26	16.6	17.1	15.7
28d 抗折强度	8.5	8.2	8.5	8.3	7.6	7.8	7.7	7.9	8.2	7.7	7.2	7	7
28d 抗压强度	51.7	42.8	43	43.4	32.8	34.9	35.0	39.4	42.7	43.6	29.8	31.4	32.6

由表 7、图 4 可知，各试样的抗折强度相差不大，并且规律性不明显，可以认为混合材种类及掺量对试样抗折强度影响不大。

抗压强度随着混合材掺量的增加而下降。随着石灰石粉掺量的增加，试样总体抗压强度在降低，尤其是 28d 抗压强度，一般是燃煤灰与石灰石粉比例为 7∶3 时各组强度均最高。比较燃煤灰种类的影响发现：掺入燃煤灰Ⅰ的试样抗压强度始终高于掺入燃煤灰Ⅱ的试样强度。综合分析各试样的强度看出：当混合材掺量为 20%时，试样 28d 抗压强度可以超过 42.5MPa，最高达 43.6MPa，综合各项强度指标，可以达到普通硅酸盐水泥 42.5 的强度要求；当混合材掺量为 40%时，多数试样 28d 的抗压强度超过 32.5MPa，最高为 35.0MPa，综合各项强度指标，满足复合硅酸盐水泥 32.5 的强度要求。在水胶比相同的情况下，由于石灰石粉早期（28d 前）的水化程度较低[4]，主要体现为填充效应，而燃煤灰在早期具有一定活性[5]，故随着燃煤灰的掺量的增加，胶砂强度逐渐增大，而且燃煤灰Ⅰ和燃煤灰Ⅱ比较可得，燃煤灰Ⅰ的活性略高于燃煤灰Ⅱ，同时石灰石粉、燃煤灰Ⅰ、熟料胶凝体系能形成更好的颗粒级配。

3.4 微观结构

根据表 7 中的结果，选择每组抗压强度最高的 1-3 试样、2-3 试样、3-3 试样、4-3 试

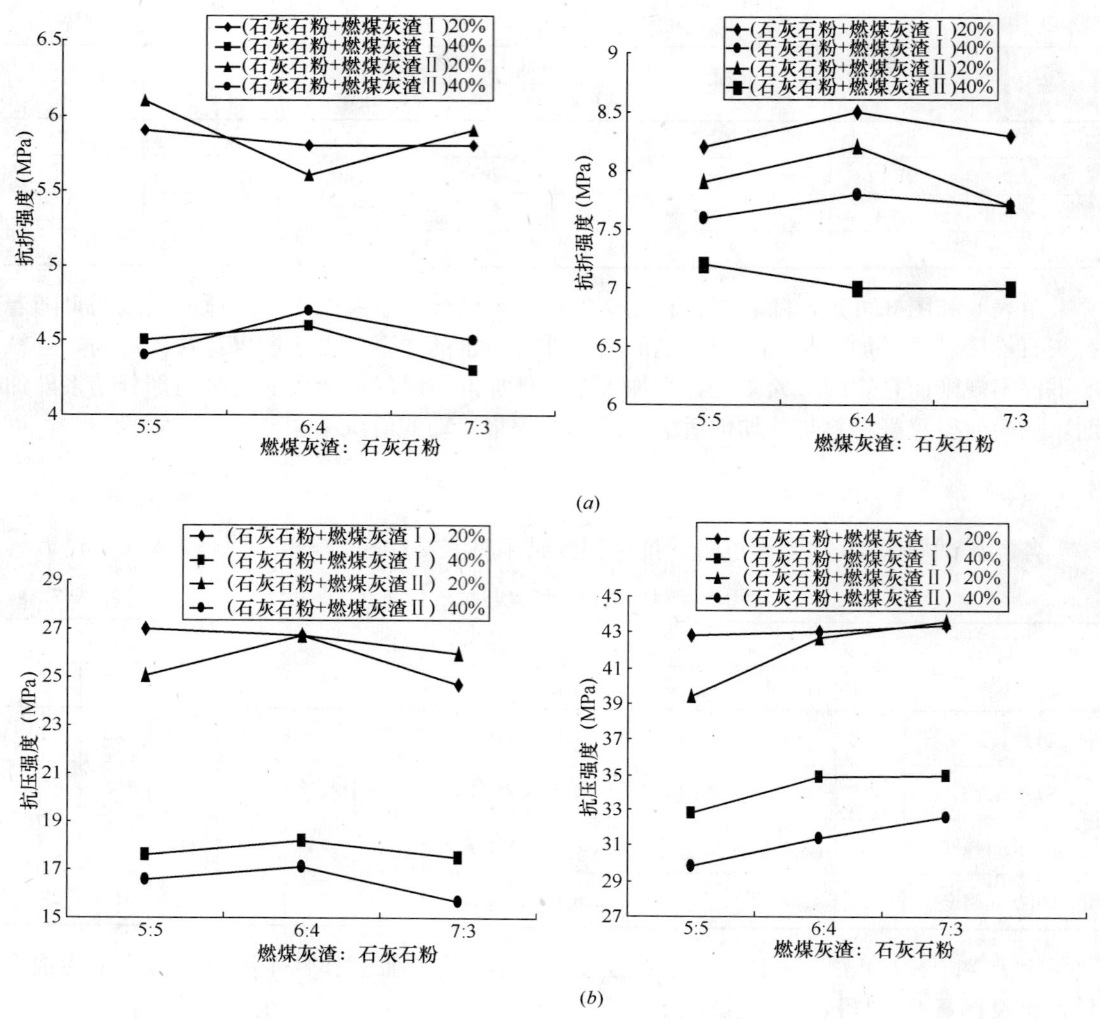

图 4　胶凝材料 3d 和 28d 抗折、抗压强度

(*a*) 胶凝材料 3d 和 28d 抗折强度；(*b*) 胶凝材料 3d 和 28d 抗压强度

样进行 SEM 拍照，如图 5 所示。

由图 5 的 SEM 照片，比较试样 1-3 和 3-3、2-3 和 4-3，在石灰石粉掺量相同时，燃煤灰Ⅰ细颗粒比燃煤灰Ⅱ多，孔隙更少，燃煤灰Ⅰ能与石灰石粉、熟料形成良好的级配，也体现了很好的填充效果，特别是试样 2-3，燃煤灰Ⅰ细颗粒很好地弥补了熟料细颗粒的不足。

4　结论

熟料-石灰石粉-燃煤灰胶凝材料复合体系，随混合料（石灰石粉+燃煤灰）掺量和燃煤灰与石灰石粉比例的增大，胶凝材料的标准稠度用水量、细度、凝结时间逐渐增大，而密度、与外加剂的适应性减小。

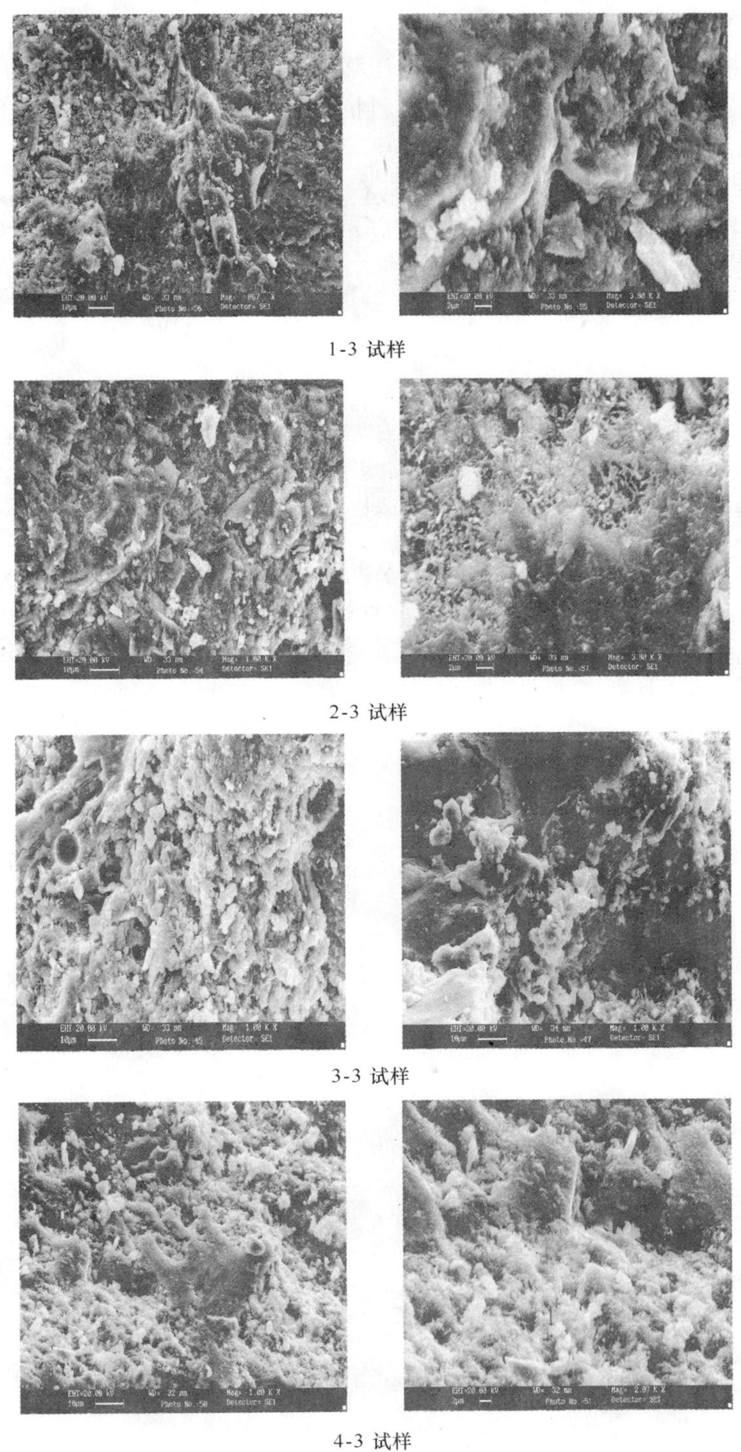

图 5　试样的 SEM 照片

随着燃煤灰与石灰石粉的比例增大，抗压强度逐渐增大。并且燃煤灰与石灰石粉的比例为7∶3时抗压强度最高，而抗折强度并无明显变化规律。

当混合材掺量为20%时，胶凝材料抗压强度超过42.5MPa，其28d最高抗压强度为43.6MPa，混合材掺量为40%时，胶凝材料抗压强度超过32.5MPa，其28d最高抗压强度为35.0MPa。

燃煤灰Ⅰ细颗粒比燃煤灰Ⅱ多，能够与石灰石粉、熟料形成良好级配，较好改善胶凝材料体系的颗粒级配，具有良好的填充效应，能够填充其中孔隙，使其更为致密，提高强度。

参 考 文 献

[1] 胡曙光，李悦，陈卫军，刘尚楚，甘志和．石灰石混合材掺量对水泥性能的影响［J］．水泥工程，水泥各种原材料．1996（2）．

[2] 刘数华，阎培渝．石灰石粉对水泥浆体填充效应和砂浆孔结构的影响［J］．硅酸盐学报，第36卷第1期，2008.1：69-70.

[3] 刘数华．石灰石粉对复合胶凝材料水化特性的影响［D］．北京：清华大学，2007.

[4] 刘数华，阎培渝．石灰石粉在复合胶凝材料中的水化性能［J］．硅酸盐学报，2008.10：1401-1405.

[5] 宋远明，钱觉时，王智．燃煤灰活性差异及来源研究［J］．粉煤灰综合利用，2006（6）：16-18.

铜镍高炉矿渣粉作为掺合料配制高抗冻等级的碾压混凝土

罗　伟，贺国伟

（中国水电十一工程局有限公司中心试验室，三门峡 472000）

提　要　粉磨至一定细度的铜镍高炉矿渣粉完全可以替代粉煤灰作为碾压混凝土的掺合料并可以配制出的高抗冻等级的碾压混凝土并在工程上成功地得到了应用。

关键词　铜镍高炉矿渣粉；碾压混凝土掺合料；严寒地区

1　引言

冲呼尔水电站地处祖国北疆，是布尔津河上的第五个梯级电站。其挡水建筑物大坝共计 53.4 万 m^3，采用碾压混凝土施工。由于工程地处严寒，气候恶劣，大坝的迎水面设计 C_{180}20W8F300 的高抗冻等级的碾压混凝土。

该工程之前选用距施工现场 400km 的克拉玛依二电场粉煤灰作为掺合料，2007 年 7 月后新疆地区粉煤灰价格暴涨且货源不能保证，严重影响了施工进度；而距施工场地 310km 处有大量冶炼铜后废弃的铜镍高炉矿渣，采用铜镍高炉矿渣磨细后作为掺合料替代粉煤灰配制高抗冻等级的碾压混凝土，并使其应用到工程上有着重要意义。

2　试验研究用的原材料

（1）水泥：新疆屯河水泥有限责任公司布尔津水泥分公司生产的普通硅酸盐 42.5 级水泥。

（2）粉煤灰：克拉玛依二电场Ⅱ级粉煤灰。

（3）骨料：粗骨料由布尔津河滩卵石破碎而成；细骨料由布尔津河滩天然砂和人工砂混合而成。

（4）外加剂：新疆天山建材集团精细化工有限公司生产的 FDN 缓凝型高效减水剂和 AER 引气剂。

（5）铜镍高炉矿渣：距施工场地 310km 处冶炼铜后废弃的铜镍高炉矿渣。

3　铜镍高炉矿渣的粉磨加工和品质检测

3.1　铜镍高炉矿渣的粉磨加工工艺

原状铜镍高炉矿渣为 10～100mm 松散灰褐色颗粒；表观密度 3440kg/m^3。经粉磨加

罗伟（1972—　），男，工程师

工其不同粉磨时间的比表面积见表 1。

不同粉磨时间比表面积 **表 1**

粉磨时间（min）	30	45	60	90
比表面积（m^2/kg）	300	410	460	630

通过对比表面积 460 m^2/kg 的铜镍高炉矿渣粉进行电子扫描显微照片分析：其内部密实，几乎无气孔，表面较为光滑；多数粒径在 10um 以下。

按《水泥胶砂强度检验方法（ISO 法）》对铜镍高炉矿渣粉磨 30min、45min、60min 和 90min 后的矿渣粉和水泥按 1∶1 的比例进行强度和流动度检验结果如表 2 所示。

不同细渡铜镍高炉矿渣粉的胶砂强度和流动度结果 **表 2**

检 测 项 目	抗压强度（MPa）				抗折强度（MPa）				流动度（mm）
	7d	14d	28d	90d	7d	14d	28d	90d	
基准（不掺）	30.6	41.2	48.6	68.2	7.7	8.6	9.6	9.9	171
粉磨 30min 比表面积 300m^2/kg	12.5	15.0	20.6	33.2	3.1	3.7	4.9	7.0	195
粉磨 45min 比表面积 410m^2/kg	12.6	18.6	25.7	40.3	3.4	3.9	5.4	8.3	207
粉磨 60min 比表面积 460m^2/kg	13.9	19.5	26.7	43.5	3.4	4.1	5.6	8.7	211
粉磨 90min 比表面积 630m^2/kg	12.6	18.6	28.6	46.8	3.5	4.4	6.0	9.0	221
粉 煤 灰	15.8	22.1	29.6	47.3	3.8	4.7	6.1	8.5	209

上述结果可知：磨细后的铜镍高炉矿渣粉具有一定的活性；且粉磨越细，活性越高。经过经济技术比较：选择比表面积 460m^2/kg 进入试验研究。

3.2 铜镍高炉矿渣粉需水量比等性能的检测

参照《水工混凝土掺用粉煤灰技术规范》对需水量比等项目进行检测结果如表 3。

铜镍高炉矿渣粉需水量比等检测结果 **表 3**

项 目	比表面积（m^2/kg）	需水量比（%）	密度（kg/m^3）	含水量（%）
结 果	460	97.7	3470	0.2

3.3 化学成分检测

参照《水泥化学分析方法》进行检测结果如表 4。

铜镍高炉矿渣粉化学成分 **表 4**

项 目	SiO_2	Al_2O_3	Fe_2O_3	MgO	K_2O	CaO	SO	烧失量
结 果	35.61	4.09	44.59	5.51	0.33	5.66	0.10	－5.85

从检测结果可知：铜镍高炉矿渣粉有含量较高的 F_2O_3 和 MgO，这对提高混凝土的抗拉强度和抑制混凝土的收缩是有利的。

3.4 铜镍高炉矿渣粉重金属检测

对铜镍高炉矿渣粉重金属检测结果如表 5。

铜镍高炉矿渣粉重金属检测结果 **表 5**

检测项目	Cu	Ba	Cr	Sb	Hg	Cd	Pb	Se	As
结果（mg/kg）	0.1	7.4	10.5	0.6	未检出	0.7	未检出	未检出	未检出

3.5 硬化后混凝土水溶物重金属检测

将铜镍高炉矿渣粉配制成碾压混凝土，对硬化后混凝土水溶物重金属进行检测结果如表 6。

硬化后混凝土水溶物重金属检测结果 **表 6**

检测项目	Cu	Ba	Cr	Sb	Hg	Cd	Pb	Se	As
结果（mg/kg）	0.182	0.263	0.037	未检出	未检出	未检出	未检出	未检出	未检出

上述结果表明：铜镍高炉矿渣粉及用铜镍高炉矿渣粉配制的混凝土都不会对环境造成污染。

3.6 铜镍高炉矿渣粉的水化热

按《水泥水化热测定方法（溶解热法）》对不同掺量的铜镍高炉矿渣进行水化热检测其结果如表 7。

不同掺量的铜镍高炉矿渣粉水化热检测其结果 **表 7**

龄期	基准（不掺掺合料）	铜镍高炉矿渣			粉煤灰			总掺量 40%；铜镍高炉矿渣和粉煤灰料各半
		20%	40%	60%	20%	40%	60%	
1d	158.1	133.2	109.4	89.5	128.3	103.9	83.6	113.5
3d	238.7	202.3	172.3	140.0	194.1	165.3	132.5	174.0
5d	280.2	239.0	203.2	167.0	232.5	195.4	160.0	205.3
7d	292.0	258.4	220.9	176.9	249.3	213.5	170.0	224.8

试验结果表明：铜镍高炉矿渣粉和粉煤灰的水化热基本相当，有利于配制大体积混凝土。

3.7 铜镍高炉矿渣粉的安定性

铜镍高炉矿渣粉的安定性试验结果如表 8。

铜镍高炉矿渣粉的安定性试验结果 **表 8**

矿渣粉掺量（%）	0	20	30	40	50	60
沸煮法结果	—	合格	—	合格	—	合格
压蒸发结果	0.052	0.025	0.012	0.004	−0.010	−0.032

上述检测结果表明，磨细加工后铜镍高炉矿渣粉具有一定的活性，无污染，且水化热较低，有利于配制大体积混凝土。

4 铜镍高炉矿渣粉作为碾压混凝土掺合料的配合比试验研究

4.1 混凝土配合比参数选择

中小石比例 50∶50；砂率 37%左右；用水量 85 kg/m³ 左右；高效减水剂掺量 0.6%左右；引气剂掺量 0.08/%左右。

4.2 试验组合安排

采用正交设计进行试验组合安排如表 9。

正交设计水平因素表 **表 9**

水平 \ 因素	水胶比	矿渣粉掺量（%）	空列
1	0.40	40	1
2	0.45	50	2
3	0.50	60	3

4.3 各项试验结果

4.3.1 试拌混凝土配合比及其拌合物性能结果

试拌混凝土配合比及性能结果见表 10。

试拌混凝土配合比及性能结果 **表 10**

试拌编号	水胶比	矿粉掺量（%）	减水剂（%）	引气剂（万）	砂率（%）	各材料用量（kg/m³）								V_c (s)	含气（%）
						水泥	水	矿粉	砂	小石	中石	减水剂	引气剂		
1	0.40	40	0.6	8	36	127.5	85	85	771	701	706	1.275	0.170	2.9	5.2
2	0.45	40	0.60	6	37	113.3	85	75.6	800	696	701	1.133	0.1133	3.4	4.5
3	0.50	40	0.60	4	37	102	85	68	806	701	706	1.020	0.0680	3.4	3.8
4	0.40	50	0.60	8	36	103.8	83	104.	775	705	710	1.660	0.1660	3.0	5.2
5	0.45	50	0.60	6	37	92.2	83	92.2	804	700	705	1.106	0.1106	3.7	4.5
6	0.50	50	0.60	5	37	83	83	83	810	704	710	0.996	0.0830	3.6	4.7
7	0.40	60	0.60	8	36	81	81	122	780	708	713	1.215	0.1620	3.1	4.5
8	0.45	60	0.60	6	37	72	81	108	808	703	708	1.080	0.1080	3.6	4.5
9	0.50	60	0.60	5	37	64.8	81	97.2	813	708	713	0.972	0.0810	3.5	4.7

4.3.2 混凝土强度结果

混凝土强度结果见表 11。

混凝土强度结果 **表 11**

编号	水胶比	矿粉掺量（%）	抗压强度（MPa）					劈拉强度（MPa）		
			7d	14d	28d	90d	180d	28d	90d	180d
1	0.40	40	—	—	26.1	33.5	35.3	—	2.76	2.94
2	0.45	40	17.8	22.0	23.5	31.5	32.3	2.03	2.63	2.73
3	0.50	40	—	—	19.4	24.6	27.8	—	2.32	2.64
4	0.40	50	—	—	22.6	27.9	31.4	—	2.52	2.82
5	0.45	50	13.2	17.0	18.9	25.9	27.2	1.64	2.46	2.77
6	0.50	50	—	—	15.4	19.7	21.7	—	1.67	2.56
7	0.40	60	—	—	18.0	22.7	25.4	—	2.21	2.69
8	0.45	60	8.0	13.2	14.5	19.1	21.2	0.99	1.47	2.19
9	0.50	60	—	—	12.6	15.6	18.7	—	10.36	1.86

对上述结果进行分析可知：矿粉掺量是影响强度的主要因素；在水胶比 0.45，矿粉掺量 50%时其 90d 的抗压强度已大于配制强度 24.2MPa，说明可以选出施工的配合比。

4.3.3 混凝土弹性模量、极限拉伸和抗渗结果见表 12。

混凝土弹性模量、极限拉伸和抗渗试验结果 **表 12**

编号	水胶比	矿粉掺量（%）	极限拉伸（$\times 10^{-4}$）			弹模（GPa）		抗渗
			28d	90d	180d	90d	180d	180d
2	0.45	40	0.88	1.12	1.15	3.73	3.69	≧ 12
5	0.45	50	0.82	1.00	1.03	3.56	3.58	≧ 12
8	0.45	60	0.61	0.94	0.93	3.25	3.52	≧ 12

以上试验结果可知：90d 的极限拉伸值和抗渗均大于设计值 0.85×10^{-4} 和 W8。

4.3.4 混凝土抗冻试验

抗冻试验只选择水胶比 0.45；矿粉掺量 50%的试拌配合比进行试验，结果如表 13。

抗　冻　结　果 **表 13**

25 次		50 次		75 次		100 次		125 次		150 次	
质量损失（%）	相对动弹模（%）	质量损失（%）	相对动弹模（%）	质量损失（%）	相对动弹模（%）	质量损失（%）	相对动弹模（%）	质量损失（%）	相对动弹模（%）	质量损失（%）	相对动弹模（%）
0.3	97.0	0.3	96.0	0.7	94.9	1.6	94.2	1.8	93.7	2.3	93.0
175 次		**200 次**		**225 次**		**250 次**		**275 次**		**300 次**	
质量损失（%）	相对动弹模（%）	质量损失（%）	相对动弹模（%）	质量损失（%）	相对动弹模（%）	质量损失（%）	相对动弹模（%）	质量损失（%）	相对动弹模（%）	质量损失（%）	相对动弹模（%）
2.5	92.4	2.8	91.8	3.1	91.3	3.9	88.6	4.2	87.0	4.8	86.7

从上述结果可知：满足 300 次抗冻要求。

5　混凝土配合比选择

根据上述试验结果，优化配合比如表 14。

推荐混凝土配合比表　　**表 14**

设计要求	水胶比	矿粉掺量（%）	减水剂（%）	引气剂（万）	砂率（%）	各材料用量（kg/m³）						密度（kg/m³）	
						水泥	水	矿粉	砂	小石	中石	计算	实测
C_{180}20W8F300	0.45	50	0.6	6	37	92	83	92	804	700	705	2476	2468

6　工程的应用情况

2009 年铜镍高炉矿渣粉作为掺合料在冲呼尔碾压混凝土坝的 25＃～28＃坝段进行了应用，共计 7000 多 m^3；和粉煤灰掺合料的碾压混凝土的可碾性无明显的差别；施工后的检测结果表明：180d 的抗压强度在 21.3～25.9MPa 之间，平均 23.8MPa；压实度达到 99％以上；抗冻、抗渗均满足要求；极限拉伸值均大于 0.85×10^{-4}。

7　结论

粉磨至一定细度的铜镍高炉矿渣粉可以替代粉煤灰作为碾压混凝土的掺合料配制出的高抗冻等级的碾压混凝土。

铜镍高炉矿渣是冶炼铜后的废弃物，对作为再生资源的利用，绿色环保；不仅解决了新疆地区由于粉煤灰短缺给筑坝带来的诸多问题，而且开辟了筑坝材料的新料源。

微珠—混凝土低碳技术的新型材料

陈乐雄[1]，冯乃谦[2]，徐荣光[3]，李　浩[4]

（1. 深圳市正强商品混凝土公司，深圳 518103；2. 清华大学，北京 100084；
3. 深圳宝安建材办，深圳 518100；4. 昆明微珠公司，昆明 650000）

摘　要　微珠是从燃煤电站排放的烟雾中收集的超细微粒，平均粒径 1.2μm，表面为玻璃体，呈球状，故称微珠。微珠代替部分水泥，掺入混凝土中，可降低用水量，增大流动性，提高混凝土的强度和耐久性，是混凝土低碳技术的新组分。本文将介绍微珠在普通混凝土（NC）、高性能混凝土（HPC）及超高性能混凝土（UHPC）中的应用。

关键词　微珠；低碳技术；普通混凝土；高性能混凝土；超高性能混凝土

1　引言

混凝土低碳技术应体现在省资源、省能源、低排放、高性能与高耐久性等方面。微珠是从燃煤电站排放的烟雾中收集到的超细微粒，可降低大气污染，开发新的特种资源，为提高混凝土的性能与质量开辟了一条新的技术途径。

普通混凝土中掺入微珠，可使混凝土的流动性、强度与耐久性均得到提高。高性能混凝土中用微珠代替部分水泥，无需掺入硅粉，可配制出 C60、C70 与 C80 的 HPC，而且保塑性能好。采用微珠与硅粉双掺，可以配制 C100、C120 的 UHPC，达到了省资源、省能源、低排放、高性能与高耐久性等方面的要求。

2　试验用原材料

水泥：P·O 42.5 或 P·O 52.5（代号 C）；

硅粉：我国遵义产的硅粉（代号 SF）；

高效减水剂：作者研发的氨-萘-NZ 复合的高效减水剂（代号 AG）；

矿粉：S95 级矿渣粉（代号 S95）；

粉煤灰：市售Ⅰ级或Ⅱ级灰（代号 FA）；

细骨料：河砂或水洗海砂，中砂，级配合格（代号 S）；

粗骨料：石灰石碎石或辉绿岩碎石（代号 G）。

3　微珠性能

3.1　物理性能

（1）球状颗粒，表面光滑的玻璃体，其 SEM 图见图 1；

（2）平均粒径为 1.2μm，约为粉煤灰平均粒径（20μm）的 1/16～1/15，平均粒径分布见图 2；

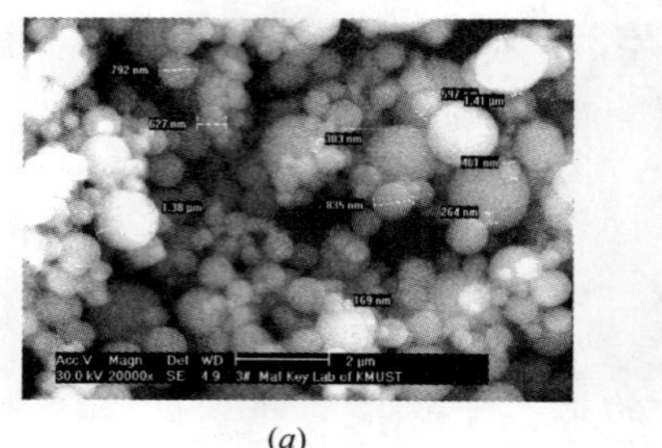

(a)

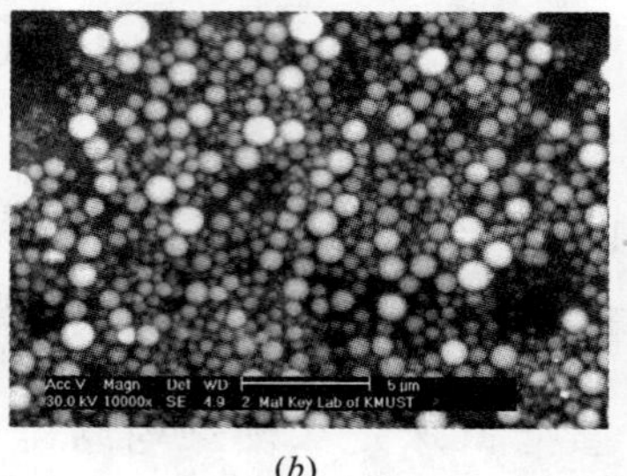

(b)

图 1　微珠的 SEM 图谱

（a）微珠的 SEM（×20000）；（b）微珠的 SEM（×10000）

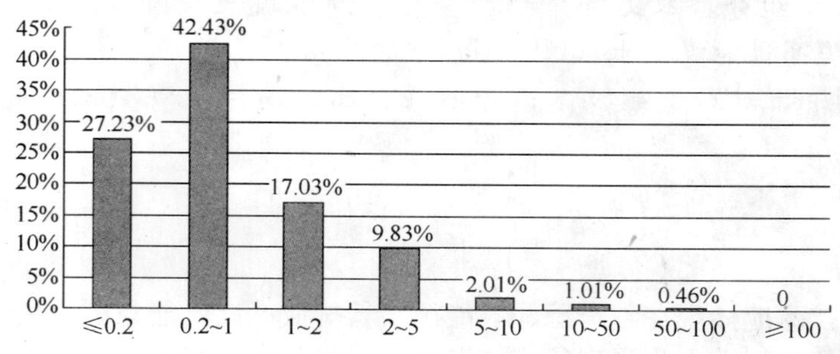

图 2　微珠的粒径分布图

由图 1、图 2 可见，在微珠的粒径分布中，以 0.2～1.0μm 的颗粒含量最多，达 42.43%，≤0.2μm 的颗粒含量也达到了 27.23%。微珠平均粒径约为粉煤灰平均粒径（20μm）的 1/16～1/15，而且需水量很低，胶砂需水量比≤90%。

（3）表观密度为 0.8～1g/cm³，密度为 2.52g/cm³，球体抗压强度≥800MPa；

（4）含水量≤0.1%；

（5）标准稠度用水量≤95%；

（6）胶砂需水量比≤90%；

（7）混凝土用水量比≤85%。

3.2　化学性能

微珠的化学成分见表 1。

微珠的化学成分　　**表 1**

化学成分	SiO_2	CaO	MgO	Al_2O_3	Fe_2O_3	Na_2O	K_2O	SO_3	烧失量
含量（%）	56.5	4.8	1.3	26.5	5.3	1.4	3.28	0.65	≤1

4　微珠改善水泥砂浆流动性和强度的试验

4.1　对水泥净浆流动性的影响

P·O 52.5R 水泥用量 500g，$W/B=0.29$，复合外加剂掺量 0.5%，分别以 5%、

10%、15%、20%、25%和30%微珠等量取代水泥，净浆流动度试验结果见表2。

净浆流动度试验结果 **表2**

微珠取代水泥比例（%）	0	5	10	15	20	25	30
流动度（mm）	134	168	179	207	195	185	175

由表2可见，随着微珠掺量增加，净浆流动度增大，以微珠等量取代15%水泥时，净浆流动度最大（207mm），然后又随着微珠掺量增大而逐步降低。

4.2 对水泥砂浆流动性影响

以6%、12%、18%、24%及30%微珠等量取代水泥，配制砂浆，砂浆流动性变化见表3。

砂浆流动度试验结果 **表3**

微珠掺量（%）	0	6	12	18	24	30
流动度（%）	100	102	108	105	113	114

4.3 对水泥砂浆强度的影响

以6%、12%、18%、24%及30%微珠等量取代水泥，在相同水胶比下配制砂浆，砂浆3d、28d、56d的抗压强度如表4所示。

砂浆抗压强度试验结果 **表4**

微珠掺量（%）	0	6	12	18	24	30
3d强度（%）	100	108	106	102	101	91
28d强度（%）	100	109	110	105	110	95
56d强度（%）	100	111	119	120	119	100

由表3、表4可见，水泥砂浆中随着微珠取代水泥量的提高，砂浆的流动性增大，但当微珠等量取代水泥达24%之后，再增大微珠掺量时，砂浆的流动性增大甚微。从强度来看，当微珠取代水泥量为24%时，28d强度提高了10%，56d强度提高了19%。

5 微珠配制高性能混凝土试验

高性能混凝土（HPC）试验配合比如表5所示。

C70HPC的配合比（kg/m^3） **表5**

C	WZ	FA	BFS	W	S	G1	G2	AG
380	40	120	80	140	750	760	190	2.6%

混凝土拌合物性能见表6。

混凝土拌合物性能 **表 6**

测试时间	坍落度（mm）	扩展度（mm）	流空时间（s）
初始	270	700×730	8
1h	265	700×690	9
2h	260	690×680	10

混凝土的保塑效果主要靠减水剂，作者研发的减水剂具有高效减水，2～3h 保塑，无缓凝，且有增强作用。微珠的掺用能降低混凝土的用水量，有利于混凝土的保塑。

混凝土抗压强度见表 7。

混凝土抗压强度结果 **表 7**

龄期	3d	7d	28d
抗压强度（MPa）	55	70	84

由表 7 可见，不用硅粉，用 P・O 42.5 水泥，WZ＋FA＋BFS 复合掺合料，可配出 C70～C80 的 HPC。

6 微珠配制超高性能混凝土试验

采用微珠和硅粉双掺，并采用超低水胶比，使用作者研发的复合高效减水剂，可以配得高流动性、长保塑、超高强的 UHPC。

试验采用 $W/B=0.18$，以部分微珠和少量硅粉复配，取代 1/3 的水泥，混凝土的流动性及强度分别见表 8、表 9。

混凝土拌合物性能 **表 8**

时　间	坍落度（mm）	扩展度（mm）	排空时间（s）
初始	260	680×700	4
1h	260	680×700	4
2h	265	680×700	5
3h	260	660×680	6

混凝土抗压强度结果 **表 9**

龄　期	3d	7d	28d
抗压强度（MPa）	97	101	132.7

7 微珠对混凝土耐久性的影响

7.1 微珠对 Cl^- 扩散深度的影响

微珠分别等量取代水泥 0%、10%、20%，做成砂浆试件，在饱和盐水中侵蚀（常温下）。不同龄期 Cl^- 扩散深度见表 10。

Cl^- 扩散深度结果 **表 10**

微珠掺量（%）	Cl^- 扩散深度（mm）		
	3d	7d	14d
0	14	17	21
10	7	10	10
20	6	9	10

由表 10 可见，微珠取代水泥 10%、20% 做成的砂浆试件，在饱和盐水中 Cl^- 扩散深度约为基准砂浆的 1/2。

7.2 微珠的抗硫酸盐腐蚀试验

粉煤灰抗硫酸盐腐蚀性能的评价为：$R=(C-5)/F\leqslant 1.0$ 时，将该种粉煤灰掺入混凝土中，能有效地提高抗硫酸盐腐蚀性能。式中，C 为粉煤灰中 CaO 含量（%），F 为粉煤灰中 Fe_2O_3 含量（%）。

根据表 1，微珠化学成分中 CaO 含量为 4.8%，Fe_2O_3 含量为 5.3%，代入式 $R=(C-5)/F\leqslant 1.0$ 中，R 为负值，故微珠有很高的抗硫酸盐腐蚀的性能。

8 结论

微珠是一种超细微粒的玻璃珠，平均粒径≤1.2μm，在水泥粉体中，能填充水泥粒子间的孔隙，具有微填充效应；微珠是一种玻璃珠，取代部分水泥，能使浆体流动性增大；由于微珠具有微填充效应和减水效应（使浆体流动性增大），能使砂浆或混凝土的强度提高，即具有增强效应；微珠能降低 Cl^- 扩散深度，并具有很高的抗硫酸盐腐蚀的性能，即具有耐久性效应。可以说微珠是一种具有优异性能超细粉，甚至比硅粉具有优异性能。

参 考 文 献

[1] 云南安宁立方新型建材有限公司．"微珠"产品说明书，2010，5.

[2] Yunnan Anling Lifang New Building Material Co. Ltd. Micro-bead product manual 2010，05.

[3] 冯乃谦编著．高性能混凝土结构，北京：机械工业出版社，2004.

[4] 笠井芳夫等编著．Cement．Concrete 用混合材料．技術書院，東京 1993 09.

[5] Aimin Xu and Shondeep L. Sarkar Hydration and Properties of Fly Ash Concrete "Mineral Adermixtures in Cement and Concrete" Volume-4 ABI Books Pvt，Ltd 1993 India.

[6] 张坤民等．低碳经济论．北京：中国环境科学出版社，2008.

粉煤灰对混凝土耐磨性能影响的探讨

余　斌[1,2]，吴笑梅[2]，樊粤明[2]

（1. 广州天达混凝土有限公司，广州 510000；2. 华南理工大学材料学院，广州 510641）

摘　要　本文采用了两个水胶比，进行了不同粉煤灰掺量的砂浆及混凝土的耐磨性能实验，并且进一步分析了作用机理。结果显示，对于砂浆与混凝土存在一个最佳的粉煤灰掺量，此时混凝土的耐磨性能最好。

关键词　耐磨性；耐磨度；粉煤灰；混凝土

1　引言

混凝土中广泛掺入粉煤灰作为掺合料，不仅降低了混凝土的生产成本，而且改善了混凝土的各项性能。然而，混凝土用于路面材料，在工程实践中的表现却常常不尽如人意，混凝土表面出现“起粉”或耐磨性下降的现象。有人将原因归咎于混凝土中掺入的粉煤灰，但也有学者的研究表明粉煤灰混凝土的耐磨性能不比普通混凝土差，粉煤灰可以配制道路高性能混凝土。因此，重点研究了粉煤灰不同掺量对混凝土耐磨性能的影响。

2　原材料及实验方法

2.1　材料

（1）水泥：选用P.Ⅱ 42.5R水泥。

（2）粉煤灰：选用Ⅱ级粉煤灰，性能指标如表1所示。

粉煤灰技术性能指标　　**表1**

0.045mm筛余	需水量比	烧失量	三氧化硫	含水率
19.6%	97%	2.28%	0.61%	0.10%

（3）细骨料：采用II区中砂，细度模数控制在2.4～2.6之间。

（4）粗骨料：花岗岩碎石，符合5～25mm级配，针片状含量＜6%，压碎指标＜10%。

（5）减水剂：萘系减水剂，FDN-2是缓凝高效减水剂，FDN是高效减水剂。

2.2　测试方法

混凝土配制、坍落度及强度的测试均按照现行相关规范进行。

余斌（1972—），男，高级工程师，广州天达混凝土有限公司总工程师，硕士，电话：13825133629，E-mail：yubin19@21cn.com

砂浆与混凝土耐磨性能的评价按照《混凝土及其制品耐磨性试验方法（滚珠轴承式）》（GB/T 16925—1997）进行。耐磨性能以耐磨度大小表征：耐磨度大，表示试件的耐磨性好；耐磨度小，表示试件的耐磨性差。

3　实验结果与讨论

3.1　砂浆实验

进行砂浆试验时，取水胶比分别为 0.50 和 0.31，所配制的砂浆具有良好的保水性及黏聚性，扩展度控制在 120±20mm 以内。砂浆拌合均匀后，成型 100mm×100mm×100mm 的立方体试件，标准养护至相应龄期后进行实验。选取砂浆试件的侧面作为耐磨度实验的测试面。砂浆的配比参数及实验结果如表 2 和图 1 所示。

砂浆配比及实验结果　　表 2

水胶比	水泥：粉煤灰：砂：水：减水剂（重量比）	砂浆扩展度（mm）	耐磨度	备　注
0.50	1.0：0.0：2.10：0.50：0.0033	110	2.25	
	0.9：0.1：2.10：0.50：0.0041	116	2.71	
	0.8：0.2：2.10：0.50：0.0051	120	1.95	
	0.7：0.3：2.10：0.50：0.0045	110	1.17	
0.31	1.0：0.0：1.16：0.31：0.010	122	4.68	
	0.9：0.1：1.16：0.31：0.011	110	4.55	
	0.8：0.2：1.16：0.31：0.012	136	3.93	
	0.7：0.3：1.16：0.31：0.016	125	3.34	

从图 1 中可以发现：纯水泥砂浆的耐磨度并非最高，当水胶比为 0.50 时，与粉煤灰掺量 10%的砂浆耐磨度比较约低 17%，当水胶比为 0.31 时，其耐磨度也只是比粉煤灰掺量 10%的砂浆略高 2.9%；当粉煤灰掺量大于 10%以后，无论水胶比大小，砂浆的耐磨度均随着粉煤灰掺量的继续增加呈现下降的趋势；并且，无论粉煤灰掺量大小，低水胶比的砂浆耐磨度都比高水胶比的高，既耐磨度随着水胶比的降低而提高。

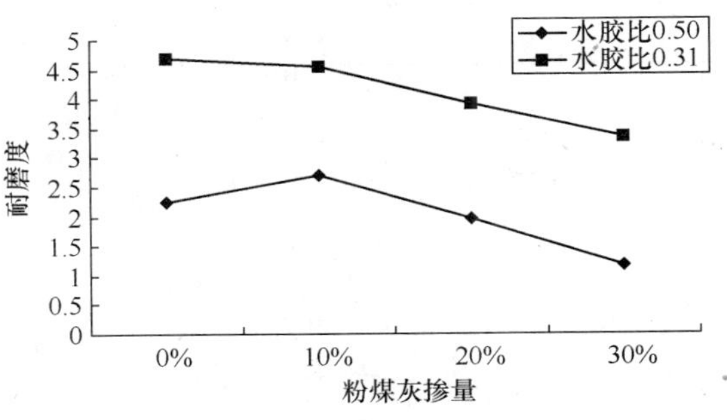

图 1　粉煤灰掺量对砂浆耐磨度的影响

3.2　混凝土实验

按照配制砂浆的水胶比 0.50 和 0.31 及粉煤灰掺量分别为 10%、20%和 30%配制混凝土。粉煤灰按照等量取代法取代水泥，相同水胶比的混凝土胶凝材料总量保持不变。混凝土拌合物具有良好的保水性及黏聚性，混凝土拌合物的坍落度及扩展度基本接近。混凝土拌合均匀后成型150mm×150mm×150mm的立方体试件，标准养护至相应龄期，选取混凝土试件侧面作为耐磨度实验的测试面。

混凝土配合比如表3所示。混凝土拌合物的坍落度及扩展度，相应龄期（28d或90d）的混凝土抗压强度及耐磨度数据如表4所示，图2～图5给出了试验结果的对比情况。

混凝土配合比 **表3**

编号	水胶比	粉煤灰掺量（%）	材料用量（kg/m³）						
			水泥	粉煤灰	砂	石	水	FDN-2	FDN
1	0.50	10	315	35	734	1101	175	4.90	
2		20	280	70	734	1101	175	4.90	
3		30	245	105	734	1101	175	4.90	
4	0.31	10	450	50	579	1176	155	7.50	4.00
5		20	400	100	579	1176	155	7.50	4.00
6		30	350	150	579	1176	155	7.50	4.00

混凝土流动性、抗压强度及耐磨度 **表4**

编　号	坍落度（mm）	扩展度（mm）	抗压强度（MPa）		耐磨度		备　注
			28d	90d	28d	90d	
1	170	390	47.7	58.8	1.50	2.65	
2	165	390	47.4	59.0	1.72	2.57	
3	180	405	48.0	61.9	1.54	3.07	
4	185	400	63.6	71.6	3.43	5.08	
5	190	410	59.3	69.0	3.02	4.91	
6	180	370	52.9	60.4	2.64	4.58	

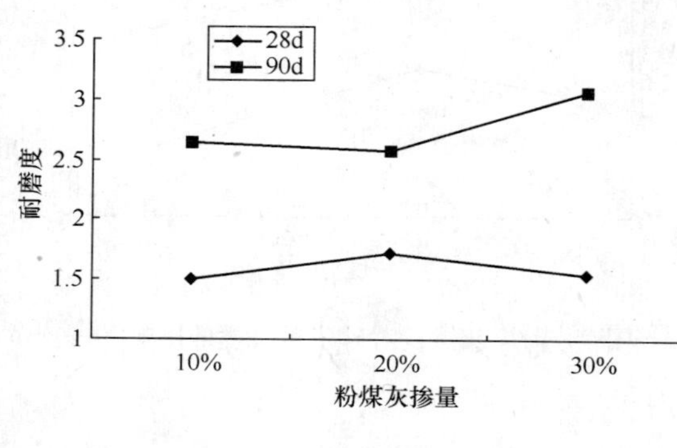

图2　粉煤灰掺量对混凝土耐磨度的影响（水胶比0.50）

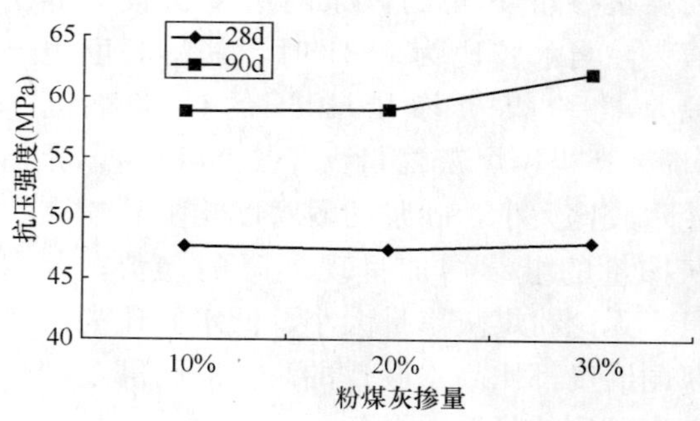

图3　粉煤灰掺量对混凝土强度的影响（水胶比0.50）

从图2、图3中可以发现，在标准养护28d龄期时，0.50水胶比的混凝土，粉煤灰掺量为20%的混凝土耐磨度最大，此耐磨度比掺10%粉煤灰的混凝土增加14.7%，而掺

30%粉煤灰与掺10%粉煤灰的混凝土耐磨度则基本相等；混凝土与砂浆所表现出的变化趋势相似，都有一个最佳粉煤灰掺量，只是两者耐磨度达到最高值时的粉煤灰掺量不同。龄期在90d时，混凝土的耐磨度随着粉煤灰掺量的增加呈现上升的趋势，其中掺20%粉煤灰的混凝土耐磨度与掺10%粉煤灰的混凝土基本相等，但是掺30%粉煤灰的混凝土耐磨度增长幅度却较大，相对于10%粉煤灰的混凝土提高了15.8%。无论28d或90d龄期，混凝土的抗压强度随着粉煤灰掺量的增加，波动不大。混凝土的耐磨度与抗压强度均随着龄期的增长而提高，但两者的增长幅度并不一致，按照粉煤灰掺量10%、20%、30%的次序排列，90d龄期的混凝土耐磨度相对28d龄期的增长幅度分别为76.7%、49.4%及99.4%，而抗压强度的增长幅度则分别为23.3%、24.5%及29.0%。

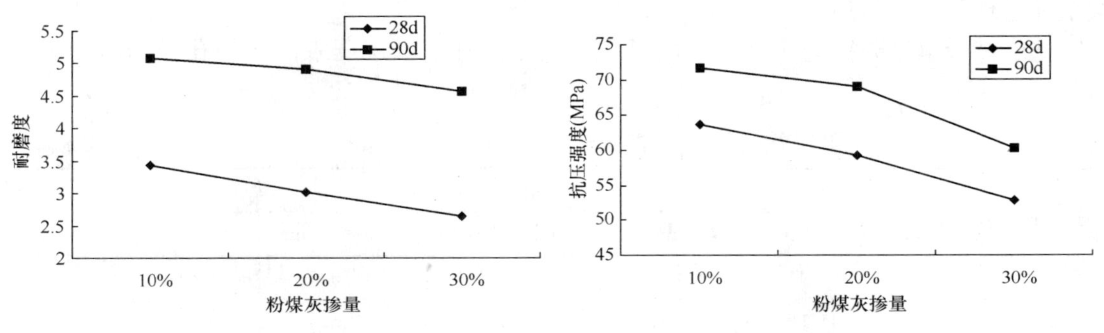

图4 粉煤灰掺量对混凝土耐磨度的影响（水胶比0.31）

图5 粉煤灰掺量对混凝土强度的影响（水胶比0.31）

从图4、图5中可以发现，在标准养护条件下，无论28d或90d龄期，0.31水胶比的混凝土耐磨度及抗压强度均随着粉煤灰掺量的增加，呈现下降的趋势；它与砂浆耐磨度所表现出的变化趋势相似。随着龄期的增加，混凝土的耐磨度及抗压强度均有增长，但两者的增长幅度存在差异；按照粉煤灰掺量10%、20%、30%的次序排列，90d龄期的混凝土耐磨度相对28d龄期的增长幅度分别为48.1%、62.6%及73.5%，而抗压强度的增长幅度则分别为12.6%、16.4%及14.2%。随着龄期的增加，耐磨度的增长幅度明显大于抗压强度，并且耐磨度随龄期增加的增长幅度也随着混凝土中粉煤灰掺量的提高而逐步增大。

3.3 机理分析

方大明[2]认为：孔隙率小的混凝土，内部粒子间距小，粒子间接触较牢固，有利于混凝土性能提高；在相同的孔隙率下，孔级配不同，对混凝土的强度影响也较大。良好的密实性及孔结构对于混凝土各项性能的改善具有重要意义，耐磨性也不例外，小的孔隙率及平均孔径下降均有利于耐磨性的提高。由《高性能混凝土》[3]可知：水化程度相同时，水灰比越大，硬化后混凝土的毛细孔越多。因此，水胶比为0.50的硬化浆体的孔隙率及平均孔径明显大于水胶比为0.31的硬化浆体，其耐磨度也更小。

砂浆中掺入粉煤灰后，细小的粉煤灰可填充于水泥颗粒之间，使水泥石更加密实，孔隙率下降，大孔减少，这在适宜的掺量范围内能有效提高混凝土的耐磨度；试验中采用的水泥是硅酸盐水泥，水泥中的混合材含量较少，少量粉煤灰的掺入即有效地降低了硬化浆体的孔隙率及平均孔径，中高水胶比水泥浆体中的孔隙率及平均孔径均较大，而低水胶比的水泥浆体本身已较密实，体系中的孔隙率及平均孔径很小，因此粉煤灰对中高水胶比水泥浆体的改良作用更加明显。这造成了两种水胶比条件下耐磨度变化规律的不同，即0.50水胶比时纯水泥砂浆的耐磨度小于掺10%粉煤灰的砂浆，0.31水胶比时纯水泥砂浆的耐磨度略高于10%粉煤灰掺量的砂浆，虽然差距仅有2.9%。试验中，由于粉煤灰等量取代水泥，28天龄期时粉煤灰参与反应的程度有限，在水泥浆体中主要起填充的作用，其胶凝性并未充分发挥，随着粉煤灰掺量的提高，硬化浆体的宏观力学性能必将受到影响。因此，粉煤灰掺量大于10%以后，虽然系统的孔隙率有可能进一步降低，但系统颗粒间的胶凝性会因粉煤灰的水化率不足而显著下降，故砂浆的耐磨度随着粉煤灰掺量的继续增加呈现下降的趋势。

选取试验编号分别为1、2、3的硬化混凝土浆体，采用压汞法测得孔径分布如表5所示。

混凝土孔径分布 **表5**

试件编号	累计孔隙率（%）							
	<5nm	<10nm	<20nm	<50nm	<100nm	<200nm	<500nm	总孔隙率
1	0.44	1.01	1.43	2.53	3.70	3.87	4.01	4.46
2	0.51	1.58	2.61	4.54	5.21	5.57	6.03	8.53
3	0.37	1.67	2.73	5.52	6.45	6.63	6.91	8.31

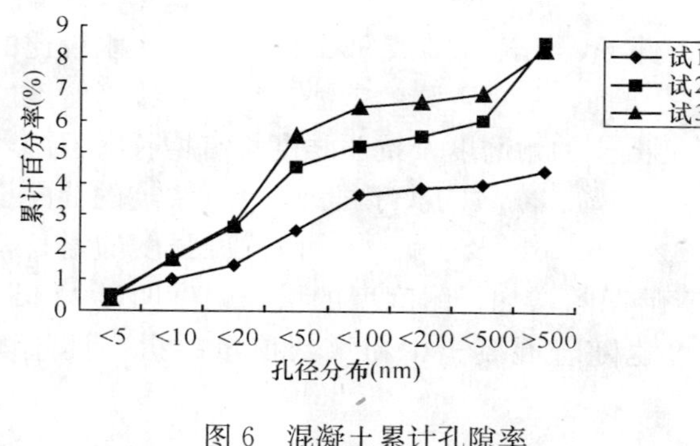

图6 混凝土累计孔隙率

从图6中可以发现：样品1各级孔径的累计孔隙率及总孔隙率均小于样品2及3，而样品2与3相比较，虽然两者的总孔隙率接近，但样品2在20～500nm区间的累计孔隙率小于样品3。结合前面关于孔隙率及孔径对耐磨性影响的论述，样品1及2的耐磨度应该相对更大。

选取试验编号为3的混凝土28d及90d硬化浆体，使用扫描电子显微镜，观察胶凝材料的组成及结构。扫描电子显微镜的图片详见图7所示。

从图7可见：28d龄期时，粉煤灰的玻璃圆珠上只有少量的水化产物，粉煤灰已经开始参与水化反应，但反应程度不大［图7（*a*）］；90d龄期时，粉煤灰的玻璃圆珠上已经包裹着较厚的水化产物，粉煤灰的水化反应已经比较充分［图7（*b*）］。在28d龄期时，粉煤灰参与反应的程度有限，其活性并未充分发挥，虽与$Ca(OH)_2$开始发生反应，但对水泥石及界面过渡层的改善仍以粉煤灰的填充作用为主导。由于界面过渡层得到了较好的改善，因此混凝土与砂浆耐磨度达到最高值时的最佳粉煤灰掺量不同，在本实验中掺10%粉煤灰的砂浆耐磨度最大，而混凝土则是掺20%粉煤灰的耐磨度最高，掺10%及30%粉煤灰的混凝土耐磨度基本接近；在标准养护90d龄期时，粉煤灰的活性得到一定的发挥，对界面过渡层的改善以粉煤灰与$Ca(OH)_2$的反应为主导，并且粉煤灰与$Ca(OH)_2$的反

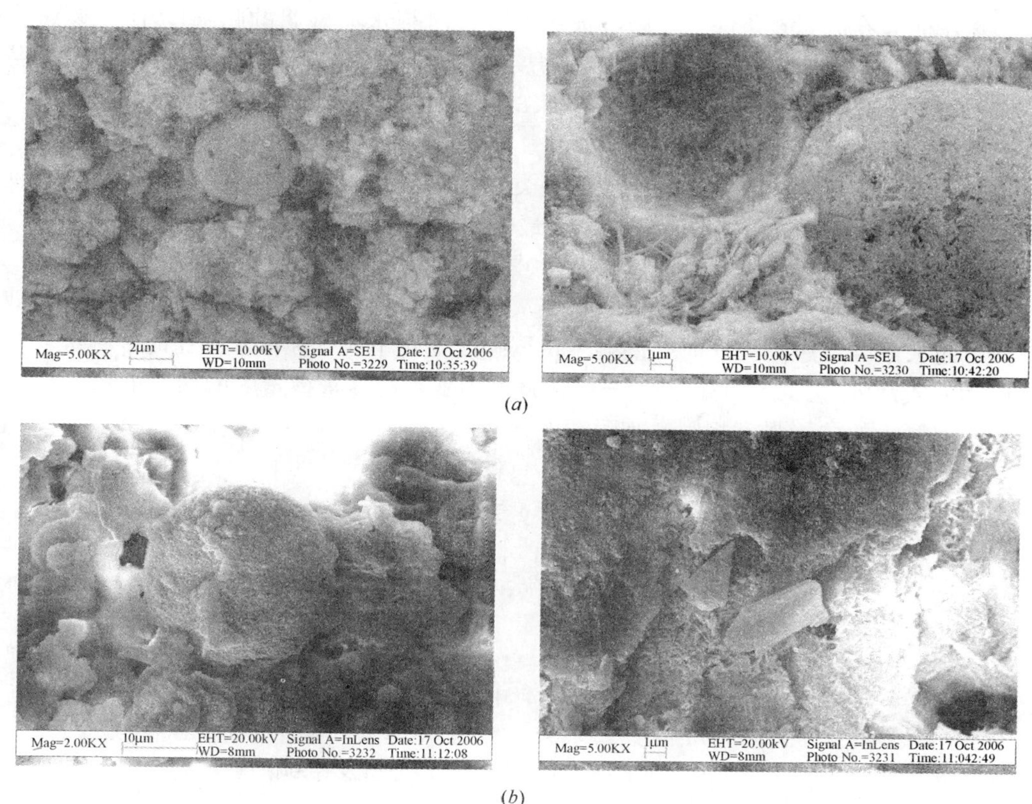

(*a*)

(*b*)

图 7 混凝土试件编号为 3 的 SEM 照片
(*a*) 28d；(*b*) 90d

应也使水泥石得到进一步的增强，因此掺 30%粉煤灰的混凝土耐磨度获得大幅度提高，达到最大值。

混凝土的水灰比也是影响界面厚度和性能的因素。水灰比越大，界面处水灰比就越大，孔隙率也越大，故 $Ca(OH)_2$ 越容易沉积，结晶颗粒越大。因此，降低水灰比可改善界面的性质[3]。试验编号为 4、5、6 的混凝土水胶比为 0.31，低水灰比、掺用高效减水剂和矿物细掺料，这些都符合高性能混凝土的配制特点，因而其结构也具有高性能混凝土的特点。高性能混凝土中，水泥浆体、界面和骨料三个环节的性质接近均匀[3]。因此，粉煤灰对水泥石和骨料界面过渡层的改善作用有限，混凝土的耐磨度与砂浆耐磨度的变化趋势应该相似，均随着粉煤灰掺量的增加逐步下降。

4 结论

本文选择 0.50 和 0.31 两种水胶比进行了不同粉煤灰掺量的砂浆与混凝土实验，粉煤灰掺量选取了 10%、20%和 30%三种水平。所有实验采用的混凝土配方均尽可能贴近了目前商品混凝土行业的现状，对工程实践具有现实的指导意义。根据上述实验结果及论述，可以总结出以下结论：

（1）在标准养护 28d 条件下，中等大小水胶比时纯水泥砂浆的耐磨度小于掺 10%粉煤灰的砂浆，低水胶比时纯水泥砂浆的耐磨度略高于 10%粉煤灰掺量的砂浆；当粉煤灰掺量大于 10%以后，无论水胶比大小，砂浆的耐磨度均随着粉煤灰掺量的继续增加呈现下降的趋势。

（2）混凝土与砂浆耐磨度的变化规律相类似。即在标准养护条件下，中等大小水胶比 28d 龄期时的砂浆及混凝土耐磨度均有一个最佳粉煤灰掺量，砂浆在粉煤灰掺量 10%时耐磨度达到最高值，混凝土则在粉煤灰掺量 20%时耐磨度达到最高值；在 90d 龄期时，由于粉煤灰的活性得到较好的发挥，随着粉煤灰掺量的增加，混凝土耐磨度持续上升，即粉煤灰掺量越大耐磨度越高。此时，混凝土抗压强度变化不大。在低水胶比时，标准养护龄期无论 28d 或 90d，混凝土的耐磨度与抗压强度均随着粉煤灰掺量的增加而下降。

（3）混凝土的抗压强度相同，其耐磨度并不一定相同，两者并不对等。

参 考 文 献

［1］ 朱文辉．滚珠式耐磨试验机测定混凝土路面砖耐磨度的体会和建议［J］．建筑砌块与砌块建筑，2004（2）．

［2］ 方大明．浅谈高强混凝土的质量控制．预拌混凝土质量管理经验交流会发言稿．2005.11.

［3］ 吴中伟，廉慧珍．高性能混凝土［M］．北京：中国铁道出版社，1999.

［4］ 陈健，赵志宏，张苏东．耐磨混凝土及其应用研究［J］．混凝土与水泥制品，2001（4）．

［5］ 吴笑梅，樊粤明，简运康．混凝土表面“起粉”的原因分析及控制措施［J］．水泥，2003（6）：13-15

［6］ 张君．路面用水泥混凝土研究［D］．华南理工大学硕士学位论文，1999.7.

［7］ 王学森．耐磨混凝土配合比试验研究［J］．混凝土．2002（4）：45-47.

［8］ 西德尼·明德斯［加］，J·弗朗西斯·杨［美］，戴维·达尔文［美］．混凝土［M］．吴科如，张雄等译．北京：化学工业出版社，2005.

［9］ 刘长俊主编．金达应，唐明编著．混凝土配合比设计计算手册［M］．沈阳：辽宁科学技术出版社，1994.

磷渣粉 P_2O_5 含量对混凝土性能的影响

——兼论相关标准中 P_2O_5 含量的限值问题

冷发光[1]，王　晶[2]，周永祥，何更新

（中国建筑科学研究院建筑材料研究所，北京 100013）

摘　要　研究了磷渣粉中 P_2O_5 含量对混凝土性能的影响。结果表明，掺 P_2O_5 含量为4.32%的磷渣粉的混凝土，其工作性能、力学性能和耐久性能，与现行标准要求磷渣粉 P_2O_5 含量不超过3.5%的磷渣粉混凝土基本相当。结果显示，磷渣粉中 P_2O_5 含量的限值可以适当放宽。建议结合磷渣粉的掺量，以 P_2O_5 占胶凝材料的质量分数作为控制指标，或考虑最大掺量将 P_2O_5 含量的限值放宽到≤4.0%。

关键词　磷渣粉；P_2O_5 含量；混凝土；凝结时间

目前现行的标准如《用于水泥中的粒化电炉磷渣》（GB/T 6645—2008）和《水工混凝土掺用磷渣粉技术规范》（DL/T 5387—2007）对 P_2O_5 含量限定均为≤3.5%。但据调查现有磷渣粉的来源及其生产工艺，有一大部分磷渣粉难以满足该指标的要求，从而无法被水泥和混凝土行业资源化利用，造成环境负荷的增加。因此，有必要开展系统的试验研究工作，从技术上论证该指标限值的合理范围。同时，由于制定行业标准《用于混凝土中的粒化电炉磷渣粉》的需要，我们针对磷渣粉 P_2O_5 含量对混凝土性能的影响开展了研究。

1　引言

用电炉法制取黄磷时，所得到的以硅酸钙为主要成分的熔融物，经淬冷成粒，即为粒化电炉磷渣，简称磷渣，其玻璃体含量高达80%～90%。磷渣在水泥工业中的应用主要包括以下几个方面：作水泥原料或矿化剂[1、2]、磷渣水泥的混合材[3]和作为掺合料掺入混凝土中[4、5]。磷渣粉作为一种矿物掺合料，其活性与矿渣基本相当，且分布较广，数量较多，有较高的研究和应用价值。近年来，磷渣粉作为混凝土的矿物掺合料在我国的水电工程领域得到了成功的应用，并制定了专门的行业标准《水工混凝土掺用磷渣粉技术规范》（DL/T 5387—2007），规范并推动了磷渣粉在该领域的应用。在混凝土中掺用磷渣粉，可

---

[1]冷发光（1968—），博士，研究员，现为中国建筑科学研究院建筑材料研究所总工，建研建材有限公司副总经理兼混凝土部主任。全国混凝土标准化技术委员会委员兼秘书长，中国土木工程学会混凝土质量专业委员会主任委员，中国建筑学会建筑材料测试技术委员会主任委员，E-mail：lengfaguang@126.com

基金项目："十一五"科技支撑计划课题"高强高性能混凝土应用技术研究"（2008BAE61B05）

[2]王晶，男，硕士，工程师，现就职于中国建筑科学院建筑材料研究所，E-mail：wangking3007@126.com

以节约水泥，改善混凝土的相关性能，解决某些工程中由于地域限制造成的混凝土掺合料供应不足的问题；与此同时，还可以节约能源，减少污染，有利于环境保护，符合国家倡导和推行清洁生产、低碳经济和可持续发展的方针政策。

磷渣粉作为混凝土一种较为新兴的掺合料，研究和利用还存在一定的不足。P_2O_5 在磷渣水化硬化过程中的作用和机理一向是研究热点。一般认为，P_2O_5 固融于磷渣玻璃体中，在水泥水化的碱性环境中，P_2O_5 能与 Ca^{2+} 反应生成不溶于水的磷酸钙和氟羟磷灰石，沉积在水泥颗粒周围，阻止水泥的进一步水化，使磷渣的水化反应减慢，从而使水泥凝结时间延长[6]，早期强度偏低，故用于水泥混凝土中应限制其含量。为了进一步研究确定合理的 P_2O_5 含量限值，既能保证混凝土质量，又能积极促进磷渣粉的消纳利用，本研究在考虑磷渣粉掺量的基础上，结合现有标准对磷渣粉 P_2O_5 含量的要求，研究讨论用作混凝土掺合料的磷渣粉 P_2O_5 含量的限值问题，为相关标准的制定提供依据。

2　磷渣粉中 P_2O_5 含量对混凝土性能的影响

所用的水泥为拉法基 P·O 42.5 水泥；细骨料采用细度模数为 2.3 的中粗河砂，表观密度 2650kg/m^3；粗骨料采用 5～26.5mm 连续级配碎石，表观密度 2720kg/m^3，含泥量 1.2%；聚羧酸系减水剂为广州富斯乐公司生产高效减水剂，萘系减水剂为 FDN 高效减水剂；3 种磷渣粉由贵阳国华天成磷业有限公司提供，其检测结果见表 1 和表 2，P_2O_5 含量分别为 3.22%、4.32%和 5.11%。

磷渣粉样品相关项目的测试结果　　**表 1**

样品编号	比表面积（m^2/kg）	80μm 筛余（%）	密度（g/cm^3）	烧失量（%）
1	396	0.67	2.83	0.32
2	385	0.66	2.82	0.23
3	415	0.64	2.85	0.07

磷渣粉样品的主要化学组成　　**表 2**

样品编号	化学组成（%）									
	CaO	SiO_2	P_2O_5	Al_2O_3	MgO	SO_3	Fe_2O_3	K_2O	Na_2O	BaO
1	43.58	43.51	3.22	3.59	1.57	1.27	0.75	1.04	0.23	0.70
2	47.15	39.39	4.32	3.28	1.82	1.57	0.63	0.71	0.28	0.31
3	44.73	40.00	5.11	4.05	1.74	1.52	0.43	0.99	0.29	0.51

本研究设计了强度等级为 C30 和 C60 两种混凝土，在相同磷渣粉掺量的基础上，分别进行了不同类型减水剂和不同 P_2O_5 含量的对比试验。混凝土配合比分别见表 3 和表 4。

聚羧酸系外加剂混凝土配合比（kg/m^3）　　**表 3**

试件编号	胶凝材料总量	磷渣粉取代率(%)	水泥	磷渣粉编号/掺量	砂	石子	水	水胶比	富斯乐外加剂	P_2O_5 占胶凝材料的质量百分比（%）
PC30P0	360	0	360	—/0	864	993	178.2	0.50	2.16	0
PC30P3	360	25	270	1/90	861	990	178.2	0.50	2.16	0.81

续表

试件编号	胶凝材料总量	磷渣粉取代率(%)	水泥	磷渣粉编号/掺量	砂	石子	水	水胶比	富斯乐外加剂	P_2O_5 占胶凝材料的质量百分比(%)
PC30P4	360	25	270	2/90	861	990	178.2	0.50	2.16	1.08
PC30P5	360	25	270	3/90	861	990	178.2	0.50	2.16	1.28
PC60P0	500	0	500	—/0	728	1024	171.9	0.35	3.75	0
PC60P3	500	25	375	1/125	724	1018	171.9	0.35	3.75	0.81
PC60P4	500	25	375	2/125	724	1018	171.9	0.35	3.75	1.08
PC60P5	500	25	375	3/125	724	1018	171.9	0.35	3.75	1.28

萘系外加剂混凝土配合比（kg/m^3） **表 4**

试件编号	胶凝材料总量	磷渣粉取代率(%)	水泥	磷渣粉编号/掺量	砂	石子	水	水胶比	FDN 外加剂	P_2O_5 占胶凝材料的质量百分比(%)
NC30P0	360	0	360	—/0	864	993	180	0.50	2.16	0
NC30P3	360	25	270	1/90	861	990	180	0.50	2.16	0.81
NC30P4	360	25	270	2/90	861	990	180	0.50	2.16	1.08
NC30P5	360	25	270	3/90	861	990	180	0.50	2.16	1.28
NC60P0	500	0	500	—/0	728	1024	175	0.35	4.75	0
NC60P3	500	25	375	1/125	724	1018	175	0.35	4.75	0.81
NC60P4	500	25	375	2/125	724	1018	175	0.35	4.75	1.08
NC60P5	500	25	375	3/125	724	1018	175	0.35	4.75	1.28

注：编号说明：编号中最前面的“P”和“N”分别表示所使用的外加剂为聚羧酸和萘系；“C”后面的两位数表示混凝土的强度等级；“P”代表磷渣粉，其后数字表示 P_2O_5 含量的代表值。

2.1 P_2O_5 含量对混凝土工作性和凝结时间的影响

试验采用强制式搅拌机搅拌混凝土，混凝土出机后，测试了混凝土拌合物的工作性能和凝结时间，结果见表 5。

混凝土工作性能和凝结时间 **表 5**

试件编号	初始工作性能（mm）		1h 工作性能（mm）		初凝时间（h：min）	终凝时间（h：min）
	坍落度	扩展度	坍落度	扩展度		
PC30P0	230	600×570	170	400×350	8：30	10：55
PC30P3	225	600×550	190	410×410	11：50	14：00
PC30P4	230	530×520	190	420×410	12：10	14：15
PC30P5	215	560×570	185	410×370	15：20	18：50
PC60P0	240	660×620	205	380×400	7：30	9：55
PC60P3	220	650×660	220	440×420	10：40	13：20
PC60P4	230	650×660	210	400×400	11：00	13：25
PC60P5	235	650×660	220	430×460	17：50	21：30
NC30P0	210	450×430	105	无流动性	8：40	11：30
NC30P3	210	450×440	95	无流动性	12：00	13：00
NC30P4	225	530×520	110	无流动性	14：30	16：55
NC30P5	215	540×500	80	无流动性	17：40	19：45

续表

试件编号	初始工作性能（mm）		1h工作性能（mm）		初凝时间（h：min）	终凝时间（h：min）
	坍落度	扩展度	坍落度	扩展度		
NC60P0	230	600×610	210	420×430	9：45	12：15
NC60P3	230	640×650	200	500×500	15：40	18：45
NC60P4	220	600×610	210	540×500	16：20	20：25
NC60P5	230	600×620	210	430×470	21：40	25：35

由试验结果可得：对于使用两种外加剂的C30和C60混凝土，掺入不同P_2O_5含量的磷渣粉后，对其初始工作性能影响不明显；但与空白混凝土试件相比，1h后混凝土的工作性能得到明显改善，但磷渣粉P_2O_5含量1h后混凝土的工作性能影响不明显。

掺入磷渣粉后，混凝土的凝结时间明显延长，而且随P_2O_5含量增大，凝结时间逐渐延长。目前的研究表明[7-9]，造成混凝土凝结时间延长的主要原因是磷渣中可溶性P_2O_5与石膏的复合作用延缓了$3CaO \cdot Al_2O_3$（C_3A）的整个水化过程，即C_3A的水化停留在“六方水化产物”阶段，既无钙矾石（AFt）生成，也无水化铝酸钙C_3AH_6生成。

2.2 P_2O_5含量对混凝土力学性能的影响

试件成型后，标准养护到相应龄期，进行混凝土相应的力学性能测试，试验结果见表6。

混凝土力学性能　　表6

试件编号	抗压强度（MPa）			28d抗折强度（MPa）
	3d	7d	28d	
PC30P0	35.7	43.1	64.0	7.35
PC30P3	30.7	38.7	53.6	6.51
PC30P4	30.0	38.2	54.8	6.78
PC30P5	30.0	36.3	50.9	5.52
PC60P0	55.5	66.2	92.0	8.43
PC60P3	47.8	60.7	73.9	6.73
PC60P4	45.9	59.1	74.1	7.44
PC60P5	44.3	59.2	68.6	6.48
NC30P0	27.7	43.4	58.1	6.69
NC30P3	26.0	38.5	56.2	6.66
NC30P4	25.3	37.7	53.6	6.27
NC30P5	25.0	34.5	53.9	6.00
NC60P0	43.7	60.3	78.9	7.89
NC60P3	40.4	57.3	70.0	6.73
NC60P4	36.3	52.4	69.9	6.38
NC60P5	33.7	51.3	66.7	5.89

由表6中的结果对比可知，混凝土3d和7d抗压强度规律明显：与空白样相比，掺入磷渣粉后，混凝土的早期强度明显降低，并且随P_2O_5含量的增大，早期强度下降幅度增

大。28d抗压结果与3d和7d抗压强度的规律基本类似：掺入磷渣粉后，混凝土28d抗压强度降低，随 P_2O_5 的含量的增大，其抗压强度表现出降低的趋势。这主要是由于 P_2O_5 含量过高，会影响磷渣玻璃体的数量和结构，不利于磷渣粉的活性[10-12]。

同时，掺入磷渣粉后，两种不同外加剂的C30和C60混凝土，其28d抗折强度均低于空白混凝土，但 P_2O_5 含量不同（3.22%～5.11%）对28d抗折强度的影响不明显。

2.3 P_2O_5 含量对混凝土耐久性的影响

2.3.1 抗氯离子渗透性

按照《普通混凝土长期性能和耐久性能试验方法标准》（GB/T 50082—2009）中电通量试验的要求对各编号混凝土试件进行了电通量试验，6h通过混凝土试件的电量值见图1。

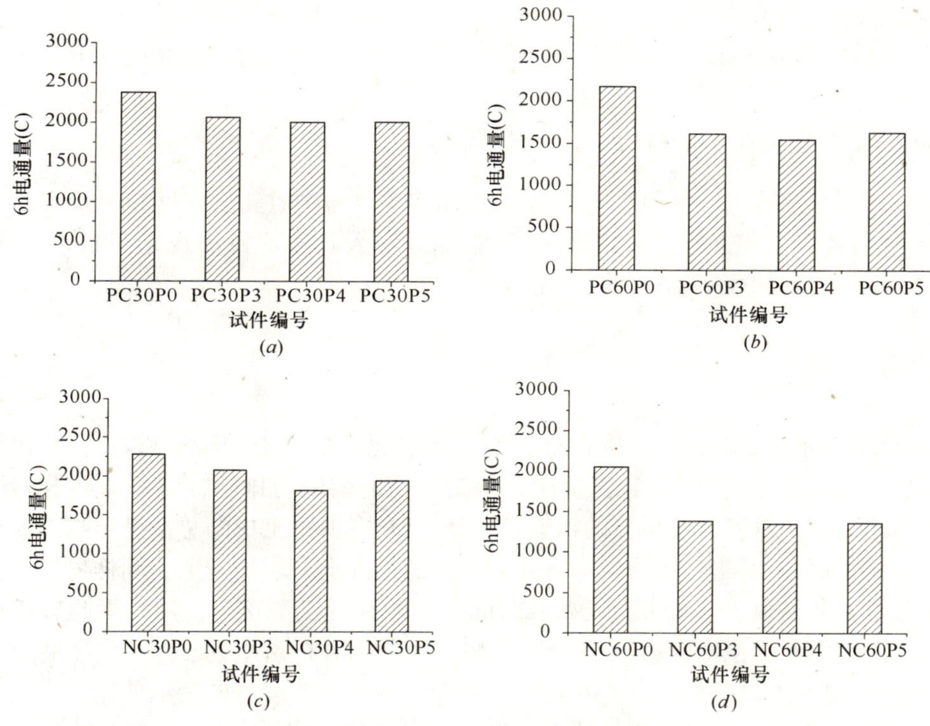

图1 不同 P_2O_5 含量对磷渣粉混凝土电通量的影响

由图1的试验结果可知，各系列混凝土中，空白混凝土的电通量值最高，而掺有磷渣粉的混凝土的电通量值则基本相当，差别不大。这主要是由于掺入的磷渣粉既起填充效应，同时又发挥了二次水化反应效应，消耗了较多的 $Ca(OH)_2$，产生了较多的C-S-H凝胶，改善了混凝土硬化浆体的微观结构，从而提高了混凝土的抗氯离子渗透能力。

2.3.2 抗渗性和抗冻性

由于磷渣粉的掺入，延缓了水泥的早期水化，有利于晶体良好的生长发育，在适当掺量下能够改善硬化水泥浆体的孔结构，一定程度上提高混凝土抗渗性能及相关耐久性。胡鹏刚等[13]采用贵州开阳县磷渣作为掺合料，比表面积为 $400m^2/kg$，P_2O_5 含量4.43%，对28d龄期的混凝土进行了抗渗和快冻试验，试验结果表明当磷渣的掺量小于40%时，掺入磷渣的混凝土的抗渗性和抗冻性均优于空白混凝土。其结果见图2和图3。

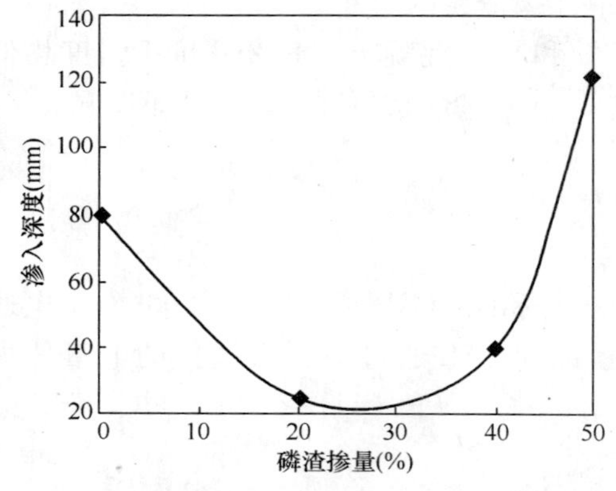

图2　磷渣掺量对抗水渗性的影响[13]

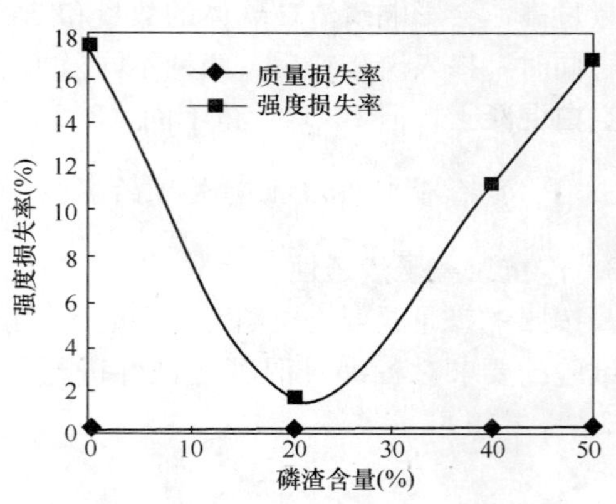

图3　磷渣掺量对抗冻性的影响[13]

2.4　P_2O_5 含量对混凝土干缩变形性的影响

目前的研究结果表明[11,13-15]，混凝土的干缩率主要与磷渣粉的细度和掺量有关，而且随着磷渣粉细度和掺量的增大，混凝土干缩率呈增大趋势，目前还未见针对磷渣粉中 P_2O_5 含量对混凝土干缩变形影响的研究结果。

3　讨论与分析

目前的现行标准要求，作为掺合料用于制备水泥或混凝土的磷渣粉，P_2O_5 含量不能大于3.5%，这一规定将把 P_2O_5 含量超过该指标值的磷渣粉排除在混凝土掺合料的范围之外。而根据 P_2O_5 对混凝土缓凝的机理可知，P_2O_5 在混凝土中的总量是影响混凝土凝结时间的关键性因素，因此，如果掺量增加，即使满足标准要求的磷渣粉同样可以累积较高的 P_2O_5 总量，从而显著延长混凝土凝结时间，影响混凝土的正常使用。因此有必要重点研究磷渣粉中 P_2O_5 含量对混凝土性能的影响，讨论和分析磷渣粉中 P_2O_5 含量的合理限值和合理的控制方法，以扩大磷渣粉的应用范围，促进工业废渣的消纳使用。

如图4和图5所示，在磷渣粉掺量为25%的条件下，对使用聚羧酸系外加剂的混凝土来说，与满足标准要求的 P_2O_5 含量为3.22%的磷渣粉C30和C60混凝土相比，P_2O_5 含量为4.32%的磷渣粉混凝土的初凝、终凝时间则分别增加了2.8%、1.8%和3.1%、0.6%；而 P_2O_5 含量为5.11%磷渣粉C30和C60混凝土的初凝、终凝时间则增加了29.6%、34.5%和67.2%、61.3%。可见在掺量为25%的条件下，P_2O_5 含量为4.32%的磷渣粉对混凝土凝结时间的影响较小，在可接受范围内；P_2O_5 占胶凝材料的质量分数超过某一范围后，混凝土的凝结时间显著延长。

以空白混凝土的强度为基准，图6和图7的结果表明，P_2O_5 的含量（占胶凝材料质量分数）分别为3.22%（0.81%）、4.32%（1.08）和5.11%（1.28%）的萘系外加剂混凝土的3d、7d和28d的抗压强度比分别为77.1%～93.9%、79.5%～89.1%和84.5%～

96.7%。同样，磷渣混凝土 28d 抗折强度也比空白混凝土的稍低，在可接受范围内波动。目前的研究结果表明[16、17]，一定磷渣粉掺量的混凝土，随着龄期的增长，其抗压强度接近、甚至超过空白混凝土的强度。

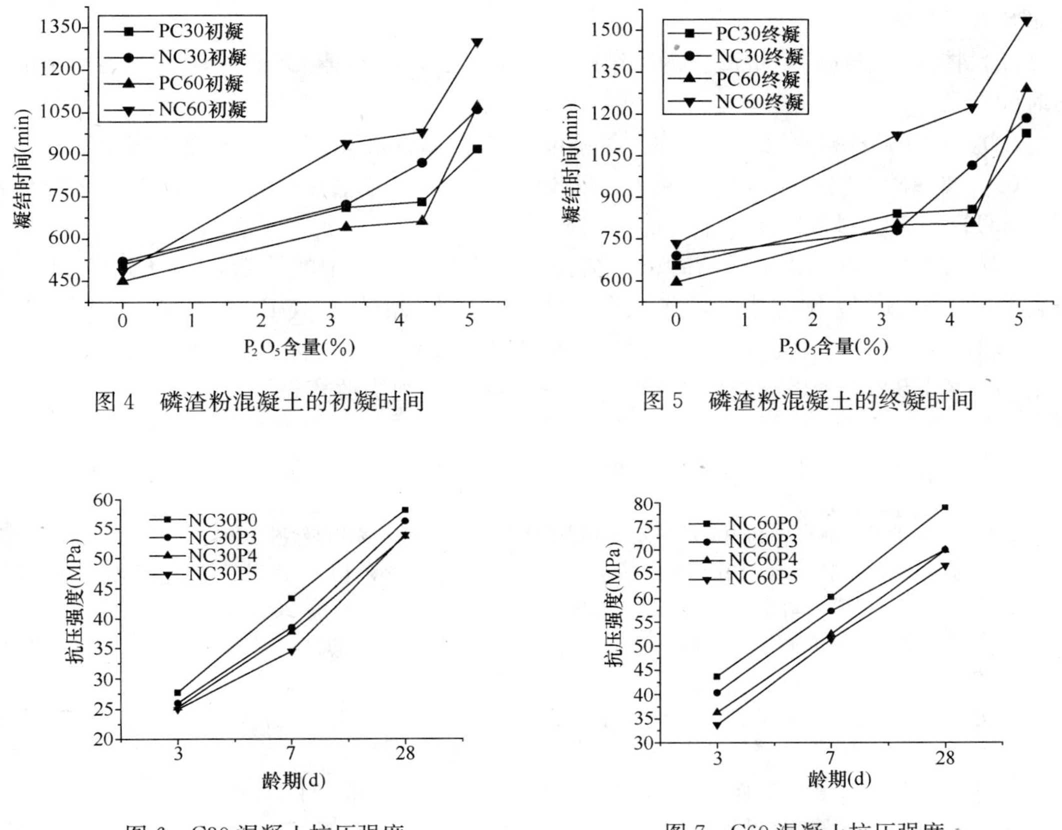

图 4　磷渣粉混凝土的初凝时间

图 5　磷渣粉混凝土的终凝时间

图 6　C30 混凝土抗压强度

图 7　C60 混凝土抗压强度

电通量的结果说明，掺入磷渣粉后能够改善混凝土的抗氯离子渗透性能，随磷渣粉的 P_2O_5 的含量的增加，混凝土电通量值没有表现出明显规律，本研究的 P_2O_5 的含量范围内混凝土均具有较好的抗氯离子渗透性能。此外由于 P_2O_5 的存在，抑制水泥的早期水化，而缓慢的水化过程有利于生产致密的水化产物，改善混凝土的孔结构。因此，在一定掺量范围内，能够提高混凝土的抗冻和抗渗性。

通过上述分析，对作为掺合料掺入混凝土中的磷渣粉，要求其 P_2O_5 的含量≤3.5%值得商榷。建议结合磷渣粉的最大掺量，对磷渣粉的 P_2O_5 含量的限值作不同要求：掺量较小时，P_2O_5 的含量要求可以适当放宽，掺量较大时，可以从严限制 P_2O_5 的含量；合理的方法是以 P_2O_5 占胶凝材料的质量分数作为指标来限制 P_2O_5 的含量。根据上述研究，我们建议 P_2O_5 含量的限值为：≤胶凝材料的 1.20%（质量分数）。因为从以上的试验结果可知，只要 P_2O_5 占胶凝材料的质量分数不超过 1.20%时，混凝土的工作性、凝结时间和耐久性能均与 P_2O_5 含量≤3.5%的混凝土基本相当，如按照磷渣粉最大掺量 30%来计算，磷渣粉中 P_2O_5 的含量限值可以放宽至不超过 4.0%。

4 结论

（1）掺入磷渣粉能够改善混凝土的工作性能，P_2O_5 的含量的增加对混凝土工作性能的影响并不明显。

（2）掺入磷渣粉后，混凝土的凝结时间明显延长，而且 P_2O_5 含量越高，混凝土的凝结时间越长。

（3）掺入磷渣粉会降低混凝土的早期强度，且随 P_2O_5 含量的增大，强度下降幅度增大。

（4）掺入磷渣粉能够改善混凝土的耐久性能，P_2O_5 含量在一定范围内（本研究为不超过 5.11％），其对混凝土耐久性能无明显影响。

（5）在规定 P_2O_5 含量限值时，应结合磷渣粉在混凝土中的掺量，宜以 P_2O_5 占胶凝材料的质量分数作为限定指标，建议掺入混凝土中的磷渣粉，其 P_2O_5 总量不宜超过胶凝材料的 1.20％或以实际的工程需要确定该值。我国现有的相关标准对磷渣粉 P_2O_5 含量的限定均为≤3.5％，考虑到磷渣粉的实际掺量，可考虑适当放宽至≤4.0％。

参考文献

［1］ 江虹．磷渣在生产水泥中利用途径的分析［J］．贵州工业大学学报（自然科学版），2001，30（5）：75-87.

［2］ 刘冬梅，方坤河，杨华山．磷渣掺合料及其对水泥水化性能的影响［J］．水泥工程，2007（2）：74-77.

［3］ 杨代六，徐迅．磷渣对水泥物理性能的影响研究［J］．研究与探讨，2007（2）：12-14.

［4］ 包春霞，冷发光．磷渣掺和科对混凝土水化热和抗裂性能影响的试验研究［J］．云南水力发电，1997：59-61.

［5］ 吴定燕，曾立，方坤河等．磷渣掺和料在混凝土中的应用研究［J］．云南水力发电，2000，16（2）：58-61.

［6］ 冷发光，冯乃谦．磷渣综合利用的研究与应用现状［J］．中国建材科技，1999（3）：20-21.

［7］ 翟红侠，廖绍锋．磷渣硅酸盐水泥水化反应机理研究［J］．合肥工业大学学报（自然科学版），1998，21（2）：132-136.

［8］ 王绍东，赵镇浩．新型磷渣硅酸盐水泥的水化特性［J］．硅酸盐学报，1990，18（4）：379-384.

［9］ 程麟，盛广宏，皮艳灵等．磷渣硅酸盐水泥的缓凝机理［J］．硅酸盐通报，2005（4）：40-44.

［10］ 曹建蔚，梁开明，李要辉．五氧化二磷对磷渣微晶玻璃烧结行为的影响［J］．硅酸盐学报，2008，36（10）：1467-1471.

［11］ 李家正．基于磷渣粉作为掺和料的水泥混凝土特性研究［D］．武汉大学，2007，9.

［12］ 李毅，霍冀川，徐迅．利用微观手段评价磷渣的活性［J］．水泥，2009，（3）：6-8.

［13］ 胡鹏刚，徐德龙，宋强等．磷渣掺合料对水泥混凝土性能的影响及机理探讨［J］．混凝土，2007，（5）：48-49.

［14］ 陈霞，曾力，方坤河．关于磷渣粉应用问题的探讨［J］．混凝土，2007，（2）：41-44.

［15］ 刘宝来，陈俱，严云等．磷渣细度和掺量对中热硅酸盐水泥物理性能的影响［J］．水泥，2009（6）：13-16.

［16］ 栗静静，叶建雄，石拥军等．磷渣掺合料对混凝土力学性能影响的试验研究［J］．粉煤灰，2007，（4）：3-6.

［17］ 刘秋美，曹建新，杨林．磷渣粉对混凝土物理性能影响的研究［J］．山西建筑，2007，33（21）：175-177.

绿色全矿渣混凝土的研究及其应用

何晓慧[1]，张　彤[1]，周云麟[2]

（1. 辽宁科技大学资源与土木工程学院，鞍山 114051；2. 鞍钢集团公司，鞍山 114044）

摘　要　通过对矿渣混凝土骨料的性能及其应用的试验研究，对高炉重矿渣的化学成分及体积的稳定性、矿渣的物理指标的分析，阐述了用高炉重矿渣生产混凝土粗、细骨料的依据以及配制全矿渣混凝土的工艺特点和性能特点及应用条件和使用范围。同时对全矿渣混凝土做出技术、经济分析和工程应用概述。

关键词　重矿渣；结构稳定性；全矿渣混凝土；耐久性

1　引言

我国每年都有大量的高炉矿渣，为了保护环境和节约能源，开辟石材资源，我们进行了全矿渣混凝土性能及其应用的试验研究。

2　矿渣混凝土骨料

2.1　矿渣的化学成分与体积稳定性

不同颜色的高炉重矿渣化学成分见表 1

高炉重矿渣化学成分　　表 1

颜色	烧失量	SiO_2	Fe_2O_3	Al_2O_3	CaO	MgO	S	碱性率	活性率
白	3.00	36.88	0.24	10.76	43.80	5.80	0.28	1.04	0.29
深灰	0.19	39.70	1.00	11.04	43.90	4.97	0.50	0.96	0.29
黑	0.48	39.44	2.30	8.57	44.50	4.43	0.39	1.02	0.22
绿灰	0.88	36.74	0.80	10.54	46.00	4.26	0.61	1.06	0.29
米灰	3.08	40.84	0.48	11.42	42.50	5.20	0.58	0.97	0.28
矿渣砂	1.00	33.00	0.80	10.65	42.97	8.22	0.59	1.17	0.32

根据化学成分，结合 $CaO\text{-}Al_2O_3\text{-}SiO_2$ 系统相图可知，上述碱性高炉矿渣其矿物组成主要是由 C_2S、α-CS（假硅灰石）、C_3S_2（硅钙石）和 C_2AS（铝方柱石）等组成。

由表 1 可见，矿渣的颜色随 Fe_2O_3 含量的增加而加深，其中以白色矿渣的活性最高（0.29），含硫量（S）也最低。矿渣用作混凝土骨料的首要条件是要有良好的体积稳定

何晓慧（1959—），女，副教授，辽宁省鞍山市高新区千山中路 185 号（114051），电话：13358681483，E-mail：hxh59@sina.com

性，而矿渣中影响体积稳定性的主要因素为：

（1）硅酸盐矿物分解

碱性矿渣含有较多的 C_2S，C_2S 在加热或冷却过程中往往伴有晶型转化，特别是当矿渣冷却至 525℃时，β-C_2S 要转化为 γ-C_2S，相对密度由 3.28 变为 2.97，体积约增大 10%，而晶型转化的内应力会导致矿渣部分粉化。但是重矿渣的硅酸盐矿物分解在矿渣冷却后几天，甚至是几小时就基本结束，因此长期堆存的陈渣一般不再发生分解。

（2）石灰分解和铁锰分解

重矿渣中的游离氧化钙遇水生成消石灰，体积增大 1～2 倍，另外渣中的 FeS 和 MnS 和水作用生成 $Fe(OH)_2$ 和 $Mn(OH)_2$，体积相应增大 24%，这些体积膨胀所产生的内应力会引起矿渣的碎裂和酥解。重矿渣含硫量均小于 1%，所以铁锰分解对体积稳定性的影响较小。我们对鞍钢重矿渣进行十余次压蒸处理和 25 次冻融试验，其重量损失仅为 1.04%～1.44%，均小于 3%，因此用作混凝土骨料时，具有良好的结构稳定性。

2.2 颗粒级配

矿渣块或矿渣砂的颗粒级配见表 2。

矿渣砂和矿渣块的颗粒级配 表 2

矿渣砂	筛孔孔经（mm）	9.5	4.75	2.36	1.18	0.6	0.3	0.15	底	平均粒径（mm） 5.04 细度模量 4.80
	分计筛余（%）	2	24.6	27	11	14.6	10	4.4	6.4	
	累计筛余（%）	2	26.6	53.6	64.6	79.2	89.2	93.6	100	
矿渣块	筛孔孔经（mm）	53.0	37.5	31.5	26.5	19.0	16.0	9.5	4.75	2.36
	分计筛余（%）	3.15	11.7	10.14	11.8	18.9	15.20	18.55	8.0	1.67
	累计筛余（%）	3.15	14.85	24.99	36.79	55.69	70.89	89.44	97.44	99.11

由表 2 可见，由于矿渣砂系矿渣块生产的副产品，其大于 4.75mm 的含量偏大，故作抹灰砂浆用时应过 4.75mm 的筛。若专门生产矿渣砂，其累计筛余应满足＞4.75mm 的在 0～10%、＞1.18mm 的在 20%～55%和＞0.3mm 的在 70%～95%的级配要求。

3 全矿渣混凝土的工艺要点及性能特点

3.1 工艺要点

3.1.1 最佳砂率和水灰比

由于矿渣砂和矿渣块的吸水率分别比普通砂、石大 8%和 2%，同时矿渣砂又多为贝壳形，且表面粗糙，因此欲达到相同的混凝土流动性，需适当增大其水灰比 7%～10%。在配制混凝土时，应控制矿渣砂的用量，以C20混凝土为例，其最佳砂率应在36%～38%之间。

3.1.2　尾矿细粉和减水剂的最佳掺量

由于矿渣粗细骨料内摩阻大，黏性差，通常掺用适量的尾矿细粉（<0.15mm）和木钙减水剂，以改善混凝土的和易性。由不同尾矿细粉掺量的矿渣砂浆强度试验（见图1）和不同木钙掺量的全矿渣混凝土强度试验（见图2），以及木钙掺量与减水剂的关系曲线（见图3）表明，矿渣砂浆的尾矿细粉最佳掺量为130～150kg/m³；木钙减水剂最佳掺量为3‰～4‰。

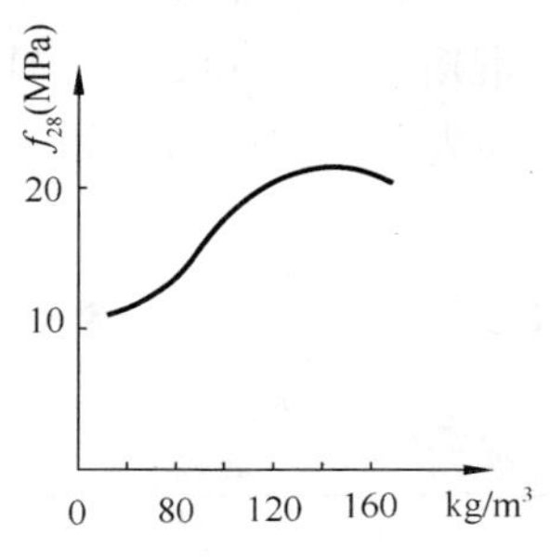

图1　尾矿细粉掺量与抗压强度的关系曲线

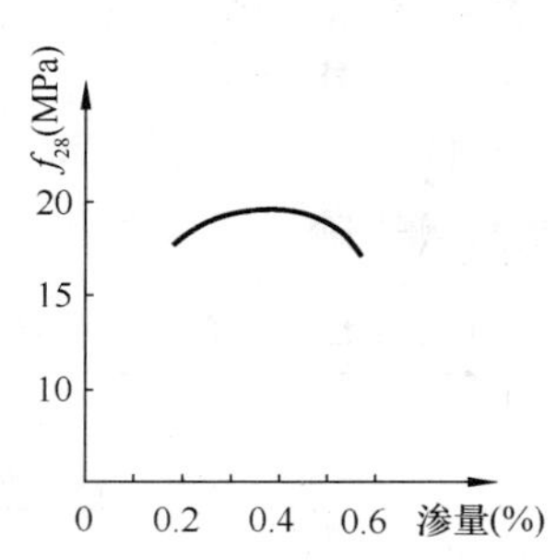

图2　木钙掺量与全矿渣混凝土抗压强度的关系曲线

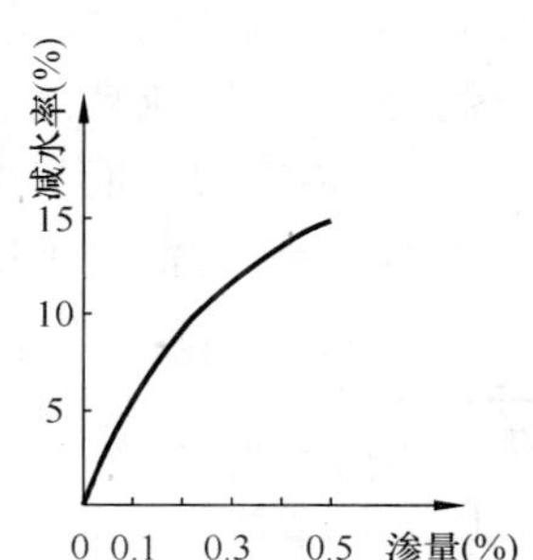

图3　木钙掺量与全矿渣混凝土减水剂的关系曲线

3.2　性能特点

3.2.1　抗压强度

全矿渣混凝土和普通砂石混凝土在常温下养护与蒸汽养护的抗压强度的对比试验结果表明，在配合比基本相同的情况下，掺用尾矿粉或木钙以及同时掺用木钙和尾矿粉的全矿渣混凝土的抗压强度与普通混凝土的抗压强度基本相当或有所增长（最高达21.9%）。我们曾先后作了30组相类似的抗压强度对比试验，其全矿渣混凝土的抗压强度在掺加木钙或尾矿粉以及同时掺用木钙和尾矿粉时，其综合平均强度要比普通砂石的混凝土高5%左右。

3.2.2　静弹性模量

全矿渣混凝土与同强度等级普通砂、石混凝土的弹性模量对比试验结果见表3。

矿渣与全矿渣混凝土和普通砂石混凝土弹性模量对比试验　　表3

混凝土种类	抗压强度 f_{28}（MPa）	弹性模量（MPa）	附　注
矿渣混凝土	21.3	2.66×10^4	全矿渣混凝土与矿渣混凝土的区别是细骨料用矿渣砂，还是用普通砂
普通混凝土	22.1	2.55×10^4	
普通混凝土	27.2	2.85×10^4	
矿渣混凝土	26.3	2.70×10^4	
普通混凝土	21.4	2.64×10^4	
全矿混凝土	22.5	2.27×10^4	

由表3可见，全矿渣混凝土或矿渣混凝土的弹性模量均比普通混凝土的低，因此如何提高矿渣或全矿渣混凝土的弹性模量是今后有待进一步研究的课题。

3.2.3　疲劳性能

参照中冶建筑研究总院有限公司的试验方法，疲劳应力比值 $\rho_c^f=\sigma_{c,min}^f/\sigma_{c,max}^f=0.15$（式中 $\sigma_{c,max}^f=0.55f_{cu}$，$f_{cu}$为棱柱体28d抗压强度），经200万次重复加荷后，普通混凝土和矿渣混凝土试件均未破坏，其中普通混凝土重复加荷后的变形 $\varepsilon=0.32410^{-3}$，而矿渣混凝土则为（0.255～0.3325）$\times10^{-3}$，可见矿渣混凝土抗疲劳性能良好。

3.2.4　抗冻性能

普通碎石混凝土和矿渣混凝土的抗冻性对比试验结果见表4。由表4结果可见，空白（不掺木钙）全矿渣混凝土的抗冻性能比普通砂石混凝土差，其中冻融25次强度损失严重。这是因为相同流动性的矿渣混凝土，其水灰比要比普通砂石混凝土大0.081，而混凝土冻融后的强度损失值与水灰比呈线性关系，水灰比越大，强度损失越大。但若掺用木钙减水剂后，全矿渣混凝土抗冻性能与普通砂石混凝土相近。

普通与全矿渣混凝土冻融前后重量与强度变化　　**表4**

试件编号	混凝土配合比（重量比）	水泥用量（kg）	水灰比	木钙掺量（kg/m³）	抗压强度（MPa）	直接冻融25次	
						重量变化（%）	强度变化（%）
213*	1∶1.76∶3.17	370	0.625	—	24.6	−1.71	+12.6
214	1∶1.68∶2.97∶0.27	370	0.548	—	26.3	0	−12.6
215			0.702	—	19.2	0	−24.6
216			0.646	0.748	20.6	0	−18.4
217			0.646	1.48	19.8	0	+3.0
9*	1∶1.79∶3.14	370	0.554	—	298	−1.45	+1.67
10	1∶1.70∶2.84∶0.27	370	0.653	—	247	−2.87	−17.6
11			0.59	1.11	275	−2.14	−8.8
12			0.57	1.48	272	−1.1	−1.6

注：试件编号栏内带“*”者为普通砂石混凝土，其配合比为水泥∶砂∶碎石，余者为全矿渣混凝土，其配合比为水泥∶矿渣砂∶矿渣块∶尾矿粉；水泥为32.5矿渣硅酸盐水泥。

由此可见，全矿渣混凝土掺用木钙减水剂能够改善混凝土的和易性和抗冻性能。减水剂的掺用，可使混凝土水灰比降低、结构密实，从而提高了混凝土的抗冻性能。

3.2.5　收缩值

普通砂浆和矿渣砂浆收缩值的对比试验结果见表5。结果表明，矿渣砂浆早期的收缩值与普通砂浆差别较大，随着龄期的增长，两者的收缩值趋于接近。

普通砂浆和矿渣砂浆收缩值的对比试验结果　　**表5**

砂浆类型	配合比（重量比）	水泥用量（kg/m³）	木钙掺量（kg/m³）	收缩值（mm/m）								试验条件
				7d				28d				
				1	2	3	平均	1	2	3	平均	
普通砂浆	1∶4.28∶0.885	350	—	0.054	0.0535	0	0.0368	0.103	0.111	0.043	0.085	
矿渣砂浆	1∶3.86∶0.945∶0.428		1.40	0.0584	0.027	0	0.0273	0.108	0.097	0.039	0.081	

试验条件 $\phi=50\%\sim70\%$，$t=19\sim26$℃。

注：普通砂浆配合比比值为水泥∶砂∶水，矿渣砂浆则为水泥∶矿砂∶水∶尾矿粉。

3.2.6　钢筋粘结力

普通混凝土与全砂渣混凝土的钢筋粘结力对比试验结果见表6。

由表6可见，全矿渣混凝土的钢筋粘结力（平均为3.93MPa）比普通混凝土高22.04%，粘结系数高0.017，这可能是由于矿渣混凝土收缩值较小，从而有利于钢筋粘结力的提高。

钢筋粘结力对比试验　　**表6**

混凝土坍落度（mm）	配合比（kg/m^3）								$f_{28}/\Delta f$（MPa）	钢筋粘结力 f_1（MPa）		
	水	水泥	砂	碎石	矿渣砂	砂渣块	尾矿粉	木钙		$f_1/\Delta f$	Δf_1（±%）	粘结系数
10	210	320	720	1160					(23.0～33.1)/32.6	(3.25～3.81)/3.22	—	0.099
	237	320			720	1050	100	1.28	(29.7～38.0)/33.9	(3.61～4.52)/3.93	+22.04	0.116

注：水泥为P·O42.5水泥。

4　全矿渣混凝土的应用

自20世纪80年代以来，我们应用矿渣块代替普通碎石作混凝土骨料，除有特殊要求者外，凡C30以下强度等级的混凝土均可用矿渣混凝土，甚至还用矿渣骨料生产规格为3.30×4.68（m）的C30预应力钢筋混凝土住宅楼板。此外，还大量用于预制构件的制作，占预制构件总量的70%，成本降低了39.4%。使用范围包括工业建筑方面的预应力屋架、吊车梁、大型屋面板、空心楼板等；民用建筑方面的平板、空心楼板、过梁；铁道方面的轨枕、平交道板以及其他方面的电杆、路标盘等。混凝土最高强度等级为C40。采用矿渣骨料的混凝土，尽管有的构件在特殊部位使用，条件极其严酷，要经受反复冻融、碳化、温差应力、风荷载作用和地下工业污水的腐蚀，但使用几十年后，于近年大修时，取样分析证明矿渣混凝土具有优良的耐久性。

5　结论

（1）经冻融试验和压蒸处理合格以及结构稳定性良好的高炉重矿渣，可按规定级配曲线要求作为配制普通混凝土和预应力混凝土用的骨料，一般可在C30以下的混凝土中使用。但全矿渣混凝土不宜在冻融交替和干燥环境中使用。

（2）为改善全矿渣混凝土的和易性，需要掺入适量的减水剂和尾矿细粉、粉煤灰之类的掺和细粉。这样的全矿渣混凝土与普通混凝土相比，除静力弹性模量稍低和抗冻性稍差外，其他如抗压强度、砂浆收缩值等项指标均较相近，其中蒸养的全矿渣混凝土和砂浆的抗压强度比普通混凝土和砂浆稍高。对于降低工程造价、开辟石材资源、发展新型建筑材料、降低能源消耗和保护环境等方面具有积极意义，利于营造低碳环保的绿色生态环境。

参 考 文 献

[1] 王异．混凝土手册，第三分册．长春．吉林科学技术出版社，1985.

[2] 张树青，黄士元．我国矿渣粉生产和应用情况．混凝土，2004（4）.

[3] 中国工程院土木水力建筑学部．混凝土结构耐久性设计与施工指南［M］．北京：中国建筑工业出版社，2004.

[4] 混凝土技术新进展 Advances in Concrete Technology.

尾矿砂复配在混凝土生产中的研究及应用

孙明杰[1]，刘志茂[2]，赵荣明[1]

（1. 北京住宅建设设备物资公司，北京 100025；

2. 中建商品混凝土有限公司，武汉 430074）

摘　要　通过对尾矿砂与天然河砂进行合理复配，配制出了工作性、强度和耐久性均满足工程要求的混凝土，有效合理地利用了废矿资源。

关键词　尾矿砂；复配；碳化性能

1　引言

混凝土是当今应用最广、使用量最大的工程结构材料，随着国家建设事业的快速发展，混凝土行业消耗了大量资源和能源，建筑用砂石是混凝土的基本组成材料，也是消耗自然资源最多的材料。机制砂的成功面市能够有效地解决目前砂资源紧缺问题。而尾矿是我国储存量最多的固体废弃物，存放数量惊人。目前全国国有矿山约 1 万座，乡镇集体及个体矿山约 28 万座，共存各类尾矿约 70 亿 t，占用大量土地[1]。以北京周边为例，就有大型铁矿、石灰石矿 7 座，小型矿山几百座，每年新排放尾矿达 400 万 t，已存尾矿约 12.2 亿 t[2]。

这些尾矿一般都堆积在矿山的周围占用土地、破坏土壤、危害生物，污染大气。另外，尾矿维护、管理、运行费用大。因此，合理地利用现有的尾矿资源成为当今社会亟待解决的问题。

2　尾矿砂的特点

2.1　尾矿砂的生产工艺

采矿——废弃岩层剥离（废弃）——破碎——磁选（废弃尾矿石）——磨细——磁选（废弃尾矿砂）——精矿粉。

2.2　尾矿砂的性能

尾矿砂的密度约为 2.66g/cm^3，渗透系数 K 值介于 2.0-8.0×10^{-4}（cm/s），烧矢量为 8.2%。尾矿砂中的粘粒和粉粒比较少，表明颗粒表面活性很低，对外加剂的吸附降低，对比天然砂，混凝土中使用尾矿砂，可以降低外加剂掺量 0.1%～0.3%，尾矿砂的化学成分见表 1。

孙明杰，男，助理工程师，北京住宅建设设备物资公司，E-mail：smj _ 24@163. com

尾矿砂的化学成分 **表 1**

成分	SiO_2	Al_2O_3	Fe_2O_3	MgO	CaO	Cr_2O_3	K_2O	Na_2O
含量（%）	35.36	3.23	14.08	30.37	2.71	0.501	0.261	0.241

表 1 中显示尾矿砂主要化学成分为 SiO_2、Fe_2O_3、MgO，三者总量近 80%，尾矿砂的碱含量很低，避免了混凝土碱骨料反应的危害。

3 试验设计思路

3.1 技术原理

本课题通过对尾矿粗、细砂的合理复配，使得复配尾矿砂达到中砂的性能指标，有效的利用废弃资源，同时尾矿砂的应用可减少外加剂的使用，混凝土性能不变甚至优于天然砂配制的混凝土。

3.2 尾矿粗、细砂复配的技术指标

根据国家标准《建筑用砂》（GB/T 14684—2001）及行业标准《普通混凝土用砂、石质量及检验方法标准》（JGJ 52—2006）中对天然砂和人工砂的性能指标标准，通过试验复配出同时满足Ⅱ区中砂和机制砂标准的复合砂，针对砂子的性能指标与生产厂家沟通，分别生产尾矿粗砂及细砂。

3.3 尾矿粗、细砂复配的混凝土力学性能指标

对尾矿粗细砂复配使用配制的混凝土进行研究，测试其工作性、强度等力学性能。

3.4 尾矿粗、细砂复配的混凝土长期性能及耐久性能指标

选择具有代表性的混凝土配合比，对其混凝土进行长期性能和耐久性能测试，包括碳化性能和抗渗性能。

4 试验原材料及试验内容

4.1 试验用原材料

水泥为 P·O42.5，粉煤灰为Ⅱ级，矿粉比表面积在 460±20m^2/kg 之间，碎石为 5～25mm 连续级配，外加剂选用萘系天宇—311 缓凝减水剂和天宇—115 防冻剂，减水剂减水率为 21%，水为自来水。

砂为主要研究对象，本文中选取了天然砂和尾矿砂作为试验用砂，分别来自三河联名和威克冶金。

4.2 试验内容

4.2.1 尾矿砂复配筛分试验

由表 2 可以看出，尾矿粗砂和尾矿细砂的细度模数μ_x为 3.15 和 1.94，这两种砂分别属于Ⅰ区粗砂和Ⅲ区细砂。而混合砂的μ_x介于两者之间，且随着尾矿细砂比例的增大，逐渐减少。从以上数据可以看出，此类尾矿粗砂与尾矿细砂的混合比例适合在 6∶4、5∶5、4∶6 之间，此时混合砂在Ⅱ区中砂范围内。

不同混合比例的尾矿粗砂与尾矿细砂筛分结果 **表 2**

尾矿粗砂与尾矿细砂的比例	累计筛余（%）						细度模数 μ_x	筛底含量（%）
	5mm	2.5mm	1.25mm	0.63mm	0.315mm	0.16mm		
10∶0	1	29	54	69	80	89	3.15	16.0
9∶1	1	25	50	68	82	92	3.10	13.0
8∶2	2	22	45	61	78	92	2.88	15.2
7∶3	6	28	50	65	77	89	2.91	11.6
6∶4	4	22	40	54	75	92	2.67	14.8
5∶5	5	21	37	50	73	93	2.54	15.0
4∶6	5	20	34	46	72	94	2.45	14.4
3∶7	6	20	32	44	70	94	2.35	14.8
2∶8	19	33	43	52	73	94	2.37	14.6
1∶9	16	29	37	46	69	94	2.20	16.2
0∶10	14	23	29	37	65	94	1.94	16.4

4.2.2 尾矿砂细度模数对混凝土性能的影响

砂的筛分析试验和细度模数可以直观的反映出砂的粗细程度和级配情况。级配良好且细度模数适中的砂不但可以保证混凝土优良的使用性能，而且能够减少胶凝材料及外加剂的用量，减少资源的消耗并且降低混凝土的生产成本。本部分试验通过人工二级配出不同细度模数的尾矿砂，测定尾矿砂细度模数对混凝土使用性能的影响。表 3 为不同细度模数尾矿砂配制的混凝土试验配合比。试验结果见表 4。

不同细度模数尾矿砂混凝土试验配合比 **表 3**

试验编号	水泥（g）	砂率（%）	砂细度模数	矿粉（g）	粉煤灰（g）	外加剂掺量（%）	水（g）
WKS-S1	210	44	3.0	70	90	2.2	180
WKS-S2	210	44	2.8	70	90	2.2	180
WKS-S3	210	44	2.6	70	90	2.2	180
WKS-S4	210	44	2.4	70	90	2.2	180
WKS-S5	210	44	2.1	70	90	2.2	180

不同细度模数尾矿砂混凝土试验结果 **表 4**

试验编号	和易性情况	坍落度（mm）	3d 强度（MPa）	7d 强度（MPa）	28d 强度（MPa）
WKS-S1	流动性差，坍落度损失严重	180	17.6	25.5	44.9
WKS-S2	和易性良好，黏度适当	200	14.4	26.0	41.0
WKS-S3	砂率偏大，流动性较好	215	15.4	26.1	42.0
WKS-S4	流动性差，砂率偏大	190	16.0	27.0	43.6
WKS-S5	流动性差，砂率过大，黏度大	200	15.3	23.0	36.3

砂的细度模数与级配情况主要影响混凝土拌合物的和易性，而对混凝土抗压强度的影响相对较小，从试验过程分析，砂的细度模数过大或过小对混凝土拌合物的和易性均有不利的影响，因此建议尾矿砂的生产过程控制细度模数在2.4～2.8之间，并满足Ⅱ区要求。

4.2.3　复合尾矿砂与天然砂应用混凝土中的力学性能对比试验

由于尾矿粗砂与细砂分别单独使用均不能满足混凝土的性能要求，因此我们将其在搅拌站内按照一定的比例进行混合，以达到Ⅱ区中砂的标准。由前面介绍知道，尾矿粗砂的细度模数在3.2～3.6之间，细砂的细度模数一般在1.7～2.2之间，因此尾矿粗砂与细砂的复配比例适合控制在6∶4～4∶6之间。

按照试验原则方法共分成三个系列，分别以尾矿粗、细砂复配作为细骨料（试配编号为W）、天然砂、尾矿粗砂复配作为细骨料（试验编号为TW）、天然砂作为细骨料（试验编号为T）进行对比试验，配合比如表5、表6和表7，混凝土强度如图1、图2和图3。

尾矿粗、细砂混凝土配合比　　**表5**

试配编号	强度等级	水 (kg/m³)	水泥 (kg/m³)	矿粉 (kg/m³)	粉煤灰 (kg/m³)	混合砂 (kg/m³)	石 (kg/m³)	外加剂 (kg/m³)
W-1	C20	180	170	70	70	888	1002	6.51
W-2	C30	175	230	70	70	816	1039	8.14
W-3	C40	170	290	70	70	738	1062	10.32
W-4	C50	165	330	100	70	700	1050	13.00
W-5	C60	160	360	130	60	642	1093	15.4

天然砂、尾矿粗砂混凝土配合比　　**表6**

试配编号	强度等级	水 (kg/m³)	水泥 (kg/m³)	矿粉 (kg/m³)	粉煤灰 (kg/m³)	混合砂 (kg/m³)	石 (kg/m³)	外加剂 (kg/m³)
WT-1	C20	180	170	70	70	926	963	6.5
WT-2	C30	175	230	70	70	853	1001	8.1
WT-3	C40	170	290	70	70	774	1026	10.3
WT-4	C50	165	330	100	70	735	1015	13.0
WT-5	C60	160	360	130	60	677	1058	15.4

天然砂混凝土配合比　　**表7**

试配编号	强度等级	水 (kg/m³)	水泥 (kg/m³)	矿粉 (kg/m³)	粉煤灰 (kg/m³)	混合砂 (kg/m³)	石 (kg/m³)	外加剂 (kg/m³)
T-1	C20	180	170	70	70	963	926	6.5
T-2	C30	175	230	70	70	890	965	8.14
T-3	C40	170	290	70	70	810	990	10.3
T-4	C50	165	330	100	70	770	980	13.0
T-5	C60	160	360	130	60	711	1024	15.4

从试验结果，我们可以看出：三种骨料所配制的混凝土，在水灰比及外加剂掺量相同的情况下，用尾矿粗细砂配制的混凝土无论在早期强度和后期强度都高于其他两组混凝土强度。这说明用尾矿砂配制的混凝土的密实性有所增加，这有利于降低混凝土的成本及提高混凝土的耐久性能。

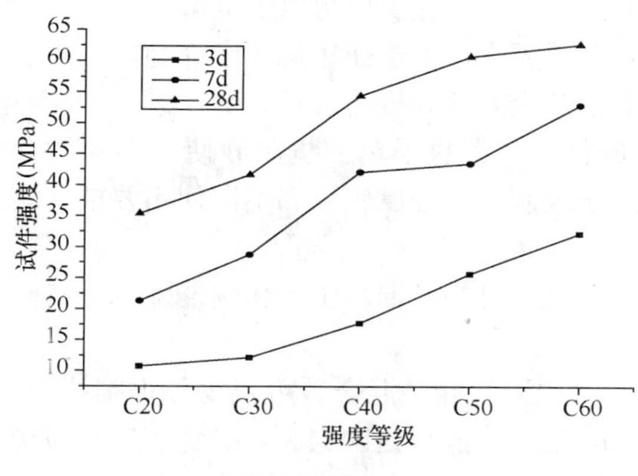

图 1　尾矿粗细砂混合混凝土强度

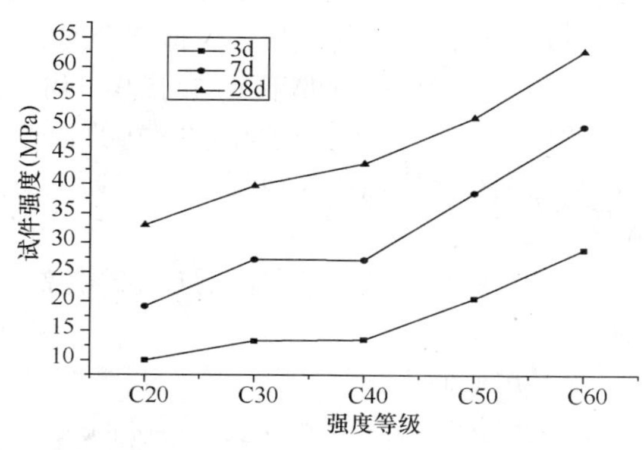

图 2　天然中砂与尾矿粗砂混合混凝土强度

4.2.4　复合尾矿砂在混凝土中的耐久性能试验

（1）抗渗性能试验

混凝土试件在标养室养护 28d 后，试验从水压为 0.2MPa 开始，以后每隔 8h 增加水压 0.1MPa，并且要随时注意观察试件端面的渗水情况。一直加压到 2.0MPa，观察试件端面是否渗水，如不渗，则测量渗水高度，每组试件 6 块。

试验结果表明，由于二次级配的尾矿砂颗粒级配较好，配制的各强度等级的混凝土均可以达到 P16 的抗渗要求。

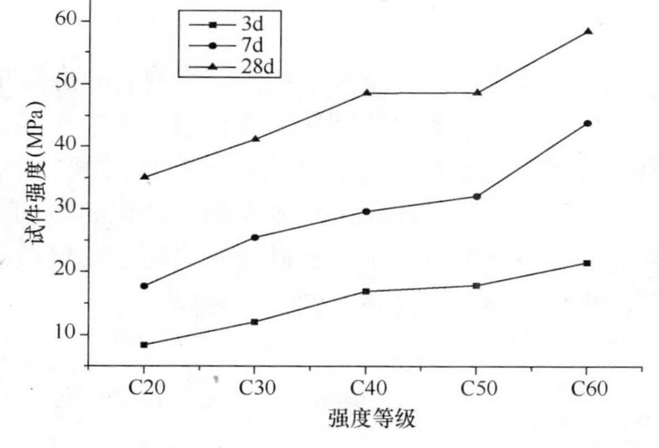

图 3　天然中砂配制的不同等级混凝土强度

（2）碳化性能试验

混凝土抗碳化性能试验，采用室内快速碳化试验，按照国标《普通混凝土力学性能和耐久性能试验方法》（GB/T 50082—2009），CO_2 浓度保持在 20%±3%，测试标养 28d 的混凝土立方体（100mm）试件在此浓度下 28d 的碳化深度。试验结果见表 8。

碳化性能试验结果　　**表 8**

试验编号	强度等级	细骨料种类	不同龄期碳化深度（mm）			
			3d	7d	14d	28d
W-2	C30	尾矿粗细砂	3.8	4.6	6.2	7.0
WT-2	C30	尾矿粗＋天然砂	4.5	5.2	6.5	9.2
T-2	C30	天然砂	5.0	5.9	7.8	9.1

5　工程应用及效益分析

试验结束后，我司先后组织了由尾矿粗砂和细砂复配而成的混凝土 20 万 m^3 左右，应用效果良好。通过尾矿砂复配在混凝土中的研究及应用，主要取得以下成果：

（1）符合国家节能减排和可持续发展的产业政策要求，大量使用尾矿废弃物，解决了用于混凝土中天然砂资源不足的问题，具有显著的社会效益和经济效益。

（2）经过尾矿粗、细砂在搅拌站的合理复配使用，解决了单一机制砂使用存在的缺陷，可完全替代天然砂在混凝土中的应用，适用于配制各种强度等级和不同使用要求的混凝土。

（3）尾矿粗、细砂的复配通过生产控制，质量稳定可靠。混凝土工作性能优于天然砂配制的混凝土。

（4）尾矿砂表面洁净，无含泥，级配稳定。对比天然砂、混合砂可减少外加剂掺量，降低水泥用量。每立方米混凝土可降低成本5～10元，且能享受国家废弃矿物利用的减免税收的优惠政策，效益显著。

（5）尾矿粗、细砂的生产是铁矿和铁粉磁选过程中的附带产品，不需要大量的设备投入和能源耗用，成本低廉，并有持续可靠的资源保证。

（6）对改善混凝土用砂质量，推动混凝土行业大量使用尾矿砂具有示范作用。

6 结论

尾矿是我国储存量最多的固体废弃物，存放数量惊人。合理地利用现有的尾矿资源成为当今社会亟待解决的问题。本试验主要通过尾矿粗细砂复配的性能指标及在混凝土中应用的力学性能及耐久性能分析，并在此过程中，不断将试验结果应用于混凝土生产实际中，将利于环保和体现经济效益的尾矿粗砂与细砂进行复配，在生产中实现了尾矿砂全部替代天然砂，既解决了天然砂资源紧张、质量波动大的问题，也响应了环保利废的政策号召，产生了很大的经济效益。

参 考 文 献

[1] 王凤江，张作维．尾矿砂的堆存特征及其抗剪强度特性［J］．岩土工程技术，2003（4）．

[2] 徐进．尾矿料物理力学性质试验研究及尾矿坝动力稳定性分析［D］．中南大学，2007.

粉磨工艺处理高岭土在砂浆中的试验研究

梅　群，赵日煦，杨　文，吴　雄，代瑞平

（中建商品混凝土有限公司，武汉 430074）

摘　要　通过将高岭土直接与矿粉复合及将高岭土与矿渣按比例先复合再粉磨后在砂浆中应用试验的对比研究，结果表明，采用高岭土直接与矿粉复合后对净浆流动度虽有提高作用，但对砂浆抗压强度并无增强作用；采用高岭土与矿渣先复合再粉磨的工艺处理后，在不明显降低净浆流动度的前提下，高岭土占复合体系（高岭土和矿渣）质量的5%时，对砂浆28d抗压强度有增强作用。

关键词　高岭土；粉磨；净浆流动度；胶砂强度

1　引言

高岭土[1]是一种以高岭石族矿物为主要成分、质地纯净的细粒黏土。其原矿外观呈白、浅灰等色，含杂质时呈黄、灰或玫瑰等色；致密块状或疏松土状，质软，有滑腻感。相对密度为2.4～2.6；耐火度高，可达1700～1790℃；可塑性低，粘结性小，具有良好的绝缘性和化学稳定性。纯净的高岭土煅烧后颜色洁白，白度可达80%～90%。

高岭土在国民经济和日常生活中的应用特别广泛，现在已被广泛应用于油漆、涂料、造纸、橡胶、塑料、电缆、陶瓷、搪瓷、耐火材料、汽车、化学、环保、农业等很多领域。高岭土可增大材料的体积、提高塑料的绝缘强度、电阻，增强对红外线阻隔效果等。高岭土作为化工添加材料，可显著提高产品的档次，增加产品的附加值[2]。

高岭土在水泥混凝土领域中的应用研究并不鲜见[2,3]，主要是将高岭土通过煅烧脱水成高活性的偏高岭土作为混凝土的矿物掺合料，多项研究表明，偏高岭土对水泥胶砂及混凝土的强度增强作用明显。但是高岭土高温煅烧成偏高岭土需要消耗大量的能源，如能将一定细度的高岭土直接应用于水泥砂浆和混凝土中，可以降低能源的消耗，具有更为显著的现实意义。

本试验以两种不同的掺入方式，分别研究了高岭土对净浆流动度和胶砂强度的影响规律，为高岭土在混凝土中的应用提供了依据。

2　主要原材料

（1）水泥：亚东P·O42.5水泥，其主要性能指标检测情况如表1。

梅群（1983—），男，助理工程师，主要从事预拌混凝土与砂浆方面的研究，E-mail：hmily48645@yahoo.cn

水泥主要性能指标　　表 1

标准稠度用水量（mL）	细度（%）	抗折强度（MPa）		抗压强度（MPa）		安定性
		3d	28d	3d	28d	
132	3.6	5.4	8.2	25.7	48.2	合格

（2）矿粉：S95 矿粉，比表面积 $420m^2/kg$。

（3）矿渣：武钢矿渣。

（4）高岭土：安徽某厂提供，白色粉状，比表面积 $6180cm^2/g$。

（5）砂：标准砂。

3　试验结果与分析

试验过程通过两种工艺对比研究：工艺 1：将高岭土样品直接与矿粉以不同比例复合，考察水泥、复合粉体系的净浆流动度、胶砂强度；工艺 2：将高岭土与矿渣以不同比例复合后粉磨 1h，考察水泥、复合粉体系的净浆流动度、胶砂强度。

3.1　净浆流动度试验

考虑到高岭土的掺入对拌合物流动性的影响，进行了掺加高岭土的水泥净浆流动度试验。试验按照《水泥与减水剂相容性试验方法》（JC 1083—2008）标准进行，材料用量如表 2。

净浆流动度试验胶凝材料用量　　表 2

水泥（g）	复合体系		
	矿粉（矿渣）（g）	高岭土（g）	高岭土替代矿粉（矿渣）掺量（%）
210	0	0	0
210	4.5	85.5	5
210	9	81	10
210	13.5	76.5	15

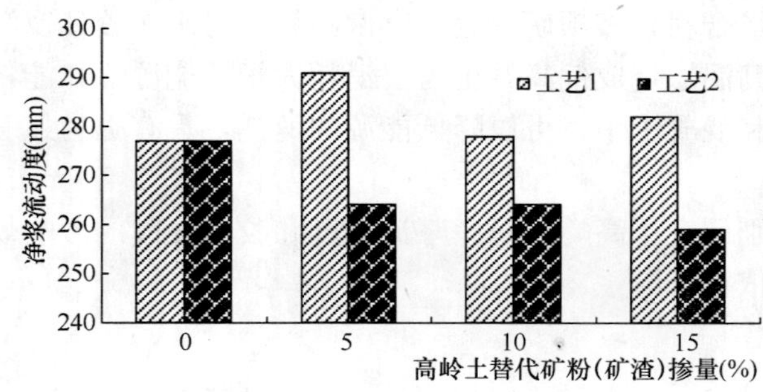

图 1　两种不同工艺的水泥净浆流动度

如图 1，为两种不同工艺的水泥净浆流动度的比较，以高岭土替代矿粉（矿渣）掺量 0% 为基准组。从试验结果可以看出，采用将高岭土与矿粉复合直接掺入后，水泥净浆流动度随着高岭土替代矿粉的比例增加而呈现增大的趋势，当替代矿粉质量为 5%时，净浆流动度最大，达 291mm，虽然随着替代量的增大其净浆流动度有所减小，但均高于基准组。

采用将高岭土与矿渣先复合再粉磨的工艺处理后，随着高岭土替代矿渣掺量的增加，水泥净浆流动度呈现减小的趋势，当替代矿渣 5%、10%时，净浆流动度较基准组下降了 13mm。

从试验结果还可以看出，随着高岭土替代矿粉（矿渣）掺量的增大，采用工艺 2 的水泥净浆流动度较工艺 1 均有所减小。

3.2 胶砂强度试验

考虑到高岭土的掺入对混凝土是否存在明显的增强作用，进行了胶砂强度试验进行考察。试验按照《用于水泥和粉煤灰中的粒化高炉矿渣粉》（GB/T 48046—2008）标准进行。

如图 2，为两种不同工艺的 28d 胶砂抗压强度的比较。从试验结果可以看出，将高岭土与矿粉复合直接掺入后，28d 胶砂抗压强度随着高岭土替代矿粉掺量的提高逐渐降低，当掺量为 15%时，28d 胶砂抗压强度已由基准组的 55.5MPa 下降到 48.5MPa。

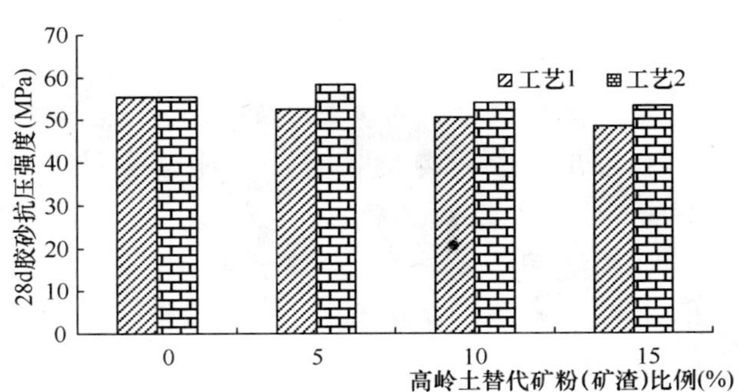

图 2 两种不同工艺的 28d 胶砂抗压强度

采用将高岭土与矿渣先复合后粉磨工艺处理后，28d 胶砂抗压强度随着高岭土的掺量增加呈现增大的趋势，其中，高岭土替代矿渣质量 5%时的 28d 胶砂抗压强度最高，为 58.4MPa。具有较好的增强作用。

从试验结果还可以看出，随着高岭土替代矿粉（矿渣）掺量的增大，采用工艺 2 的胶砂强度较工艺 1 均有所提高。工艺 2 对砂浆的增强作用表现比较明显。这可能是由于经过粉磨工艺处理后，高岭土均匀分布于胶凝体系，本身潜在的火山灰效应在经过粉磨后更易于与水泥水化产物 C-H 和水反应后生成水化产物，主要是 C-S-H 凝胶，以及水化铝酸钙和水化硫铝酸钙。同时，经过粉磨处理后的高岭土具有很好的微粉填充效应，能够改善砂浆的孔结构和界面结构。因此，砂浆强度得以提高。同众多偏高岭土在混凝土中的研究成果规律类似，高岭土在砂浆中也存在一个最佳掺量，在本试验研究中的最佳掺量为替代矿渣质量的 5%。

4 结论

（1）直接将高岭土掺入胶凝材料体系中，尽管可以增加流动性，但对强度却有降低的影响。

（2）采用将高岭土与矿渣按比例复合后再粉磨的工艺手段，在矿渣粉磨成矿粉的过程中，不仅提高了矿粉的质量水平，同时也起到了对砂浆强度的增强效果。

（3）将高岭土直接应用于混凝土还有待进一步的试验研究。

参 考 文 献

[1] 程宏飞，刘钦甫等．我国高岭土的研究进展［J］．化工矿产地质，2008，30（2）：125-128.

[2] 高安平．高岭土在建筑材料领域的应用及其研究进展［J］．建筑科学，2006（17）．

[3] 施惠生，袁玲．高岭土应用研究的新进展［J］．中国非金属矿工业导刊，2002（6）：11-16.

利用搅拌站废料浆配制混凝土的性能研究

黄文君，李章建，张毅科，李云明
（云南建工混凝土有限公司，昆明 650011）

摘　要　对搅拌站废弃料浆进行了物理化学试验研究，并将其掺入混凝土中，优化配方，对其配制的混凝土进行工作性、力学性能等研究，并进行工程应用试验。实验表明，搅拌站废料浆可以用于配制混凝土，可配制出 C10～C50 等级的混凝土。

关键词　废料浆；混凝土；试验研究

1　引言

商品混凝土具有技术质量和环保的优势，在全国大中城市得到了广泛的推广应用。据不完全统计，昆明市 2009 年生产商品混凝土超过 1000 万 m^3。但是，水泥混凝土搅拌站在生产商品混凝土的过程中，产生了废弃的混凝土以及清洗搅拌机和运输车的废水。为减少废物排放对环境的影响，混凝土企业通常安装混凝土分离回收设备，对废弃的混凝土冲洗后分离出砂石料回收利用，然而废弃的料浆则是沉淀后有待处理。据云南建工混凝土有限公司统计，一个年生产能力为 10 万 m^3 的混凝土搅拌站，仅清洗混凝土搅拌运输设备（60 车次）所形成的浆水每天高达 20～40m^3，其中每清洗一辆混凝土运输车，平均需要 0.76～1.1m^3 的水，由于清洗后的废水里含有胶凝材料强碱性物质，pH 值高达 12～14，且不溶物含量约为 3000～5000mg/L。国内已有研究将搅拌站废料浆回收利用生产混凝土的报道，由于混凝土材料的地域性和生产企业的特点各不相同，研究成果并不能简单地直接引用。本文对云南建工混凝土有限公司混凝土生产过程中产生的废料浆进行了物理力学性能分析，研究了利用废料浆配制混凝土的工作性能和抗压强度，并开展了工程应用。

2　原材料及试验方法

2.1　原材料

水泥：云南东骏 P·O42.5 水泥，主要物理化学、力学指标见表 1。

水泥技术指标　　**表 1**

80μm 筛余（%）	比表面积（m^2/kg）	安定性试饼法	三氧化硫（%）	氧化镁（%）	凝结时间 h：min		烧矢量（%）	混合材掺入量（%）	抗折强度（MPa）		抗压强度（MPa）	
					初凝	终凝			3d	28d	3d	28d
0.6	330	合格	2.40	1.68	2：40	4：16	2.13	9.58	4.8	9.0	24.3	55.3

黄文君（1982—），女，工程师，昆明理工大学在读硕士。

矿渣粉：云南昆钢嘉华 S75 矿渣粉；

粉煤灰：昆明电厂Ⅱ级粉煤灰，需水量比 101%，45μm 筛余 28%；

砂、石：云南建工砂石料厂，人工砂，5～31.5mm 连续级配人工碎石；

外加剂：云南建工 JG-3 型萘系复合外加剂，含固量为 29.5%，减水率 15%。

2.2 试验方法及配比

下面的实验，密度测定根据《水泥密度测定方法》（GB/T 2008—1994）进行，细度测定根据《水泥细度检验方法》（GB/T 1345—2005）进行，净浆流动度根据《混凝土外加剂匀质性试验方法》（GB/T 8077—2000）进行，比表面积测定根据《水泥比表面积测定方法（勃氏法）》（GB/T 8074—2008）进行，废料浆的密度和含固量实验是采用《混凝土外加剂匀质性试验方法》（GB/T 8077—2000）中的试验方法进行，亚甲蓝实验是根据《普通混凝土用砂、石质量及检验方法标准》（JGJ 52—2006）进行，具体性能指标见表 2。

混凝土试配按表 2 的配合比进行，废料浆的掺入量分别为 0～25 kg/m³（25%含固量）和 0～20 kg/m³（35%含固量），保持水胶比不变。扩展度是测试混凝土拌合物坍落度后摊开的直径平均值，测试了混凝土新拌以及 30min、60min 和 90min 后的坍落度和扩展度。混凝土取样制作、养护和抗压强度检测等按照《普通混凝土力学性能试验方法标准》（GB/T 50081—2002）进行。

试验配合比 **表 2**

强度等级	水胶比	胶材（kg/m³）	水（kg/m³）	水泥（kg/m³）	粉煤灰掺量（%）	矿渣粉掺量（%）	外加剂掺量（%）
C10	0.84	236	198	118	40	10	1.4
C20	0.58	333	193	200	30	10	1.6
C30	0.47	408	190	265	25	10	1.8
C40	0.40	463	187	324	20	10	2.1
C50	0.35	514	182	386	15	10	2.4

2.3 混凝土废料浆的试验分析

使用 5L 的容量桶，分三次取样（三次取样从废料池中取出，浓度与平时清洗车时所排出的废料浆浓度接近），称重，测其密度，烘干并称其干料重量。其试验结果如下：

测定 25%含固的废料浆密度大约在（1165±5)g/L 之间，35%含固的废料浆密度在(1250±5)g/L，取样待用。

干粉系列试验结果见表 3。

废料浆干粉实验结果 **表 3**

密度（g/mL）	比表面积（m²/kg）	细度（%）	亚甲蓝实验 MB 值	废料浆掺量（%）	水泥掺量（%）	水胶比	外加剂掺量（%）	净浆流动度（mm）	
								0min	30min
2.2	670.9	44.5	1.0	15	85	0.35	1.6	260	240

废料浆的亚甲蓝试验结果，MB=1.0，证明废料浆是以石粉含量为主的。

3 试验结果及分析

3.1 含固量 25% 的废料浆配制 C30 混凝土

表 4 列出了用 25% 含固量废料浆配制的 C30 混凝土工作性能情况。随着废料浆从 0kg/m^3 增加到 25 kg/m^3，初始坍落度在（180±20)mm，可以认为废料浆对混凝土的坍落度没有明显的影响。然而，当废料浆从 0kg/m^3 增加到 15kg/m^3，初始扩展度下降明显，从 450mm 可以减小到 305mm，表明废料浆的掺量增加主要影响的是扩展度。可是，当废料浆增加到 25 kg/m^3 时，坍落度和扩展度和基准混凝土基本一致，而且和易性较好，表明废料浆掺量的进一步增加，可能并不降低混凝土拌合物的工作性，这可能是料浆增加到一定程度时，对混凝土工作性的改善得到明显体现。同样，经时损失的坍落度和扩展度和初始的损失规律基本一致，说明 C30 等级混凝土掺入 25kg25%含固的废料浆对混凝土工作性基本无影响。混凝土工作性损失，如图 1 所示。

C30 混凝土 25%含固料浆试验 **表 4**

编号	外加剂种类（%）	外加剂掺量（%）	掺入料浆量（kg）	坍落度（mm）	扩展度（mm）	和易性	30min/mm		60min/mm		90min/mm		120min/mm	
							坍落度损失	扩展度	坍落度损失	扩展度	坍落度损失	扩展度	坍落度损失	扩展度
V30-1	JG-3	2.00	0	180	450	轻微离析	170	450	190	365	185	375	200	410
V30-2			5	175	360	良好	150	320	145	300	120	280	100	220
V30-3			10	170	340	良好	170	310	150	320	150	200	135	150
V30-4			15	185	305	良好	170	280	155	260	140	240	130	200
V30-5			20	200	380	良好	175	310	160	275	120	260	110	190
V30-6			25	190	450	良好	180	420	170	400	165	380	160	370

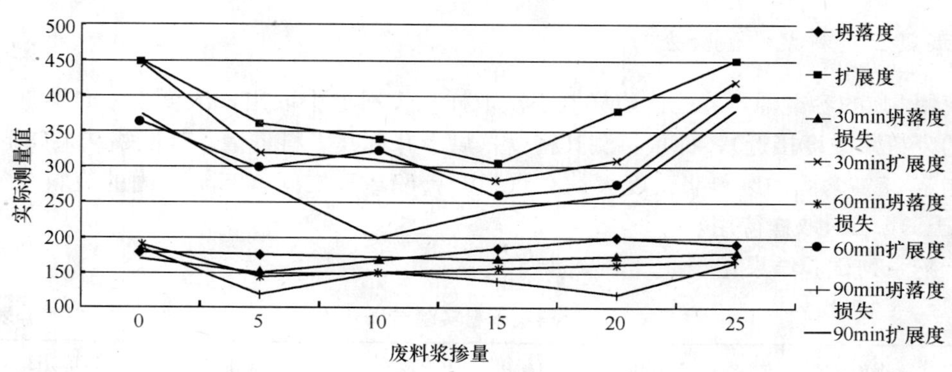

图 1 混凝土工作性损失

3.2 含固量 35% 的废料浆配制 C30 混凝土

掺入 35%含固量的料浆，共试配 6 盘混凝土，试配情况如图 2 所示。

由图 2 可以看出，随着废料浆从 $0kg/m^3$ 增加到 $25kg/m^3$，同样初始坍落度在 180±20mm，可以认为废料浆对混凝土的坍落度没有明显的影响。然而，当废料浆从 $0kg/m^3$ 增加到 $5kg/m^3$，初始扩展度有所增加，但当废料浆从 $5kg/m^3$ 增加到 $25kg/m^3$，扩展度下降明显，从 510mm 减小到 340mm，显示废料浆的掺量增加主要影响的是扩展度。说明 C30 等级混凝土掺入 25kg35%含固量废料浆对混凝土工作性影响不大。

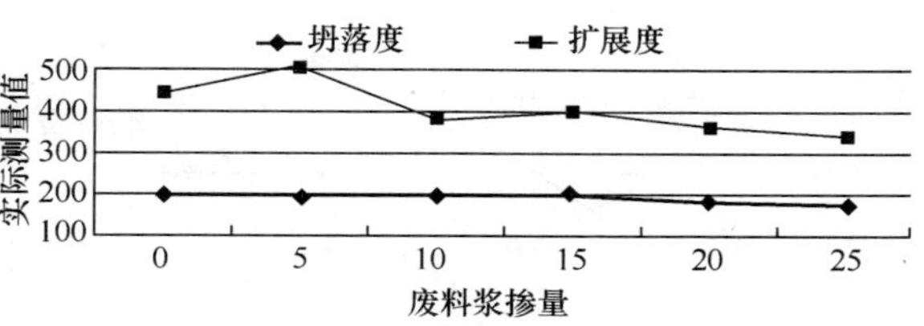

图 2 C30 混凝土 35%含固量料浆的工作性

对两次试配的混凝土进行总体比较，除了少量的试验误差外，比较容易发现，一般掺入 25%含固量料浆在 25kg 的时候，混凝土的工作性最好，混凝土的坍落度损失也不大，之前的差异性不太明显；35%含固料浆量在 15kg 的时候，混凝土的工作性最好，混凝土的坍落度损失也不大，之前的差异性不太明显，之后的坍落度随料浆的增加而变差。坍落度的延时损失方面，随着料浆的加入及料浆量的增加，坍落度延时损失越来越大，越来越明显。通过计算可知，二者带入的料浆干粉量差异不大，即 C30 混凝土加入 5～7kg 料浆干粉对混凝土工作性影响最小。

下面是两次试配的混凝土强度分析图，如图 3、图 4 所示。

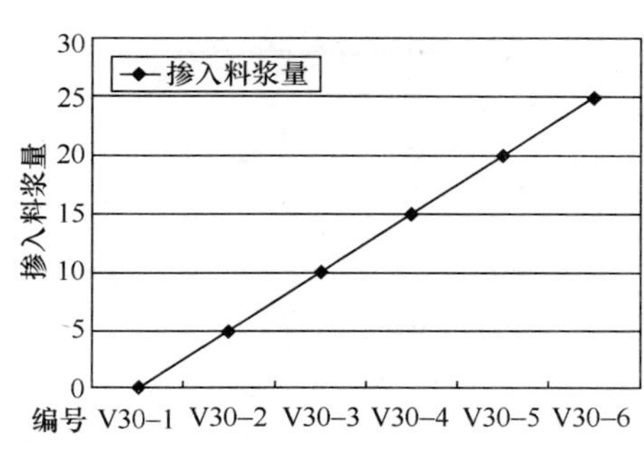

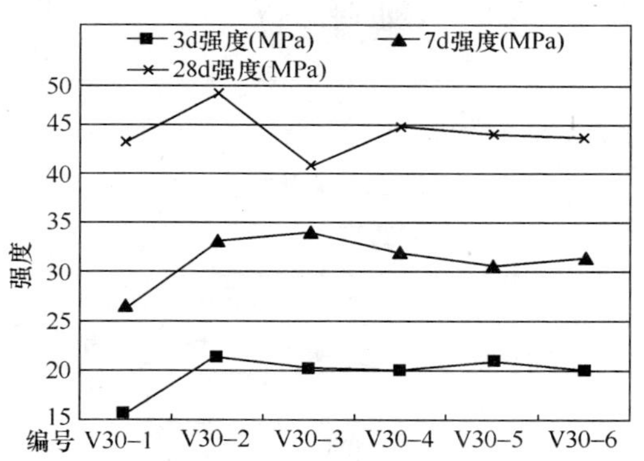

图 3 C30 混凝土 25%含固料浆掺量及强度

分析上图，3d 强度均在 15MPa 以上，7d 强度均在 26MPa 以上，含固量为 25%的混凝土强度普遍高于含固量为 35%的混凝土，随着料浆量的增加对早期强度的影响并不明显。28d 强度，掺入料浆后，无论掺量及稠度，对 28d 强度影响极小。两次试配都有一个共同的特点，即加入料浆的混凝土强度都高于基准配方拌制的混凝土强度，并且强度有随料浆掺量增加而升高趋势。

总的来看，随着料浆的增加，混凝土的早期强度及 28d 强度影响极小，甚至有所增加，和易性也有明显的改善，粘聚性更好，但坍落度变小，且损失大。

分析导致此种结果的原因是：①料浆中的粉末增加了混凝土中各种材料的总比表面

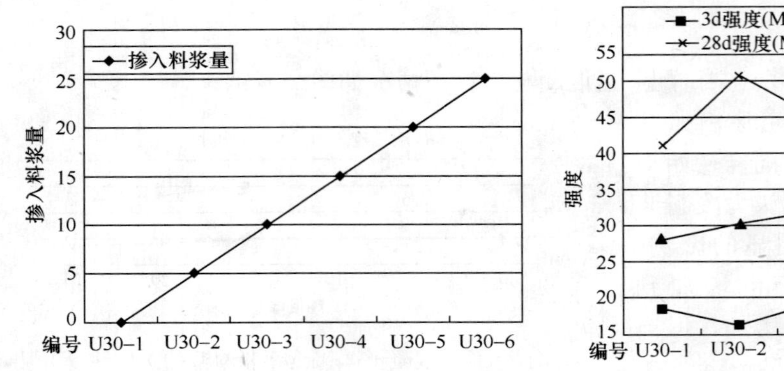

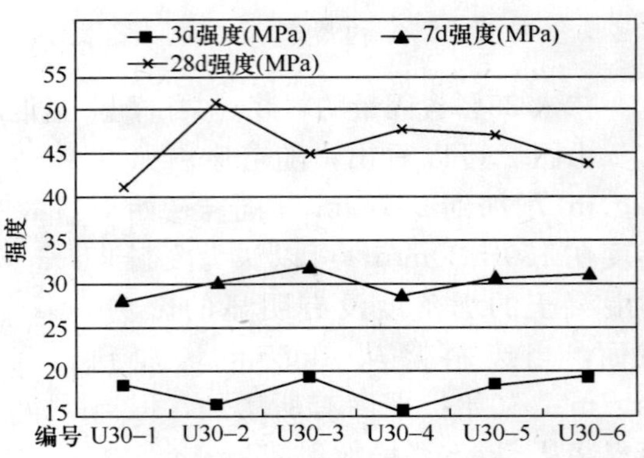

图 4　C30 混凝土 35%含固料浆掺量及强度

积，导致用水量的增大；②料浆中含有水泥、粉煤灰、矿渣粉等未水化完的活性成分，对混凝土的强度有增加。

3.3　固含量 35%的废料浆配制 C10～C50 五个等级的混凝土

本次试配将料浆掺入 C10～C50 等级混凝土进行试配。每方混凝土中掺入 15kg 料浆，同时考虑生产废料浆每天的排放量及用水量计算，每天可用的料浆稠度小于 35%，为了在今后生产中更有利于保证质量，这次试配料浆固含量取上限 35%。

在以前试配的基础上进行废料浆的二次试配，试配对 C10、C20、C30、C40、C50 五个等级的混凝土基准配方及外掺料浆 15kg 固含量 35%的混凝土做对比。新拌混凝土工作性能对比，见图 5；混凝土强度对比，见图 6。

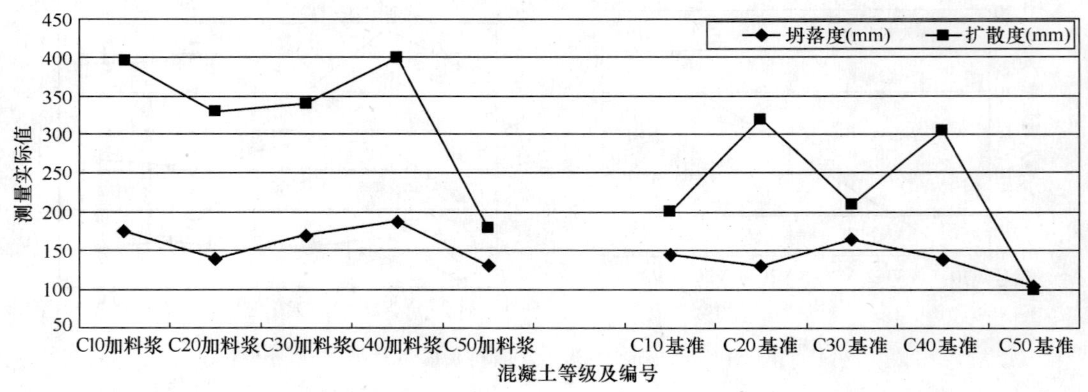

图 5　新拌混凝土工作性能对比图

从上图来看，掺入料浆后都对坍落度产生不同程度的影响，除 C20 外，可以看出等级越低影响越大；从和易性看，黏聚性更好，但坍落度变小，且损失大。

加入料浆后，混凝土粉末含量增大，比表面积增大，增加了混凝土的需水量，从而对坍落度及扩散度产生影响。从早期强度及和易性来看，由于外加剂与水泥适应性不好，坍落度无论加入料浆配方还是基准配方总体太小，虽然加入料浆的混凝土和易性较基准的小，但强度较为理想。只要外加剂与水泥的适应性足够好的话，拌制的混凝土就能满足施

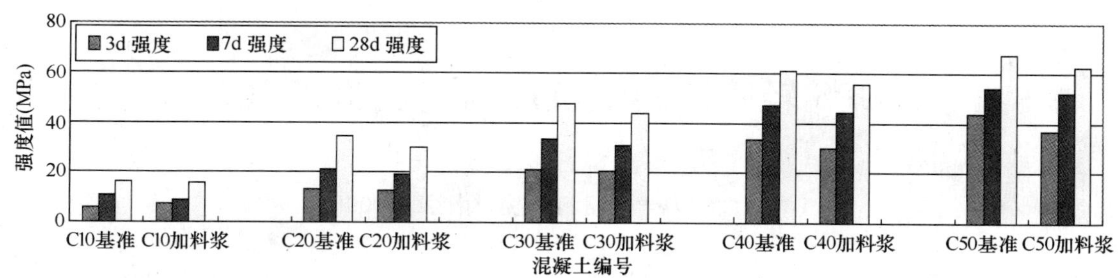

图 6 混凝土强度对比图

工性能。从 28d 强度方面来看，前三次试配的配方相同，强度变化不大，基本上在±2MPa之间变化，最后一次的是基准配方，强度基本上与掺废料浆的持平或稍微高一点。

4 工程应用

试配 C30 混凝土，工程试用了 60m^3 混凝土，试配方法是用固含量 35%的泥浆以每方混凝土 10kg 的量搅拌，到工地后混凝土工作性良好；28d 后到工地跟踪察看，所浇混凝土结构良好。同时对强度进行试压，每方加入 10kg 湿料浆对强度无影响，和易性也和基准配方差异不大，加湿料浆的混凝土比基准混凝土强度稍好些。

由以上分析得出初步结论：废料浆配制混凝土，加入废料浆固含量可控制在 30%±5%范围内，由早期强度及和易性、混凝土坍落度损失，可比较得出废料浆掺量在每方混凝土 10～15kg 时混凝土的综合性能最好。

同时对如何使用料浆的建议如下：进入搅拌池地浆水为了防止沉淀凝固，需要通过一内置搅拌器的作用，搅拌器的工作为间歇式，方便浆水充分澄清过滤进入澄清池，达到浆水分离的目的。分离出的料浆在连续的搅拌器的作用下，再通过高压污水泵输送到搅拌楼中待计量再利用。还应注意料浆在输送管道中沉淀导致堵塞以至影响生产。

5 结论

通过试配和模拟生产结果分析，搅拌站废料浆可应用于混凝土中，应用等级为C10～C50。

（1）料浆掺入混凝土后，对混凝土的工作性和强度有一定的影响，但可以采取一些有效措施来控制混凝土的生产质量。

（2）在实际生产应用中，由于料浆较易沉淀，必须保证料浆的均匀性，料浆的固含量在 30%±5%范围内，且每方混凝土掺入料浆量为 10～15kg。在此范围内，混凝土各方面性能影响较小，不会降低强度，若超出 15kg，则不利于混凝土的质量控制。

（3）混凝土坍落度及保塑性。根据生产情况，适当提高外加剂掺量以改善混凝土的出厂坍落度和坍落度的经时损失，其凝结时间与不掺料浆的混凝土差异不大，强度也无较大波动。

EPS 轻质混凝土抗压强度试验研究

徐　怡，蒋林华，李　洋
（河海大学力学与材料学院，南京 210098）

摘　要　本文采用正交设计试验方法，研究水泥用量、水灰比、EPS 掺量等因素对 EPS 轻质混凝土 7d、28d 抗压强度及体积密度的影响，并利用 SPSS 统计分析软件对试验结果进行方差分析和多元线性分析，得出 EPS 轻质混凝土抗压强度和体积密度的回归关系式。

关键词　EPS 轻质混凝土；抗压强度；正交设计；线性回归

1　引言

建筑节能是关乎人类社会可持续发展的重大战略举措。为保护土地资源，改善生存环境，世界各国都在研制节能建筑新材料，其中，发泡聚苯乙烯（EPS）颗粒具有质轻、吸水率低、韧性高、保温性能好等优点，是一种理想的保温隔热材料，用做骨料制作轻质混凝土具有显著的经济效益、社会效益和环境效益。目前，EPS 轻质混凝土在国外应用取得了很大的成功[1-3]，但是我国在这方面技术尚不够成熟，限制了其推广应用。

本文采用正交试验设计方法深入研究 EPS 轻质混凝土中水泥用量、EPS 颗粒掺量及水灰比等参数，利用多元线性回归分析，建立混凝土抗压强度、密度与水泥用量、EPS 掺量、水灰比的线性关系式，从而为 EPS 轻质混凝土在我国的应用提供理论依据。

2　试验

2.1　原材料

（1）水泥：海螺牌 P·O 42.5 级普通硅酸盐水泥，其 28d 抗压强度为 43.2MPa。

（2）骨料：细骨料采用河砂，细度模数 2.2，级配符合标准要求，表观密度 2632kg/m^3。粗骨料采用碎石，其粒径分布范围为 5～10mm。

（3）EPS 颗粒：采用圆球形 EPS 颗粒，粒径 3mm，表观密度 48.9kg/m^3，颗粒堆积体的密度 31.2kg/m^3。

2.2　试件成型

采用类似“裹砂”工艺的预拌方法拌制 EPS 混凝土[4]。首先将 EPS 颗粒与 30％的水

徐怡（1980—），女，江苏南通人，河海大学力学与材料学院，讲师，博士研究生，南京市西康路一号（210098），E-mail：xuyihhu@163.com

基金项目：南京市墙体材料革新与建筑节能管理办公室计划项目（宁墙办［2007］036 号）资助

预湿搅拌1min，随后依次加入水泥、砂、碎石搅拌1min，最后加入剩余的水搅拌，直至均匀。将搅拌好的EPS混凝土拌合物装入试模后加压振动成型，为避免EPS颗粒上浮，需严格控制振动时间和频率。

3 正交试验设计

3.1 选择因素水平

轻质混凝土的体积密度和导热系数密切相关，一般来说，体积密度越小，导热系数越低，但是体积密度越小，混凝土强度也越低，两者存在一定的矛盾[5]。因此，以EPS轻质混凝土的抗压强度和体积密度为考核指标，研究各因素对抗压强度和体积密度的影响规律。

本次正交试验考察水泥用量、水灰比和EPS掺量三个因素，每因素取三个水平，其因素水平详见表1。

因素水平情况 **表1**

因素 / 水平	水泥用量 A（kg/m^3）	水灰比 B	EPS掺量 C（%）（体积比）
1	400	0.45	15
2	450	0.50	20
3	500	0.55	25

3.2 正交试验结果与极差分析

试验采用“正交设计助手”软件进行正交设计，试验结果见表2。极差计算结果见表3、表4。

L_9（3^4）正交试验结果 **表2**

编号	水泥用量 A	水灰比 B	EPS掺量 C	空列 D	抗压强度 f		干体积密度 ρ	
					7d	28d	7d	28d
1	A1	B1	C1	D1	15.22	20.77	2050	2060
2	A1	B2	C2	D2	11.15	14.79	1880	1890
3	A1	B3	C3	D3	8.17	11.22	1730	1720
4	A2	B1	C2	D3	13.02	17.86	1880	1880
5	A2	B2	C3	D1	7.31	7.85	1650	1800
6	A2	B3	C1	D2	10.33	15.68	1910	1930
7	A3	B1	C3	D2	10.48	13.52	1730	1730
8	A3	B2	C1	D3	13.21	18.56	1960	1950
9	A3	B3	C2	D1	8.91	12.98	1790	1790

抗压强度极差计算结果 **表 3**

考核指标	f_7				f_{28}			
空列及因素	A	B	C	D	A	B	C	D
$\overline{K1}$	11.513	12.907	12.920	10.480	15.593	17.383	18.337	13.867
$\overline{K2}$	10.220	10.557	11.027	10.653	13.797	13.733	15.210	14.663
$\overline{K3}$	10.867	9.137	8.653	11.467	15.020	13.293	10.863	15.880
ω	1.293	3.770	4.267	0.987	1.796	4.090	7.474	2.013

干体积密度极差计算结果 **表 4**

考核指标	ρ_7				ρ_{28}			
空列及因素	A	B	C	D	A	B	C	D
$\overline{K1}$	1887	1887	1973	1830	1890	1890	1980	1883
$\overline{K2}$	1813	1830	1850	1840	1870	1880	1853	1850
$\overline{K3}$	1827	1810	1703	1857	1823	1813	1750	1850
ω	73.334	76.667	270.000	26.667	66.667	76.667	230.000	33.333

由表 3、表 4 的极差分析结果可知，在试验因素水平变化范围内：

（1）影响混凝土 7d 和 28d 强度的因素中，EPS 颗粒掺量的极差最大，说明该指标对 EPS 混凝土 7d 抗压强度的影响最大，是主要因素，其次是水灰比。影响混凝土 7d 强度的因素由大到小顺序为：EPS 掺量 $C>$水灰比 $B>$水泥用量 A。各正交因素对 28d 强度的影响顺序与 7d 的相同，分别为：EPS 掺量 $C>$水灰比 $B>$水泥用量 A。

（2）对混凝土 7d 和 28d 干体积密度的因素影响规律与强度变化规律类似，其顺序为：EPS 掺量 $C>$水灰比 $B>$水泥用量 A，其中，C 因素的极差分别为 270 和 230，远大于其他几个因素的极差，是最主要的影响因素，因此可以认为 EPS 混凝土看成是由普通混凝土和轻质填料 EPS 所组成的两相体材料，其物理性质主要受 EPS 颗粒性质的影响。

（3）从强度角度来说，当试验因素水平的组合条件是 $A_1B_1C_1$ 时，EPS 混凝土的强度最高。但另一方面，混凝土密度越小，质量越轻，则导热系数越小，保温性能越好，从满足体积密度和导热系数的角度考虑，试验因素水平的最优组合条件是 $A_3B_3C_3$，因此在满足强度的前提下，应选用体积密度最小的配比，并结合节约原材料降低成本的要求。

3.3 方差分析

利用 SPSS（Statistical Program for Social Sciences）统计分析软件中的 Univariate 分析功能对正交试验结果进行方差分析，见表 5～表 8。

f_7 方差分析 **表 5**

项　目	平方和	自由度	均方差	F 值	显著性
校正模型	51.683	6	8.614	10.346	0.091
截　距	1062.760	1	1062.760	1276.537	0.001

续表

项　目	平方和	自由度	均方差	F值	显著性
水泥用量	2.509	2	1.255	1.507	0.399
水灰比	21.752	2	10.876	13.064	0.071
EPS掺量	27.422	2	13.711	16.469	0.057
误　差	1.665	2	0.833		
合　计	1116.108	9			
总离差	53.348	8			

注：决定因素＝0.969（校正后的决定系数＝0.875）。

f_{28}方差分析　　**表6**

项　目	平方和	自由度	均方差	F值	显著性
校正模型	119.818	6	19.970	6.475	0.140
截　矩	1972.248	1	1972.248	639.461	0.002
水泥用量	5.053	2	2.527	0.819	0.550
水灰比	30.244	2	15.122	4.903	0.169
EPS掺量	84.520	2	42.260	13.702	0.068
误　差	6.168	2	3.084		
合　计	2098.234	9			
总离差	125.986	8			

注：决定因素＝0.951（校正后的决定系数＝0.804）。

ρ_7方差分析　　**表7**

项　目	平方和	自由度	均方差	F值	显著性
校正模型	128266.667	6	21377.778	39.265	0.025
截　矩	30544044.444	1	30544044.4	56101.31	0.000
水泥用量	9155.556	2	4577.778	8.408	0.106
水灰比	9488.889	2	4744.444	8.714	0.103
EPS掺量	109622.222	2	54811.111	100.673	0.010
误　差	1088.889	2	544.444		
合　计	30673400.000	9			
总离差	129355.556	8			

注：决定因素＝0.992（校正后的决定因素＝0.966）。

ρ_{28}方差分析　　**表8**

项　目	平方和	自由度	均方差	F值	显著性
校正模型	97066.667	6	16177.778	14.560	0.066
截　矩	31173611.111	1	31173611.1	28056.25	0.000
水泥用量	7022.222	2	3511.111	3.160	0.240
水灰比	10422.222	2	5211.111	4.690	0.176
EPS掺量	79622.222	2	39811.111	35.830	0.027
误　差	2222.222	2	1111.111		
合　计	31272900.000	9			
总离差	99288.889	8			

注：决定因素＝0.978（校正后的决定因素＝0.910）。

查表得 F 的临界值分别为：$F_{0.10}(2, 2)=9$，$F_{0.05}(2, 2)=19$，$F_{0.01}(2, 2)=99$。由方差分析结果可知，EPS 掺量对混凝土 7d 抗压强度的影响水平较显著，其次是水灰比，水泥用量对 7d 强度的影响水平不显著。EPS 掺量对混凝土 28d 抗压强度的影响水平同样较为显著，而水灰比、水泥用量则影响不显著，特别地，水泥用量这一因素的 F 值小于 1.000，说明其影响程度已被试验误差淹没，可忽略不计。对混凝土 7d 和 28d 干体积密度来说，EPS 掺量的影响水平非常显著，水灰比、水泥用量影响水平不显著。这与直观极差分析结果一致。由此可以看出，对 EPS 轻质混凝土物理力学性能影响最大的为轻骨料的掺入量，在配合比设计时必须重点考虑。

4 线性回归分析

假设 EPS 轻质混凝土 28d 抗压强度与水泥用量、水灰比、EPS 掺量之间存在线性关系，其回归模型为：

$$Y = \beta_0 + \beta_1 x_1 + \beta_2 x_2 + \beta_3 x_3 + \varepsilon \tag{1}$$

式中 β_i（$i = 0, 1, 2, 3$）——回归系数；

ε——试验误差；

Y——考核指标（即 f_7，f_{28}，ρ_7，ρ_{28}）；

x_1——水泥用量；

x_2——水灰比；

x_3——EPS 掺量。

根据正交试验结果，用 SPSS 软件进行多元线性回归，可得如下关系：

$$f_7 = 41.160 - 0.006x_1 - 37.700x_2 - 42.667x_3 \tag{2}$$

$$f_{28} = 52.780 - 0.006x_1 - 40.900x_2 - 74.733x_3 \tag{3}$$

$$\rho_7 = 3035.556 - 0.600x_1 - 766.667x_2 - 2700.000x_3 \tag{4}$$

$$\rho_{28} = 3004.444 - 0.667x_1 - 766.667x_2 - 2300.000x_3 \tag{5}$$

同时，用 SPSS 求得上述四个关系式中全相关系数 R 分别为 0.961、0.932、0.977、0.977，均大于相关系数临界值 0.834（信度 0.01）[6]，表明自变量 x_1、x_2、x_3 与考核指标 f_7、f_{28}、ρ_7、ρ_{28}之间的线性相关性非常显著。

5 结论

（1）正交试验表明，EPS 颗粒掺量是影响 EPS 轻质混凝土抗压强度和体积密度的主要因素，掺量越多，质量越轻，保温性能越好，但强度也越低。因此，配合比设计时要慎重选取 EPS 掺量，在满足强度的前提下，尽可能多的掺加 EPS 颗粒。

（2）由方差分析结果可知，EPS 掺量对混凝土物理力学性能的影响水平显著，水泥用量的影响水平不显著，这与直观极差分析结果一致。

（3）在正交试验基础上，利用 SPSS 统计分析软件进行多元线性回归分析，得出 EPS 轻质混凝土抗压强度和体积密度的回归关系式，由全相关系数与相关系数临界值的比较可知，所得回归方程模型合理。

参 考 文 献

[1] K G Babu, D S Babu. Behavior of lightweight expanded polystyrene concrete containing silica fume [J]. Cement and Concrete Research, 2003, 33: 755～762.

[2] S H Perry, P H Bischoff, K Yamura. Mix details and material behaviour of polystyrene aggregate concrete [J]. Concrete Research, 1991, 43: 71～76.

[3] B Chen, J Y Liu. Properties of lightweight expanded polystyrene concrete reinforced with steel fiber [J]. Cement and Concrete Research, 2004, 34: 1259～1263.

[4] 陈兵，涂思炎，翁友法. EPS轻质混凝土性能研究 [J]. 建筑材料学报，2007，10（1）：26～31.

[5] 郑秀华，葛勇，张宝生等. 采用正交设计配制聚苯乙烯混凝土 [J]. 混凝土，2004，7：45～47.

[6] 卢瑞珍. 混凝土试验设计与质量管理 [M]. 上海：上海交通大学出版社，1986.

APEG 型聚羧酸减水剂的研究与应用

周金钟，郑广军，陈　景，韩周冰
（中建商品混凝土有限公司新型建材厂，成都 610052）

摘　要　针对通常使用普通聚羧酸来配制普通预拌混凝土时，混凝土和易性、包裹性较差，易出现泌水等问题，造成混凝土施工泵送过程中容易堵泵、爆管现象，从自主进行分子设计角度，提出了 APEG 型聚羧酸的合成思路，确定了最佳合成工艺；在使用 APEG 型聚羧酸来进行普通混凝土配制时，混凝土包裹性、黏聚性、流动性等得到很好的改善，降低了预拌混凝土生产过程中质量控制的难度。

关键词　普通混凝土；分子设计；APEG；聚羧酸

1　引言

随着社会的进步，人们越来越关注资源可持续利用与环境保护的问题。混凝土材料的发展也面临着同样的问题。“绿色混凝土”已成为混凝土研究的主流方向。绿色混凝土，指既能减少对地球环境的负荷，又能与自然生态系统协调共生，为人类构造舒适环境的混凝土材料[1]。这就使得在配制绿色混凝土时作为传统的、目前国内还在普遍使用的萘系减水剂已完全不能满足要求，其具有减水率相对较低、混凝土坍落度损失快、且生产过程中大量使用了甲醛、萘等有毒物质，不符合绿色混凝土原材料要求。而聚羧酸减水剂作为新一代高性能减水剂，以其高效的减水性能、对混凝土孔结构和密实程度的优化性能，有效的抑制混凝土的坍落度损失性能，与不同种类的水泥有相对更好的相容性，能够从整体上降低混凝土的制造成本，生产过程中不用甲醛等造成环境污染的有害物质等等一系列优异的性能[2]，正好满足了绿色混凝土对外加剂提出的这一系列要求，正因为聚羧酸具有这些优异的性能，使得其在近年来得到了迅猛的发展，也越来越广泛的得到在工程中的应用。

本文采用水溶液聚合方法，从聚羧酸减水剂的合成工艺方面着手，在合理的利用聚羧酸减水剂的高减水率等优点的基础上，进行了部分分子设计，在保持混凝土的原有流动性基础上改善了其黏聚性，来解决了聚羧酸在普通混凝土中使用时容易出现的泌水、随原材料质量波动的掺量敏感等问题，降低其在实际生产使用中混凝土质量控制的难度。

2　APEG 型聚羧酸的设计机理

我们对开发的聚羧酸高性能减水剂主要是从两个方面还提出的设计要求：

周金钟（1983—），助理工程师，从事高性能混凝土及外加剂研究应用工作，四川省成都市成华区龙潭寺建设村 5 组中建商品混凝土成都有限公司（610052），电话：15196673506，E-mail：hcolin@163.com

（1）减水率在合理范围以内。聚羧酸减水剂的主要优点之一的高减水率是得到一致公认的，然而，其配置一些混凝土特别是胶凝材料较少的较低强度等级混凝土时，容易造成混凝土的泌水现象。

（2）改善普通混凝土的和易性。普通聚羧酸在配制普通混凝土时，混凝土搅拌出机时各方面性能都尚可，然而，普通混凝土中胶凝材料较少，其保水性能有限，特别在放置坍落度损失后或运输至施工现场时，混凝土常呈现出泌水、和易性较差等问题，这就对此聚羧酸提出了更高要求：即在保持原有流动性的基础上，具有更好的保水性、增稠性能。

3 APEG型聚羧酸的合成研究

APEG是烯丙基聚乙二醇醚的简称，其为制备合成聚羧酸减水剂的主要单体之一。其分子量主要有600、800、1200、2400等，国内早在2003年就开始利用APEG来进行聚羧酸的合成，然而受制于合成出来的产品减水率有限、自引气强、坍落度损失快等缺陷，限制了其在普通工业与民用建筑工程上的大规模使用。APEG结构中包含双键可进行直接聚合反应，但其活性低，共聚困难，不容易形成理想结构的减水剂。在查阅文献资料，结合合成试验基础上，我们对合成的聚羧酸进行了分子结构设计[3]，使得分子主链带有密集的羧酸基团，以非离子聚氧乙烯链为侧链[4]，提供空间位阻效应，提高分散效果，即如下三个手段：（1）引入—COO^-基团，以提高聚羧酸的减水率；（2）找到最合适分子量的APEG单体，提高聚羧酸的损失保持能力；（3）找到最佳合成工艺，控制合成产品的引气性能。

3.1 合成试验原材料及试验方案

（1）主要原材料及试验设备

不同分子量的丙烯醇醚（APEG）；丙烯酸甲酯，工业级；马来酸酐，工业级；工业级；引发剂，分析纯；30%氢氧化钠溶液，工业品；恒温水浴锅；

（2）试验方案

把一定量的水、一定分子量的烯丙醇醚、定量的马来酸酐加入烧瓶中，丙烯酸甲酯及引发剂分别配制成溶液，装入滴液漏斗中。水浴加热，升温到65～75℃，通入N_2保护，然后同时开始滴加溶液，在一定时间内滴完，然后保温继续反应2h，即得到棕色或无色的聚羧酸母液。

3.2 试验结果分析

本合成反应采用水溶液自由基共聚反应，反应温度保持在70℃左右，试验采用双滴加活性单体及引发剂溶液的方法，以使溶液中-COO^-的浓度始终保持相对较小，避免因自聚而形成均聚物，通过接枝共聚物中各单体用量和侧链聚合度对水泥净浆流动性的影响来确定最佳工艺条件。其中，检测过程中减水剂掺量均为水泥用量的0.5%（质量分数），水泥为四川某品牌P·O42.5级。

（1）丙烯酸甲酯用量对水泥净浆流动度的影响

丙烯酸甲酯可向接枝共聚物中引入—COO^-基团，使合成出的聚羧酸分子上带有强极

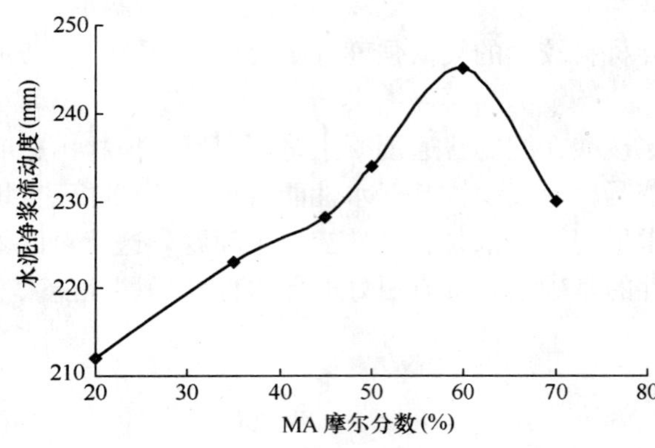

图 1　丙烯酸甲酯用量对水泥净浆流动度的影响

性基团，提高聚羧酸的分散性能，进而提高水泥浆体的流动性。在其他单体用量一定的情况下，研究了丙烯酸甲酯用量对水泥净浆流动度的影响，其结果如图 1 所示。

从图 1 可以看出，随着共聚时丙烯酸甲酯用量的增大，聚羧酸减水剂对水泥的分散性也增强。但当其摩尔分数超过 60%后，水泥净浆流动度反而下降。分析其原因可能是由于—COO^- 在水泥水化初期会与水泥颗粒表面的钙离子相结合，使得水泥水化变得缓慢。随着丙烯酸甲酯用量的增大，—COO^- 等亲水性基团可促使水泥在水化初期所形成的絮状结构分散和解体，释放出游离水，进而使得水泥的流动度将随之上升。然而，由于丙烯酸甲酯的活性较高，极容易形成自聚，当聚合体系中其含量过大时，容易形成水溶性较小自聚物，导致减水剂对水泥的分散性下降。因此，确定其用量为占单体总量的 60%。

（2）引发剂用量对水泥净浆流动度的影响

在保持 n（丙烯酸甲酯）：（大分子单体）＝2：1 的条件下，研究了引发剂用量对水泥净浆流动度的影响，结果如图 2 所示。

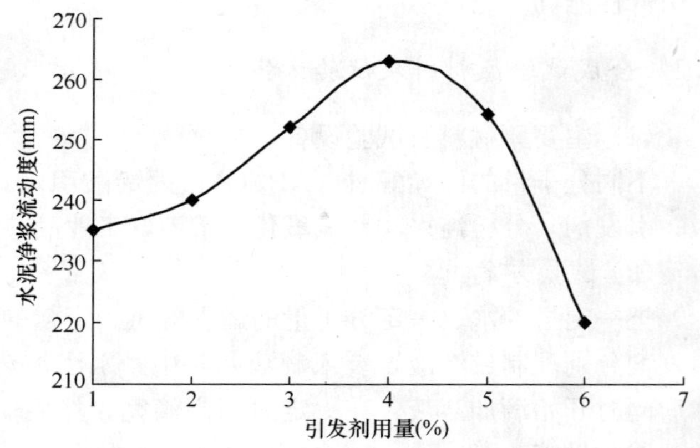

图 2　引发剂用量对水泥净浆流动度的影响

由图 2 可以看出，随着引发剂用量的增大，所得聚羧酸盐高效减水剂对水泥净浆的分散性也有很大提高。当引发剂用量增至 4%左右时，继续增加引发剂用量，水泥净浆流动度反而下降。这可能是因为随着引发剂用量的逐渐增加，使得合成的聚羧酸分子量逐渐增加，其减水能力也随之增大，当引发剂用量达到一定程度时，聚羧酸分子达到一个最佳分子量，具有最佳的减水性能，再继续增加引发剂用量，使得最终形成的聚羧酸分子量降低，其减水率也随之降低，因此，确定引发剂用量占单体总量 4%较为适宜。

（3）侧链聚合度对水泥净浆流动度的影响

聚羧酸盐高效减水剂之所以在性能上优于第二代的萘系、三聚氰胺系减水剂，主要是因为其结构不仅能够提供静电斥力，而且可以提供空间立体位阻效应。通过改变侧链的长短，可以改善减水剂在水泥上的吸附能力。本试验研究了不同聚合度的聚氧乙烯侧链对聚羧酸盐高效减水剂性能的影响，结果如图 3 所示。

由图 3 可见，聚氧乙烯链的聚合度对水泥净浆流动度的影响很大。随着所接枝的聚氧乙烯长侧链聚合度的增加，聚羧酸盐高效减水剂对水泥净浆的分散性也有较大幅度的提高。但当聚合度超过 21 后，聚羧酸盐高效减水剂对水泥净浆的分散性的影响作用减缓。

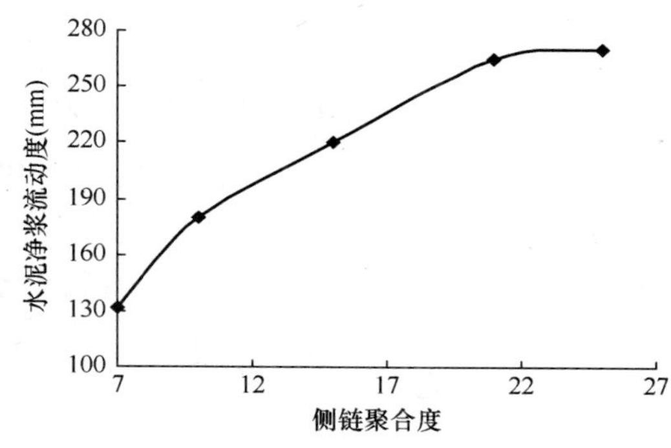

图 3　侧链聚合度对水泥净浆流动度的影响

3.3　聚合试验结论

通过试验，我们以丙烯酸甲酯、马来酸酐和 APEG 为单体，经水溶液聚合，采用双滴加法可制得性状较好的接枝共聚物。确定的最佳聚合条件为：聚合温度 70℃，聚合时间 5h。确定了各单体用量：(1) 丙烯酸甲酯的摩尔分数确定为 60%；(2) 引发剂用量确定为 4%；(3) APEG 大分子单体的摩尔分数以 20%～30%为宜，其聚合度以 21 左右为宜。

4　APEG 型聚羧酸的混凝土试验及应用

在合成出 APEG 型聚羧酸后，为观测其在普通混凝土中的使用效果，对 APEG 型聚羧酸同国内某著名厂家生产的普通型聚羧酸进行了混凝土对比试验，具体试验数据见下：

4.1　混凝土试验原材料

(1) 骨料：碎石为破碎卵石，粒径范围为 5～31.5mm，其针片状含量为 6%，含泥量为 0.6%，表观密度为 2850kg/m^3，堆积密度为 1480 kg/m^3；砂为机制砂，细度模数为 2.7，含泥量为 2.6%，表观密度为 2680kg/m^3，堆积密度为 1600kg/m^3；

(2) 胶凝材料：试验选用某水泥厂生产的 P·O 42.5 水泥，其基本物理力学性能见表 1；矿粉为某品牌 S75 级矿粉，比表面积为 4065cm^2/g，含水率为 0.11%；粉煤灰为贵州Ⅰ级粉煤灰，细度 3.7%，烧失量 2.7%，需水量比 94%。

水泥的物理力学性能　　　　**表 1**

80μm 方孔筛筛余量（%）	比表面积（cm^2/g）	凝结时间（min）		标准稠度用水量（%）	抗折强度（MPa）		抗压强度（MPa）	
		初凝	终凝		3d	28d	3d	28d
0.4	3400	150	220	25.0	5.2	8.3	26.9	49.4

(3) 对比外加剂品种：国内某著名品牌聚羧酸外加剂 SS-A，固含量为 11.2%。

4.2　混凝土试验方法

所有试验混凝土拌合物均采用机器搅拌和振捣，按照《普通混凝土拌合物性能试验方法》(GB/T 50080—2002) 操作。24h 后拆模，在标准养护条件下养护至一定龄期测试其抗压强度，抗压强度测试按照《普通混凝土力学性能试验方法标准》(GB/T 50081—2002) 操作。

4.3 混凝土试验配合比

考虑到在胶凝材料用量较少的普通混凝土中，聚羧酸外加剂使用时经常出现的泌水、包裹性不好等问题，故试验配合比选取常用C30配合比，聚羧酸外加剂对混凝土的黏聚性、包裹性能的影响状况表现得更为直接，混凝土试验配合比见表2。

混凝土试验配合比 **表2**

水泥 (kg/m³)	粉煤灰 (kg/m³)	矿粉 (kg/m³)	砂 (kg/m³)	石 (kg/m³)	单方用水量 (kg/m³)	外加剂掺量（%）
190	125	40	955	960	150	2.2

注：外加剂掺量为占总胶凝材料用量的质量分数。

4.4 混凝土试验结果

混凝土试验数据 **表3**

类型	强度等级	初始坍落度/扩展度（mm）	2h 坍落度/扩展度 (mm)	含气量 (%)	抗压强度（MPa）		
					3d	7d	28d
SS-A	C30	220/560	210/490	1.02	12.8	23.3	35.2
APEG	C30	225/600	200/575	1.35	13.1	23.8	36.5

从表3的混凝土试验结果我们可以看到，在使用SS-A及自制的APEG型聚羧酸配制C30普通混凝土时，出机混凝土的流动性能都比较良好，SS-A型聚羧酸配制的混凝土在经坍落度损失后，混凝土堆积松散，浆骨分离，包裹性能、黏聚性都较差，从实测的流动度来看其流动性能也不佳，而自制的APEG型聚羧酸在经2h坍落度损失后，混凝土包裹性、黏聚性能、流动性能都能保持良好，见图4、图5。

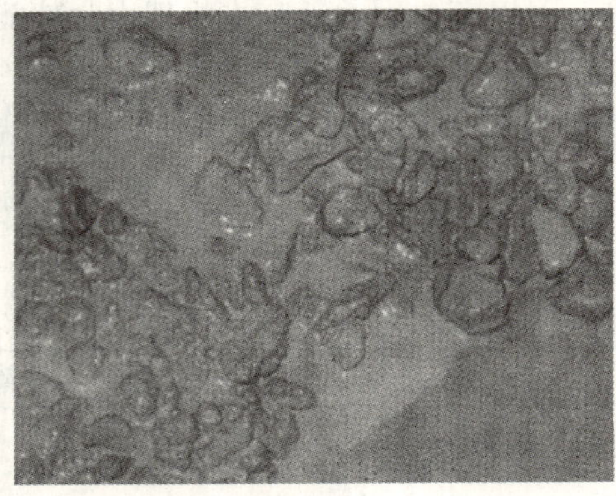

图4 SS-A 2h后混凝土状态

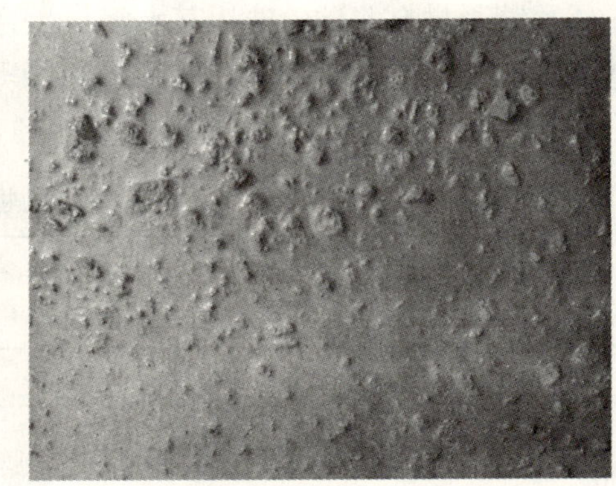

图5 APEG型2h后混凝土状态

4.5 APEG型聚羧酸在实际混凝土生产中的应用

自2009年12月APEG型聚羧酸研制成功以来，已开始在全公司范围内进行了推广应用此类型聚羧酸，成功地解决了因混凝土质量问题造成的堵泵爆管现象，从技术层面上降低了混凝土生产过程中的质量控制压力，获得了公司属使用站点的一致好评；另一方面，通过了此次的科技创新，降低了外加剂的生产成本，为我公司创造了可观的经济效益。

5 结论

（1）在使用一般聚羧酸减水剂配制普通预拌混凝土时，混凝土容易出现泌水、离析、和易性差等问题，提出了APEG型聚羧酸减水剂合成路线。

（2）以丙烯酸甲酯、马来酸酐和APEG为单体，经水溶液聚合，采用丙烯酸甲酯溶液及引发剂溶液双滴加法可制得性状较好的接枝共聚物。确定的最佳聚合条件为：聚合温度70℃，聚合时间5h。各单体用量：① 丙烯酸甲酯的摩尔分数确定为60%；② 引发剂用量确定为4%；③ APEG大分子单体的摩尔分数以20%～30%为宜，其聚合度以21左右为宜。

（3）在使用合成出的APEG型聚羧酸进行普通混凝土配制时，混凝土包裹性、黏聚性能、流动性能都得到很好的改善，经2h坍落度损失后，混凝土性能仍能保持良好，各龄期强度同普通聚羧酸持平；使用APEG型聚羧酸进行普通混凝土生产时，混凝土的和易性能保持良好，降低了混凝土生产过程中的质量控制难度。

参考文献

[1] 吴中伟．绿色高性能混凝土与科技创新［J］．建筑材料学报，1998，(1)．

[2] 中国建筑学会混凝土外加剂应用技术专业委员会．混凝土外加剂及其应用技术新进展［M］．北京：北京理工大学出版社，2009.

[3] 王子明．聚羧酸系高性能减水剂——制备·性能与应用［M］．北京：中国建筑工业出版社，2009.

[4] 缪昌文．高性能混凝土外加剂［M］．北京：化学工业出版社，2008.

二、绿色混凝土的性能研究

濒海地区既有混凝土结构耐久性分析评估模型及实践

俞海勇，张　贺

（上海市建筑科学研究院（集团）有限公司，上海 200032）

摘　要　根据濒海地区环境荷载特点，本文提出了针对既有混凝土结构的耐久性状态分析方法，从全寿命分析角度建立了预测其剩余寿命的模型，并得到工程实践验证。

关键词　濒海地区；全寿命；层次分析；耐久性状态；寿命预测

1　引言

随着我国沿海发展战略的深入，濒海地区开发的深度和广度不断扩展，除了许多大型基础设施的破土兴建外，大量既有建筑物仍将长期使用，这些濒海工程所处环境恶劣，既要保障结构安全，对其耐久性状态也需时时留意，如何对濒海地区建筑物的服役情况进行科学合理的评价，采用怎样的评估手段和计算模型可以获知其耐久性状态和剩余寿命，是一项迫切而实用的课题，其重要性主要表现为：首先，科学合理的耐久性评价技术是混凝土工程维护、改造的技术依据，事关建筑物的安全运营和工程经济性；其次，工程耐久性的合理评估，是建立节约型社会，顺应我国低碳经济的趋势所在。

国内外在混凝土工程耐久性评估及寿命预测方面做过大量研究，如运用可靠度、模糊综合评估、神经网络等方法，结合钢筋脱钝寿命理论、混凝土开裂寿命理论及抗力寿命理论，对工程耐久性评估及寿命预测模型进行了相关研究。但目前诸多研究仅考虑混凝土材料的劣化进程，而没有涵盖钢筋锈蚀过程，且大多数研究成果仍停留在理论体系阶段，尚未与工程实践相结合并建立相应的基础参数和数据库。

在国内外的研究基础上[1,2]，针对华东沿海地区濒海环境荷载的特点，本文提出了一种濒海地区既有混凝土结构耐久性分析及剩余寿命评估模型，采用了层次分析理论，并考虑了钢筋混凝土劣化过程中混凝土劣化和钢筋锈蚀全过程，且在工程实际中得到应用。

2　濒海地区既有混凝土结构耐久性分析评估模型

2.1　模型总体框架

既有混凝土结构耐久性分析评估可分为耐久性状态评价模型和剩余寿命预测模型两部分，模型总体框架见图 1，按照材料性能参数、构件、结构划分为三个评价层次。

俞海勇（1973—），男，工学博士，高级工程师

基金项目：上海市科学技术委员会应用技术开发专项资金项目

耐久性状态评价模型通过获取混凝土性能及钢筋锈蚀等材料参数，建立一个有关既有钢筋混凝土状态的材料性能参数库，将库中的数据与递进式耐久性评价体系中的指标相比较，从而得到构件耐久性状态的评价结果；结构的耐久性状态评价是建立在构件耐久性状态分析的基础上，采用基于层次分析方法的耐久性评价模型来开展。

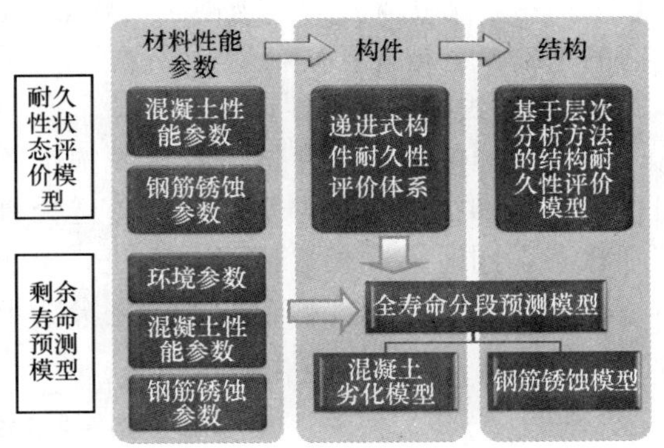

图1　模型总体框架图

剩余寿命预测模型首先需全面了解并获取环境荷载、混凝土性能及钢筋锈蚀等基础参数；其次，需根据结构的耐久性状态的评价结果，将其耐久性现状在全寿命分段模型中定位，分析处于哪个阶段；最后，根据全寿命分段预测模型之寿命预测理论，引入相关参数，对结构的剩余寿命进行预测，并给予预警信号和维修建议。

2.2　耐久性状态评价模型

2.2.1　材料性能参数的获取

在耐久性状态评价模型中，首先需获取既有结构的材料性能参数，包括混凝土性能和钢筋锈蚀两方面，具体参数和相应测试方法见图2。

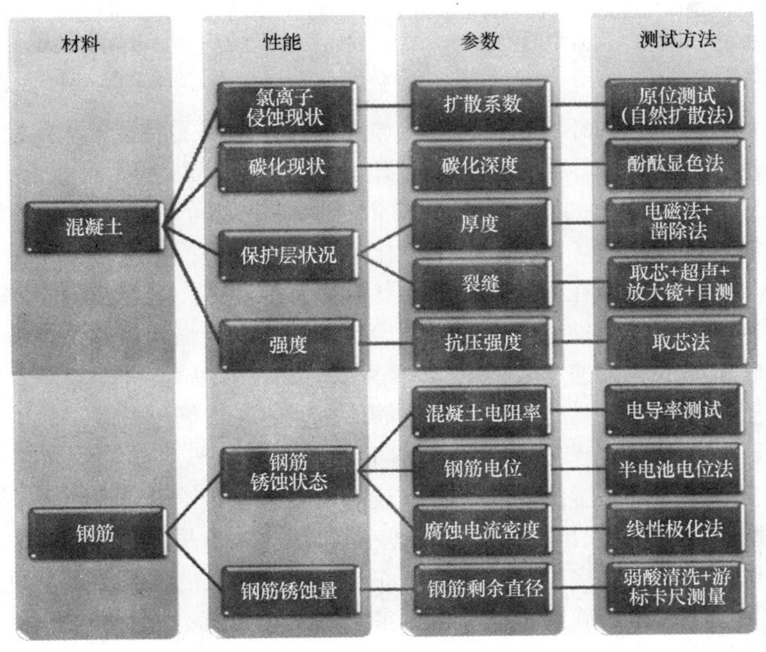

图2　材料性能参数及测试方法

濒海地区建筑物（尤其是华东地区）受到氯离子侵蚀的影响较大，故重点关注氯离子在混凝土中的扩散状况，同时了解混凝土强度、混凝土碳化深度、钢筋锈蚀、混凝土开裂等相关信息，建立既有构筑物钢筋混凝土状态的基础数据库，这些参数既是评价其耐久性状态的基础，也是计算其剩余寿命的重要依据。

2.2.2　递进式构件耐久性评价体系

递进式构件耐久性评价体系首先根据构件的外观表象，将其分为基本正常、局部损伤、损伤和损坏四种类别；然后，选择针对性的参数来表征每一类别构件的耐久性实际状态，同时结合相关试验和理论，给出相应的判定指标；进而，依据其状态参数与指标的比较，将构件耐久性状态划分为五个等级，并确定了每个等级末端的极限状态，见表1。

构件耐久性状态分级　　**表 1**

构件外观	构件类别	检测评价指标							构件耐久性状态分析	
		X_{ch}	X_{co}	R	E_{corr}	J_{corr}	w	A_{corr}	等级	极限状态
无裂缝、无锈迹、无破损	基本正常	$<c$	$<c$	$\geqslant 20$	—	—	—	—	1	侵蚀介质到达钢筋表面
		$<c$	$<c$	<20	>-119	—	—	—		
		—	—	<20	$\leqslant -119$	$\leqslant 0.44$	—	—	2	钢筋锈蚀
保护层开裂，无剥落	局部损伤	—	—	<20	$\leqslant -119$	>0.44	$\leqslant w_{max}$	—	3	最大裂缝宽度
有锈斑，局部保护层剥落	损　　伤	—	—	—	—	>0.44	$>w_{max}$	$<5\%$	4	保护层大面积剥落
大面积保护破损，钢筋外露	损　　坏	—	—	—	—	—	—	$>5\%$	5	承载力不足

注：X_{ch}—氯离子渗透深度（mm）；X_{co}—碳化深度（mm）；J_{corr}—腐蚀电流密度（$\mu A/cm^2$）；
A_{corr}—主筋截面损失率（%）；c—钢筋保护层厚度（mm）；R—混凝土表面电阻率（kΩ·cm）；
E_{corr}—钢筋半电池电位（mV）；w—裂缝宽度（mm）；w_{max}—裂缝最大允许宽度（mm）。

针对濒海地区构筑物的环境荷载特点，该评价体系反映了混凝土从接触环境荷载，到被侵蚀介质渗透，钢筋锈蚀，裂缝扩展进而开裂剥落的整个寿命周期过程。华东地区濒海构筑物主要受到氯盐和碳化的腐蚀，故在参数选取时主要考虑氯离子渗透深度和碳化深度。在判定钢筋锈蚀状态时，采用了三个电化学指标，即混凝土电阻率、钢筋电位和钢筋腐蚀电流密度，这三个指标在反映钢筋锈蚀状态上各有利弊，混凝土电阻率只能对钢筋锈蚀状态作大致判断，钢筋锈蚀电位对钢筋开始锈蚀时间有较强的敏感性，而钢筋腐蚀电流密度能定量反映钢筋的锈蚀速率，但对钢筋早期锈蚀并不敏感。而对应三种电化学现场测试方法，混凝土电阻率简单易行，无需与钢筋形成回路；钢筋电位测试较电阻率繁琐，需与钢筋形成回路；腐蚀电流密度的现场测试不但需与钢筋形成良好的回路，测试时间较长，对混凝土含水率、环境湿度温度等具有较高的要求。综合以上因素，结合大量科研、实践及相关标准[3,4]，笔者提出了递进式的电化学综合测试方法及准则，见表2。该方法规定了三种测试方法的先后次序，并可依据前一电化学参数的测试结果来决定是否进行进一步的电化学测试；最后，确定了各电化学参数的判定指标。判定指标是通过理论计算、大量实验验证，结合相关标准而提出的，可参考文献［4］。

2.2.3　基于层次分析方法的结构耐久性评价模型

根据构件耐久性状态的分析结果，采用层次分析理论对结构耐久性状态进行评价[5]，提出了基于层次分析方法的结构耐久性评价模型。该模型主要思想如下：

混凝土中钢筋锈蚀状况判定准则　　**表 2**

<table>
<tr><th colspan="3">电　化　学　参　数</th><th>钢筋锈蚀状况</th><th>钢筋服役寿命损失系数 S_{Loss}</th></tr>
<tr><td colspan="3">$R \geqslant 20k\Omega \cdot cm$</td><td>没有锈蚀</td><td rowspan="2">$S_{Loss}=0$</td></tr>
<tr><td rowspan="5">$R<20k\Omega \cdot cm$</td><td colspan="2">$E_{corr}>-119mV$</td><td>没有锈蚀</td></tr>
<tr><td rowspan="4">$E_{corr} \leqslant -119mV$</td><td>$J_{corr} \leqslant 0.44\mu A/cm^2$</td><td>低锈蚀速率</td><td>$S_{Loss}=0$</td></tr>
<tr><td>$0.44\mu A/cm^2<J_{corr} \leqslant 0.87\mu A/cm^2$</td><td>中等锈蚀速率</td><td>$0<S_{Loss} \leqslant 0.5$</td></tr>
<tr><td>$0.87\mu A/cm^2<J_{corr} \leqslant 8.72\mu A/cm^2$</td><td>高锈蚀速率</td><td>$0.5<S_{Loss} \leqslant 0.95$</td></tr>
<tr><td>$J_{corr}>8.72\mu A/cm^2$</td><td>极高锈蚀速率</td><td>$S_{Loss}>0.95$</td></tr>
</table>

注：$S_{Loss}=T_s/T_z$，式中：T_s 为钢筋剩余使用寿命，T_z 钢筋设计使用寿命。

（1）确定各个构件耐久性权重 E_i

①计算构件 i 的重要性权重 β_i：

$$\beta_i=\rho_i/\sum\rho_i$$

ρ_i 为单构件的重要性系数，一般 $\rho \in [0, 1]$，ρ 越大表示构件对结构承载力的影响越大，主体结构的主要受力构件取 1，非受力构件取 0；

②确定单构件的耐久性系数 λ_i：

根据单构件耐久性等级，确定表征构件耐久性状态的系数 λ_i，λ_i 可由表 3 确定，也可通过调查评分或专家经验，$\lambda_i \in [0, 1]$。

③计算每个构件耐久性权重 E_i，$E_i=\lambda_i\beta_i$。

（2）确定混凝土结构耐久性状态指数 F

混凝土结构的耐久性值 $F=\sum E_i$，根据表 4 耐久性分级标准对混凝土结构的耐久性状态进行评定。

构件耐久性系数　　**表 3**

构件耐久性状态等级	极限状态	构件耐久性系数 λ_i
1	侵蚀介质到达钢筋表面	1.0
2	钢筋锈蚀	0.6
3	最大裂缝宽度	0.3
4	保护层大面积剥落	0.1
5	承载力不足	0.0

混凝土结构耐久性分级标准　　**表 4**

等级	一级	二级	三级	四级	五级
F 值范围	(0.9, 1.0]	(0.75, 0.9]	(0.6, 0.75]	(0.45, 0.6]	(0, 0.45]
耐久性能	很好	较好	一般	较差	很差

2.3　剩余寿命预测模型

2.3.1　全寿命分段预测模型简介

全寿命分段预测模型是将结构的整个寿命周期划分为若干阶段，见图 3，不同的时间

段 T 对应不同的耐久性状态，并对应不同的材料寿命预测模型，通过模型来预测相应阶段的使用寿命 t，见表 5。

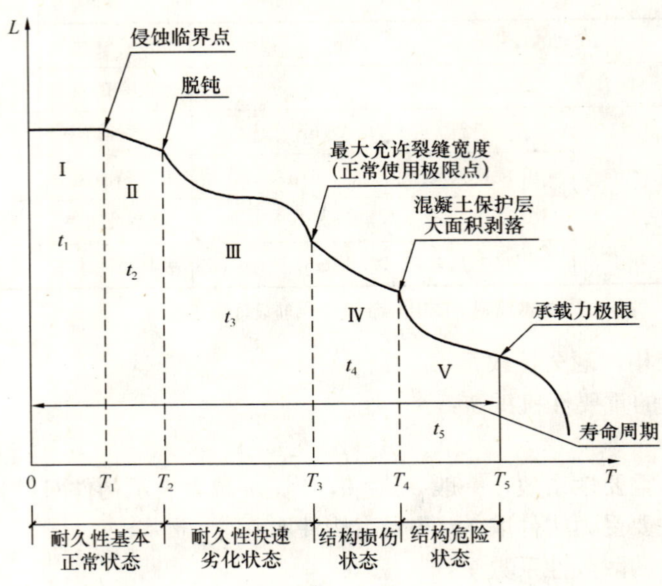

图 3　全寿命分段预测模型

使用寿命及其对应的耐久性状态和预测模型　　**表 5**

时间段	耐久性状态	使用寿命	预测模型		备　注
0-T_1	耐久性基本正常状态	t_1	混凝土材料劣化模型		侵蚀介质接触混凝土表面到侵蚀介质前沿达到钢筋表面的时间段
T_1-T_2	耐久性基本正常状态	t_2	混凝土材料劣化模型		侵蚀介质前沿达到钢筋表面到侵蚀介质在钢筋表面累积到临界浓度的时间段
T_2-T_3	耐久性快速劣化状态	t_3	钢筋锈蚀模型	快速劣化模型	钢筋脱钝到混凝土保护层表面裂缝发展至临界宽度值的时间段
T_3-T_4	结构损伤状态	t_4		结构损伤模型	混凝土保护层表面裂缝发展至临界宽度值到钢筋截面损失率达 5%的时间段
T_4-T_5	结构危险状态	t_5		承载力极限模型	钢筋截面损失率达 5%到结构承载力不足的时间段

以下对各耐久性状态的寿命预测模型进行简单介绍，模型中的使用寿命 t_x 与表 5 中的一一对应：

（1）混凝土材料劣化模型

处于该阶段的混凝土构件受到海风中氯离子和空气中二氧化碳的作用，混凝土材料劣化模型则考虑了碳化和氯离子侵蚀的双重影响，为两者联合作用条件下的预测模型，表征为：

$$t_1+t_2=\frac{(x-x_s)}{2D_{eff}}\left[erf^{-1}\left(\frac{C_s-C_c}{C_s-C_0}\right)\right]^{-2}$$

式中　$D_{eff}=K_1K_2K_3K_4D_a$

x_s——碳化作用下，混凝土的碳化深度；

K_1、K_2、K_3、K_4——暴露时间、胶凝材料吸附、应力状态和裂缝、环境温度等影响系数；

D_a——初始氯离子表观扩散系数；

C_s——混凝土表面氯离子浓度；

C_c——钢筋锈蚀临界氯离子浓度；

C_0——混凝土初始氯离子浓度。

在上述预测模型基础上，引入可靠度机制，形成基于可靠度的混凝土材料劣化寿命预测模型。

（2）钢筋锈蚀模型

钢筋锈蚀模型分为耐久性状态快速劣化预测模型、结构损伤状态预测模型和承载力极限状态预测模型。

快速劣化预测模型主要为钢筋脱钝到混凝土保护层表面裂缝发展至临界宽度值的阶段，主要分为三个过程[6,7]：

①铁锈自由膨胀阶段（该阶段的寿命为 t_a）——从钢筋脱钝［图 4（*a*）］，到铁锈充满钢筋与混凝土交界面中的空隙，并使混凝土保护层开始受到拉应力的阶段［图 4（*b*）］。

②混凝土保护层受拉应力阶段（该阶段的寿命为 t_b）——从混凝土保护层受到拉应力，到钢筋周围混凝土保护层开始出现裂缝［图 4（*c*）和图 4（*d*）］。

③混凝土保护层开裂阶段（该阶段的寿命为 t_c）——从钢筋附近的混凝土保护层出现裂缝，到裂缝发展到混凝土表面，贯穿整个混凝土保护层厚度并使裂缝宽度到达临界宽度的阶段［图 4（*d*）和图 4（*e*）］。

因而 t_3 也是由这三部分的时间相加而得，即：$t_3=t_a+t_b+t_c$。

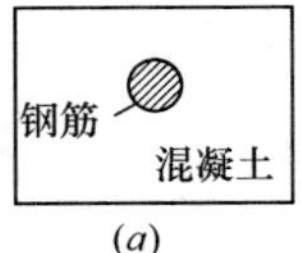

(*a*)

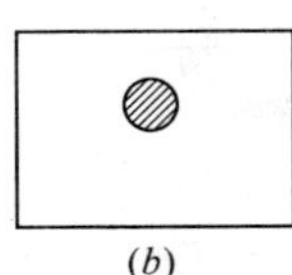
(*b*)

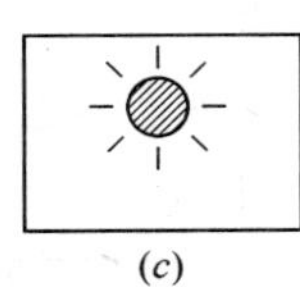
(*c*)

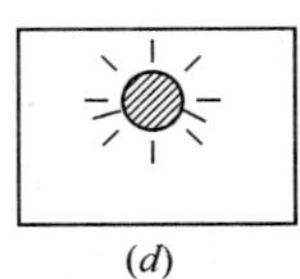
(*d*)

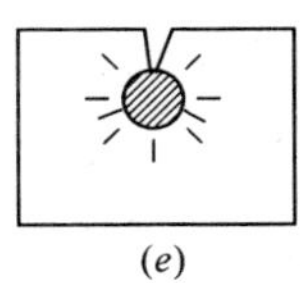
(*e*)

图 4　钢筋锈蚀导致混凝土开裂的全过程分析

（*a*）钢筋脱钝开始锈蚀；（*b*）铁锈填入毛细孔；（*c*）混凝土受到锈胀力的作用；（*d*）混凝土受锈胀力而开裂；（*e*）混凝土裂缝扩展至临界宽

在此阶段的钢筋锈蚀速率 V_s 可用钢筋腐蚀电流密度 J_{corr} 来表示，$V_s=11.6J_{corr}$，J_{corr} 可取实测值，也可按下式进行计算[7,8]：

$$J_{corr}=\frac{3.78(1-W/C)^{-1.64}}{d}\beta\sigma\delta\rho$$

式中　J_{corr}——钢筋腐蚀电流密度；

W/C——水灰比；

d——保护层厚度；

β——环境条件修正参数；

σ——氯离子浓度修正参数；

δ——矿物掺合料修正系数；

ρ——钢筋位置修正系数。

结构损伤状态预测模型主要预测结构由快速劣化状态向耐久性极限状态过渡时的时间，此阶段混凝土已局部剥落，钢筋锈蚀速率可认为等于其在空气中的锈蚀速率，因而可取外露钢筋锈蚀速率的历史统计值。寿命 t_4 则表征为钢筋在空气中锈蚀至钢筋力学极限状态时的时间。由于当钢筋截面损失率达到5%～10%时，钢筋伸长率、屈服强度和极限强度均明显降低，因而定义钢筋开始锈蚀后，其截面损失达到 5%时，钢筋的力学性能达到适用极限，以上定义是从材料力学性能的角度而言，在工程应用中尚应引入结构安全的因素。

承载力极限状态模型主要预测由结构损伤状态向承载力极限状态过渡的时间，此阶段的钢筋锈蚀速率同样可认为等于钢筋在空气中的锈蚀速率，而 t_5 则表征为钢筋达到临界截面损失后至结构承载力不足的时间段，按照具体工程结构状况及验算结果确定。

2.3.2　结构剩余寿命的组成和计算

结构的剩余寿命计算应根据构件耐久性状态的评价结果，在全寿命分段预测模型中定位，然后根据定位情况，获取需要的输入状态参数，按照分段寿命预测模型计算。处于不同耐久性等级的混凝土结构应获取的输入参数及对应的剩余寿命组成由表 6 确定。

既有混凝土结构剩余寿命计算　　**表 6**

构件耐久性等级	极限状态	输入参数	剩余寿命组成	预警信号
1	侵蚀介质到达钢筋表面	环境参数 混凝土性能参数 钢筋参数	$t'_1+t_2+t_3+t_4+t_5$	绿色
2	钢筋锈蚀	混凝土性能参数 钢筋参数	$t'_2+t_3+t_4+t_5$	黄色
3	最大裂缝宽度	混凝土性能参数 钢筋参数	$t'_3+t_4+t_5$	橙色
4	保护层剥落	钢筋参数	t'_4+t_5	红色
5	承载力不足	钢筋参数	t'_5	黑色

注：1. t'_1、t'_2、t'_3、t'_4、t'_5为当前时间到对应构件耐久性等级或耐久性状态的混凝土结构极限状态时的剩余寿命，其参数应采用实测值，并通过全寿命预测模型进行计算。

2. 根据江浙一带濒海地区的环境条件及模型输入需要，环境参数需获取混凝土表面氯离子浓度及表面二氧化碳浓度，可通过现场实地检测获取，也可根据工程历史调查或统计资料。

3. 混凝土性能参数除了图 2 中的参数外，还应包括混凝土弹性模量、徐变系数、混凝土抗拉强度、水灰比、泊松比等。

4. 钢筋性能参数除了图 2 中的参数外，还应包括最外层钢筋直径、主径直径、铁锈泊松比、铁锈弹性模量、铁锈体积膨胀率等。

混凝土结构剩余使用寿命可根据实际情况按照处于最大耐久性等级的主要构件的剩余寿命计算。

3 应用实例

某电厂位于杭州湾北岸，属典型的华东濒海环境特征。根据业主要求，在不影响生产安全情况下，对综合码头、一期卸煤码头、二期卸煤码头和引桥的部分构件进行耐久性分析评估。

3.1 材料性能参数

通过现场检测，获取的材料性能参数见表 7。

材料性能参数 **表 7**

构件编号	构件类型	外观状况	材料性能参数（平均值）									
			混凝土性能参数						钢筋锈蚀参数			
			F① (MPa)	c (mm)	w (mm)	X_{co} (mm)	D_a① (MPa)	X_{ch} (mm)	R ($k\Omega \cdot cm^{-1}$)	E_{corr}② (mV)	J_{corr} ($\mu A \cdot cm^{-2}$)	A_{corr} (%)
1	二期卸煤码头排架柱	保护层剥落，钢筋锈蚀	—	—	—	—	—	—	—	—	—	0
2	二期卸煤码头排架柱		—	—	—	—	—	—	—	—	—	0
3	综合码头外边梁	混凝土开裂，无剥落	47	48	0.11	—	—	—	12	—217	1.32	—
4	综合码头外边梁		47	46	0.08	—	—	—	11	—217	1.26	—
5	引桥墩台	无裂缝，无锈斑	50	46	—	5.2	0.90	22	28	—62	—	—
6	引桥墩台		48	45	—	5.8	1.01	27	27	—53	—	—

①F—混凝土抗压强度；D_a—混凝土氯离子扩散系数。

②现场测试采用 Cu/饱和 $CuSO_4$ 参比电极，表中的数据已通过电化学理论转换成相对于 Ag/AgCl 参比电极的腐蚀电位。

3.2 构件耐久性状态分析及剩余寿命预测

针对所调查范围内的全部构件，在表 7 参数的基础上，采用全寿命分段模型对构件进行耐久性状态评价，并对其剩余寿命进行计算，评价及计算结果见表 8。

构件耐久性状态等级及剩余寿命预测 **表 8**

构件编号	工程部位	外观分类	耐久性状态等级	剩余寿命（年）	预警信号	维修建议
构件 1	二期卸煤码头排架柱	损伤构件	4	1.35	红色	大修
构件 2	二期卸煤码头排架柱		4	1.35		
构件 3	综合码头外边梁	局部损伤构件	3	5.07	橙色	小修
构件 4	综合码头外边梁		3	5.74		
构件 5	引桥墩台	基本正常构件	1	35.69	绿色	不修
构件 6	引桥墩台		1	39.04		

4 结论

在调研我国濒海地区环境荷载特征，尤其是华东沿海地区钢筋混凝土结构侵蚀损伤机理的基础上，本文建立了既有混凝土结构的耐久性状态分析方法。同时，根据结构全寿命分段分析理论，发展了基于全寿命周期的混凝土结构寿命预测模型，该方法模型体系综合运用了层次分析方法，并同时考虑了混凝土劣化和钢筋锈蚀进程，切实可行，已在华东濒海地区电厂改造、上海世博会配套等项目中综合应用，效果突出。

参 考 文 献

[1] 张小刚，杜思成. 钢筋混凝土结构耐久性的多因素 FUZZY-AHP 评估 [J]. 混凝土，2009 (5)：39-42.

[2] 何霞. 海洋环境在役混凝土桥梁结构耐久性评估方法 [J]. 扬州职业大学学报，2009，13 (1)：10-17.

[3] BS7361-1991. Cathodic protection. Code of practice for land and marine applications.

[4] 张贺，俞海勇，王琼. 电化学综合法评价混凝土中钢筋锈蚀及评估体系研究 [J]. 混凝土与水泥制品，2008，(5)：8～11.

[5] 卢木，王娴明. 结构耐久性多层次综合评定 [J]. 工业建筑，1998，28 (1)：1-8.

[6] 赵羽习，金伟良. 钢筋锈蚀导致混凝土构件保护层胀裂的全过程分析 [J]. 水利学报，2005 (8)：939-945.

[7] Shu-cai Li，Ming-bin wang，Shu-chen Li. Model for cover cracking due to corrosion expansion and uniform stresses at infinity [J]. Applied Mathematical Modelling. 2008 (32)：1436-1444.

[8] Stewart MG，Vu KAT. Structural Reliability of Concrete Bridges Including Improved Chloride Induced Corrosion Models [J]. Structural Safety，2000 (22)：313-333.

[9] Fre'de'ric Duprat. Reliability of RC Beams under Chloride-ingress [J]. Construction and Building Materials. 2007 (21)：1605-1616.

自密实混凝土工作性评价方法与两个主要的技术指标

黄智山[1,2]，杜卓铮[2]

（1. 哈尔滨工业大学土木学院；2. 哈尔滨工业大学材料学院　150006）

摘　要　自密实混凝土（SCC）不同于超流态混凝土。本文根据碎石种类和强度等级，将SCC划分为“5-31”和“5-3-1”两类，其中“5-3”是核心性能，工作性不划分等级；强化型L仪评价指标 $h_{\text{中}2,t}/\overline{h}_{12,t}>0.8$，能够作为SCC工作性综合检验指标，新增了常压泌水量（$B_{a,t}$）检测内容；将 $t_{50,t}<5s$ 和 $B_{a,t}=0$ 作为工作性评价方法中两个主要的技术指标，能够缩短SCC研制进程；提出了稳定流动、浇筑工作性、假性离析、水粉比的概念，认为SCC工作性具有高敏感特性，给出了模型化表征；对给定的原材料，不同强度等级的SCC，其工作性通常是唯一的或在狭窄的区域内变化，对任意强度等级的SCC都应是相对独立的研究工作。确定了SCC工作性评价方法与技术指标，并以浇筑工作性作为评价验收的依据，它适用于Ⅰ类碎石、Ⅱ类碎石配制的SCC。

关键词　自密实混凝土；强化型L-仪；泌水；浇筑工作性；假性离析；水粉比；高敏感特性；精细化

1　引言

自密实混凝土（SCC）是一种无需消耗额外能耗，仅在重力作用下便能够完全充填在钢筋之间的空隙和模板中的混凝土，硬化后的含气量与振捣的混凝土相同。在SCC中可掺引气剂，以提高其抗冻性和抗盐剥蚀性[1]，广泛应用于预应力混凝土、钢管混凝土、桥梁、混凝土砌块灌浆等各种类型的工程结构，尤其适用于复杂形体、配筋密集、薄壁结构、封闭性空间及不易捣实的构件，除可避免充填不实造成蜂窝外，还可使钢筋与混凝土接口充分握裹，又能避免施工过程中的漏振或过振等人为因素的影响；降低劳动强度和振捣能耗，同时简化工序，缩短工期，提高施工效率，消除振捣噪声，缓解施工扰民矛盾；硬化后的结构具有均质、密实、低渗透的特点。SCC还具有较高的折压比[2-4]，改善了混凝土材料的脆性和抗开裂性能。SCC的研究与应用始终处于热点问题，被国际混凝土材料界、工程界誉为“近几十年中混凝土建筑技术最具革命性的发展[5]”和“建筑领域的革新[6]”。

SCC是混凝土的高级形式，是高性能混凝土的最终期望和目标。强化SCC试验方法，以利于混凝土材料设计与生产制造，由传统粗放型向集约型精细化的方向发展。但由工程

黄智山（1963—　），男，哈尔滨工业大学土木学院副教授，哈尔滨市南岗区西大直街66号（150006）电话：13904619506，0451-862821098

基金项目：2005年哈尔滨市科委技术攻关计划项目（2005AA44CS198）

需求发展起来的 SCC，在设计方法与检验方法上明显滞后，尤其是钢筋间隙通过性和自充填性检验，还存在着方法不当、严格性不足、量化模糊等问题，表现在根据钢筋净间距的大小，将工作性划分成不同等级的 SCC。服役中混凝土的耐久性有别于实验室中的自由试件，而实际工程验证又需要有很长的年限，混凝土耐久性的研究应同时兼顾其体积稳定性和均质性[7]，避免因混凝土设计原因，造成耐久性不良引起的灾害的发生。因此，规范 SCC 试验方法显得格外迫切。

基于 2003 年以来 SCC 的研究和工程应用，本文阐述了 SCC 工作性评价方法，确定了 SCC 工作性综合技术检验指标和两个主要的技术指标，这对 SCC 的深化研究与应用，具有一定的参考意义。

2 大流动性混凝土（HFC）与自密实混凝土（SCC）

传统上，通过提高用水量和水泥用量实现泵送的混凝土（PC），称为 HFC。自 1971 年以来，对坍落度为 80～120mm 的预拌混凝土，在浇筑前掺入适量的流化剂，经过 1～5min 搅拌，坍落度增大至 200～220mm，这种混凝土称为流态混凝土（FC）。1981 年 DIN1048 规定 FC 坍落度 $SL>200$mm；英国规定 FC 坍落度 $SL>200$mm，流动扩展度 $SF=510\sim620$mm[8]；考虑到耐久性问题，ACI 允许的混凝土最大坍落度 $SL=175$mm[9]。1975～1976 年已经开展了对 FC 工作性的研究（那时称黏稠混凝土）[10,11]。1981～1985 年出现了无需振捣的自流平混凝土（SLC）或超塑性混凝土（SPC）浇筑实例[12-14]。1997 年，H. Okamura 教授提出了 SCC 设计方法和设计模型[15,16]，SCC 引起世界各国的普遍重视，但至今 SCC 还没有突破性和系统性的结论。

广义上，FC、SPC、SLC、SCC 均属于 HFC（见图 4），根据目前的技术水平，能够配制坍落度 $SL=180\sim280$mm、流动扩展度 $SF=450\sim800$mm 的 HFC，但 SCC 仍没有得到广泛应用。

3 HFC 与 SCC 工作性评价方法的演变

3.1 HFC 工作性评价方法

工作性是制成完全密实的混凝土所需要的机械功或能量。工作性最佳化时的 HFC，即为 SCC。对工作性的描述通常是定性的，如可泵性、保水性、黏聚性、流动性、稳定性、充填性等。这些定性的描述，不足以给出量化的评价指标。通常采用多种设备仪器联合检测，并用多种技术参数与指标联合评价。

为使 HFC 达到高性能化，其工作性评价方法的演变，主要体现在钢筋（间隙）通过性和自充填性上。文献［17］是国内较早的系统地介绍 HFC 及 SCC 工作性检验方法的文献，在流动性和钢筋通过自充填性检验方面，自 1989～1993 年先后出现了方形钢筋通过性仪、砂浆堵塞仪、L 形（无配筋）流动仪、Orimet 小口径流变仪、L 形（配筋）流动仪、U 形充填仪、平底 U 形充填仪等，文献［18］将评价混凝土稠度（工作性）的试验方法归纳为 10 种，并给出了评价参数范围。

3.2 SCC 工作性评价方法

SCC 工作性具有特殊性，评价方法较 HFC 要求更高，主要由坍落度仪、L 形仪、J 形环仪、V 形仪、U 形仪、跳桌试验仪等几种试验方法组合，进行联合检验评价工作性。德国还采用长形底面 U 形仪[19]检测，进一步强化钢筋间隙通过性和自充填性检验测试结果的准确性和可靠性。SCC 工作性评价联合检测设备见图 1。

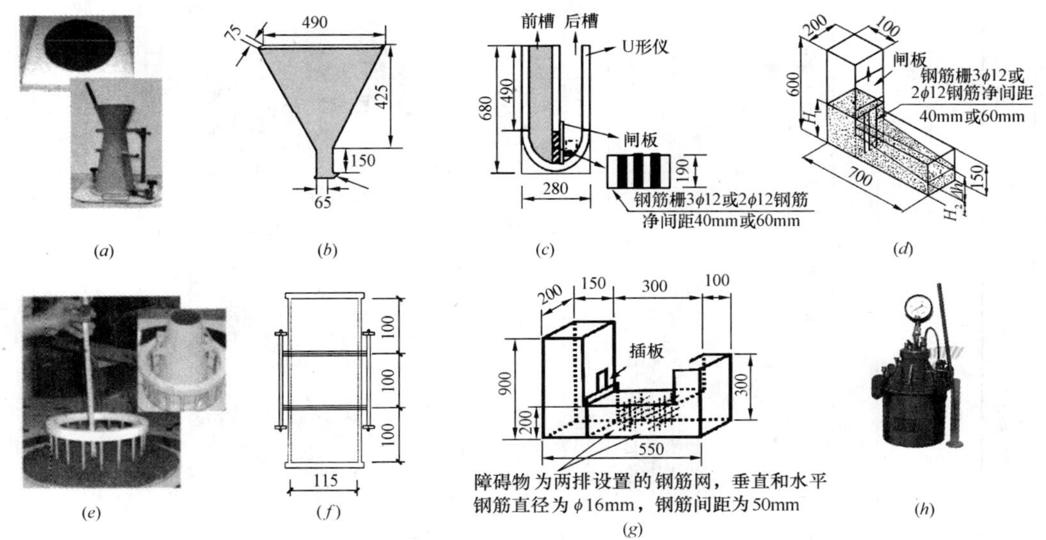

(a) (b) (c) (d) (e) (f) (g) (h)

图 1 SCC 工作性联合检验仪器设备

(a) 坍落度仪；(b) V 形仪；(c) U 形仪；(d) L 形仪；(e) J-环仪；(f) 跳桌仪；(g) 长形底面 U 形仪；(h) 含气量仪

3.3 SCC 工作性评价技术参数与技术指标及 SCC 用粗骨料

发展过程中的 SCC 工作性评价技术参数与技术指标对比见表 1。

由表 1 可以看出，指南对 SCC 研究与生产制造起到了积极的作用，但评价指标目前尚不统一，主要表现在，根据钢筋净间距的大小，将工作性划分成不同的等级；L 形仪检验评价指标（$H_2/H_1 \geqslant 0.8$）测试点不明确，量化模糊；抗离析检验方法存在繁琐性和滞后性。

H. Okamura 教授提出的 SCC 设计方法和设计模型，是基于空隙率为 30%的粗骨料[15,16]。随后各国 SCC 指南基本上参照了 H. Okamura 教授的设计方法，规定粗骨料最大粒径一般宜小于 20mm、针片状含量宜小于 10%、空隙率宜小于 40%。由于Ⅰ类碎石空隙率、针片状含量的技术要求分别为小于 47%、小于 5%，Ⅱ类碎石空隙率、针片状含量的技术要求分别为小于 47%、小于 15%[25]，为实现粗骨料空隙率小于 40%配制 SCC，不得不采用混合级配或优选的粗骨料，这增加了混凝土生产制造工序，限制了通用原材料的使用。

2004 年，文献［3］采用空隙率为 46.7%的粗骨料、简单的配料体系、苛刻的强化型 L 仪检验研制的 SCC，先后在板梁柱等工程上应用，经时 120min 以上，取得了良好的应用效果（见图 6），突破了配制 SCC 对粗骨料品质过高的要求与限制，为实现 SCC 视为一种普通的混凝土提供了可参考的技术依据。

国内外 SCC 工作性评价技术参数与指标对比　　**表 1**

内容		文献[20]	文献[21]	文献[22]		文献[23]			文献[24]		
检测次数/次		—	—	—		—			5min	30min	60min
工作性等级		—	—	Ⅰ	Ⅱ	1	2	3	—		
坍落度仪	坍落度 SL(mm)	$240 \leqslant SL \leqslant 270$	—	—	—	—	—	—	—	—	—
	扩展度 SF(mm)	$550 \leqslant SL \leqslant 750$	$550 \leqslant SL \leqslant 750$	$650 \leqslant SL \leqslant 750$	$550 \leqslant SL \leqslant 650$	600～700	600～700	500～600	805	790	785
	流经 50cm 的时间 t_{50}(s)	$2 \leqslant t_{50} \leqslant 5$	$2 \leqslant t_{50} \leqslant 5$	$2 \leqslant t_{50} \leqslant 5$	$2 \leqslant t_{50} \leqslant 5$	—	—	—	2.0	3.2	3.5
V 形仪流空时间 t_V(s)		$8 \leqslant t_V \leqslant 12$	—	—	—	—	—	—	—	—	—
L 形仪	水平箱体尺寸(mm)	800×200×150	800×200×150	700×200×150					700×200×150		
	钢筋性质	3×ϕ12 圆钢	3×ϕ12 光滑圆钢	3×ϕ12 光滑圆钢					3×ϕ12 钢筋		
	自充填性 H_2/H_1	$0.8 \leqslant H_2/H_1 \leqslant 1$	$0.8 \leqslant H_2/H_1 \leqslant 1$	$H_2/H_1 \geqslant 0.8$					1		
	钢筋净间距(mm)	3 倍于粗骨料最大粒径	60;超过粗骨料最大粒径 5 倍,指标可以放宽	40	60				41		
U 形仪	Δh(mm)	$0 \leqslant \Delta h \leqslant 30$	$0 \leqslant \Delta h \leqslant 30$	$0 \leqslant \Delta h \leqslant 30$		上升高度 >300 (障碍物 R1)	上升高度 >300 (障碍物 R2)	上升高度 >300 (无障碍物)	—		
	钢筋净间距(mm)	—	—	40	60	30～60	60～200	>200	—		
拌合物密度 ρ(kg/m^3)		$2300 \leqslant \rho \leqslant 2450$	—	—		—			2350		
跳桌试验 f_m(%)		$1 \leqslant f_m \leqslant 10$	$1 \leqslant f_m \leqslant 10$	$f_m \leqslant 10$		—			—		
硬化后砂浆层厚度(mm)		<15	<15	<15		—			—		

4 将“SCC”视为 SCC 的误区

将 FC、SPC、SLC 视为“SCC”在工程中应用，有一定的风险性[3]，或达不到 SCC 高性能化的预期。国内外 SCC 和“SCC”主要材料组成与相对含量对比分析见表 2。

2004 年 03 月统计国内外 SCC 和“SCC”主要材料组成与相对含量对比分析[26,27]　　表 2

对比		胶结料总量（kg/m³）				水泥用量（kg/m³）				用水量（kg/m³）					砂率（%）		
掺　量		450～500	500～550	550～600	600～650	280～300	300～350	350～400	≥400	120～150	160～170	170～180	180～190	>190	>50	50	42～45
国外	比例（%）	12.50	31.25	56.25	—	33.33	33.33	33.33	—	50.00	33.30	16.70	—	—	10	90	
国内		16.67	27.67	38.99	16.67	5.60	27.78	22.22	44.40	—	—	27.78	11.11	61.11	27.78	27.78	44.44

由表 2 可见，国外 SCC 设计已兼顾高体积稳定性和高耐久性。国内 SCC 设计中，胶凝材料总量、水泥用量、用水量、砂率偏高，也就是通过提高胶凝材料总量、水泥用量和砂率，改善拌合物的黏塑性，并通过提高用水量使拌合物达到大的流动性。胶凝材料总量大于 550kg/m³、水泥用量大于 400kg/m³、用水量大于 190kg/m³ 的“SCC”，应用中开裂和耐久性过早劣化的概率显著增大。

SCC 与“SCC”本质上的区别在于，SCC 能够完全自行充填在密集钢筋间之间的空隙和模板中，形成均质密实的混凝土结构。表 3 和图 2、图 3 给出的“SCC”并非是 SCC。

“SCC”的工作性　　表 3

编　号	SL_t（mm/min）				SF_t（mm/min）				$t_{50,t}$/（s/min）				$t_{v,t}$（s/min）				U 形或强化型 L 仪（min）	
	0	30	60	90	0	30	60	90	0	30	60	90	0	30	60	90	0	30
2-2[28]	260	260	270	250	605	620	575	540	4	5	5	6	10	11	12	14	①	①
5-7-5[29]	278			279	630			680	4.5			3		25			0.72②	0.65②

①内设三根 ϕ12mm 螺纹钢的 U 形仪，评价参数 Δh。

②内设三根 ϕ12mm 螺纹钢的强化型 L 仪，评价参数 $h_{中2,t}/h_{1,t}>0.8$。

(a)

(b)

图 2　I类碎石配制的“SCC”坍落度仪和 U 形仪组合检验

(a)“SCC”坍落度扩展度检测[28]；(b)“SCC”U 形仪检测[28]

图 3　有离析倾向II类碎石配制的“SCC”强化型 L 仪检验[29]

编号 2-2 采用最大粒径 20mm 的反击破Ⅰ类碎石配制的“SCC”，其 SL_t、SF_t、$t_{50,t}$、$t_{v,t}$具有较理想的 SCC 工作性技术参数，但 U 形仪检验在初始时间时几乎全部堵塞（见图 2）。编号 5-7-5 采用最大粒径 20mm 的颚破Ⅱ类碎石配制的“SCC”，其流动性优于编号 2-2，但 $t_{v,30}$ 显著偏大，拌合物已离析，强化型 L 仪检测结果不符合要求（见图 3）。

这两种混凝土的钢筋间隙通过性和自充填性差，丧失了 SCC 特性，仅仅是 FC 或 SPC、SLC，即“SCC”。

5 SCC 评价方法与两个主要的技术参数

5.1 SCC 分类、设计原则与设计理念

仅强调 SCC 拌合物的“高流动性、高抗离析性、高钢筋间隙通过性、高自充填性”是不够的，不能忽略一个重要的性能参数：高保塑性。否则，在混凝土搅拌站或实验室中配制的 SCC，应用到工程中可能成了一种普通的 FC 或 SLC。这类“SCC”在某些工程上，采用辅助振捣或再加流化剂的后处理方式，也可能达到高质量的混凝土，但对某些特殊工程（如复杂形体、配筋密集、薄壁结构等）而言，可能会失去自密实特性。

基于系统论的观点，将 SCC 分为“5-31”和“5-3-1”两类，即：拌合物具有高流动性、高抗离析性、高钢筋间隙通过性、高自填充性、高保塑性（简称拌合物的“5 高”）；硬化后混凝土同时具有高均质性、高体积稳定性、高耐久性（简称硬化后的“3 高”）和适宜的强度等级（简称强度等级为“1”）。“5-31”类是强度等级为 C30～C40 的 SCC；“5-3-1”类是强度等级大于 C40 的 SCC。SCC 首先满足工作性的“5 高”要求，这是先决条件；其次，还须满足均质性、体积稳定性和耐久性的“3 高”要求；再次，应有足够的安全性，也就是满足不同强度等级的要求，并具有实用性和经济性。其中“5-3”是核心，是 SCC 设计的基本原则，并根据所设计的强度等级选择适宜的原材料。Ⅰ类碎石宜配制“5-3-1”类和“5-31”类 SCC，Ⅱ类碎石宜配制“5-31”类 SCC。从而在“5-3”核心的前提下，实现资源合理配置[3]。

本研究设计理念是：基于低水粉比、高水灰比、低水泥用量设计，使拌合物达到高流动性和高抗离析性之间的平衡，在期望的经时浇筑时间内，实现低水粉比下的稳定流动。

为此采用密实堆积原理、最小水泥用量、最小单位加水量法则相结合的方法组合设计 SCC，即：砂用量予以填充碎石空隙；控制胶凝材料总量，在砂石表面形成一定厚度的浆体膜层，降低拌合物流动时粗细骨料间的摩擦阻力，提高拌合物的流动性；在满足设计强度等级的前提下，采用较低的水泥用量，确保硬化后的高体积稳定性；采用高效减水剂，适度增加缓凝组分，在最小的拌和水用量下，拌合物能够达到高流动性，同时具有高的黏聚性。

过于追求 SCC 强度等级，将增加水泥用量，浆体黏度随之提高，流动性降低，硬化后的体积稳定性也会受到影响；为降低变形流动过程中骨料间的摩擦阻力，SCC 也需要较多的粉体数量，但粉体数量过多，对体积稳定性和抗开裂性不利，需限制粉体总量。

5.2 SCC评价方法中的几个基本问题与评价参数

5.2.1 浇筑工作性及工作性必检次数

浇筑工作性，指混凝土原材料自加水搅拌出机开始计时，至经时 $t=t_T$ min 浇筑完成时所对应的工作性，并以浇筑工作性的技术指标作为SCC拌合物性能的检测验收的依据。

浇筑工作性，其时间间隔（$t=t_T$min）是根据生产制造控制过程、商品混凝土运输半径、城市交通畅通情况、施工现场浇筑条件等综合因素确定的。在实验室研究过程中，"SCC"工作性的检验次数至少应两次（$t=0$min、$t=t_T$min），并以下标 t 表示，例如刚出搅拌机时的初始扩展度，即经时 $t=0$min，记为 SF_0；此后任意时间间隔 $t$min（例如 $t=$ 60min，90min，$t_T$min）测得的扩展度，称为经时扩展度，记为 SF_t；当经时 $t=t_T$min 时，测得的扩展度为浇筑扩展度，记为 SF_{t_T}。以哈尔滨地区为例，"SCC"拌合物出搅拌机后经时 $t=t_T=120$min 时的工作性视为浇筑工作性，记为 $SF_{t_T=120}$。

5.2.2 泌水的性质——泌水、离析与假性离析

混凝土的泌水现象，实际上是一种渗流现象。渗流模型中的 D' Arcy[30]模型为下式：

$$\frac{Q}{A} = u = k_D \frac{\Delta p}{\mu L} \tag{1}$$

式中 Q——单位时间流量（m^3/s）；

A——颗粒层断面面积（m^2）；

u——渗流平均速度（m/s）；

k_D——渗透系数，具有面积的因次；

Δp——压力损失（Pa/m）；

L——颗粒层的厚度（m）；

μ——黏度（Pa·s）。

泌水通常伴随着沉降，沉降必然伴随着泌水。泌水和沉降两种现象同时出现时为离析[31]。对混凝土材料泌水沉降现象的描述，通常有黏聚性、保水性、稳定性等。它是评价混凝土可泵性的主要技术参数，通常采用 $B_{10}=S_{10}=V_{10}/V_{140}$ 表示混凝土的保水性和可泵性，式中 V_{10} 为加压 10s 时的泌水量（mL）；V_{140} 为加压 140s 时的泌水量（mL）。常压泌水量 B_a 也用于表征混凝土泌水的性质。

检验混凝土泌水的性质，可替代表1中的拌合稳定性跳桌试验、硬化后表面砂浆层厚度检测。大量试验表明，SCC的常压泌水量 $B_a=0\text{mL/m}^2$。

坍落度试验时，如果浆骨分离或水泥浆析出，视为拌合物离析[32]。有些SCC拌合物，在经时早期（一般在60min以前），扩展饼边缘有5～10mm的浆体，略有离析现象，但拌合物的其他性能均能满足表5中的SCC技术指标要求；经过一定的时间后，随着砂石中的微裂纹、孔隙、粗糙表面吸水等原因，在检验浇筑工作性时离析自消失，这种现象称之为SCC的假性离析。

假性离析与混凝土的材料组成、材料设计有关，还与试验过程中的器具等表面的润湿程度及其水膜层厚度、环境湿温度有关。当拌合物的 $B_a=0$ 时，由目测判断是否离析已没有意义。

5.2.3　水粉比（W/P）

粉体（P），由混凝土中的水泥、矿物掺合料、砂石中小于 0.300mm 或小于 0.150mm 的细砂和碎石中的石粉含量组成的多元复合粉体，简称粉体。

由式（1）可知，泌水率与浆体黏度成反比。混凝土中的粉体（P）含量越大，比表面积越大，浆体的黏度越大，拌合物的黏聚性和保水性越好。在水用量和外加剂用量不变时，多元复合粉体，尤其细小颗粒组成与分布，对浆体黏度与流动性的影响很大。

5.2.4　工作性的高敏感特性和任意强度等级的独立性

在实际生产制造过程中，由于砂石品质存在着变异性，如石砂风化程度、空隙率、颗粒大小与分布、含泥量、含湿量等的变化，甚至同一厂家生产的不同批次的水泥和矿物掺合料，还有环境因素（温度、湿度、风速），均对 SCC 工作性有显著的影响。

SCC 工作性具有高敏感特性。图 4 给出了图 5 关系模型在外加剂用量与用水量一定时的充填性良好范围的模型。该模型是在材料组成、材料设计、环境等诸多影响因素共同作用时，HFC 拌合物流动性、抗离析性的关系的模型，其中满足强化型 L 仪评价指标 $h_{中2,t}/\bar{h}_{1_{2,t}}>0.8$ 的 SCC，几近达到关系模型的最佳值，是极端工作性参数的特例。

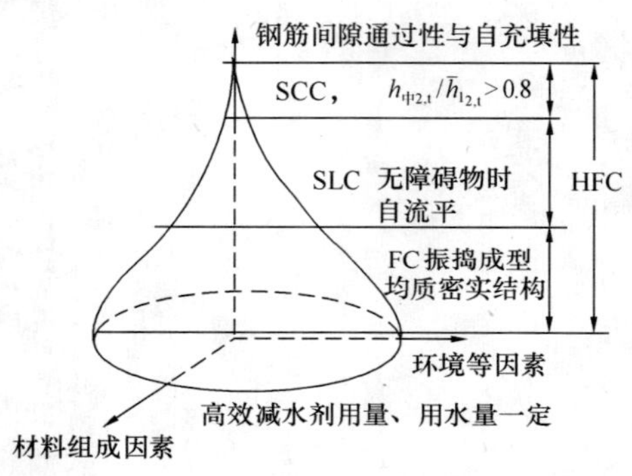

图 4　SCC 工作性高敏感特性模型

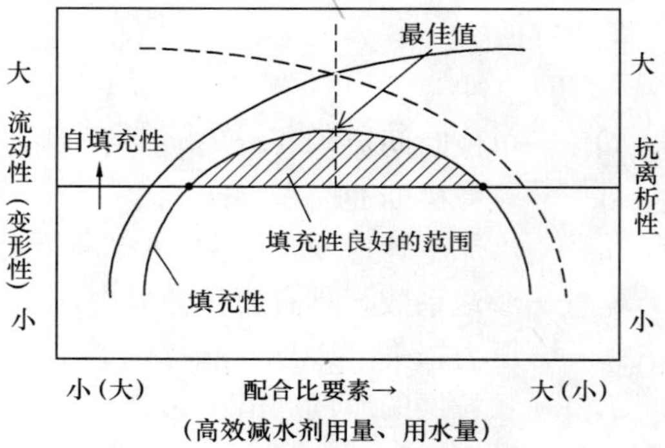

图 5　配合比各要素与变形能力、抗离析性的关系模型[17]

通常采用调整粉体中水泥和掺合料的比例，配制不同强度等级的 SCC；不过，当采用强化型 L 仪评价时，往往会失效。对给定的原材料，对不同强度等级的 SCC，其工作性通常是唯一的或在狭窄的区域内变化，对任意强度等级的 SCC 都应是相对独立的研究工作。

5.2.5　稳定流动

出搅拌机的拌合物（初始 $t_0=0$min）至浇筑完成时（终始 t_T/min）的经时（0min～$t_T$min）内，拌合物性能仍能满足所期望的工作性，即为 SCC 拌合物的稳定流动。通常采用缓凝型塑化剂或后添加外加剂的方法，能够达到拌合物在期望的时间内达到稳定流动，并满足 $h_{中2,t}/\bar{h}_{1_{2,t}}>0.8$。

5.3　强化型 L 仪

强化型 L 仪与 L 形仪（见表 1）试验方法与评价指标对比见表 4。

由表 4 可见，强化型 L 仪主要有以下三个方面特点：

（1）钢筋净间距保持不变，SCC 工作性不划分等级，如果粗骨料最大粒径为 20mm，钢筋净间距 2.05 倍于最大粗骨料，如果粗骨料最大粒径为 16mm，钢筋净间距 2.56 倍于最大粗骨料；

强化型 L 仪与 L 形仪试验方法与评价指标对比 **表 4**

名称	仪器尺寸（mm）	评价指标	计算方法	钢筋性质	工作性等级	钢筋净间距（mm）	检验次数与测试方法	检验验收技术指标
L 形仪	水平箱体 700×200×150	$h_2/h_1 \geqslant 0.8$	测 h_1、h_2	3×ϕ12 光滑圆钢	Ⅰ	40	未注明检验次数	$h_2/h_1 \geqslant 0.8$
					Ⅱ	60	测试点不明确，量化模糊	
强化型 L 仪	水平箱体 700×200×150	$h_{中2,t}/\overline{h}_{1_{2,t}} > 0.8$	测六点 $h_{1,t}$ 数值取平均值测中间高度为准的 $h_{2,t}$ 值	3×ϕ12 螺纹钢	不划分等级	最大净间距 41	至少两次测试点明确，量化清晰	$h_{2中,t}/\overline{h}_{1,t}$，$t=t_T$

（2）钢筋网采用了三根 ϕ12mm 的螺纹钢，检验方法苛刻；

（3）检验评价指标 $h_{中2,t}/\overline{h}_{1_{2,t}} > 0.8$，测试点明确，量化清晰突出，以浇筑工作性作为检验验收的依据。

5.4 SCC 工作性综合评价指标与两个主要的技术指标

5.4.1 本研究 SCC 工作性评价方法与评价技术指标

大量试验和工程应用结果证明，采用坍落度筒仪、常压泌水量、强化型 L 仪三者联合检验拌合物工作性，能够表征混凝土的自密实特性；拌合物的其他性能，根据施工要求和抗冻性与否，还应检测含气量和凝结时间。本研究确定的 SCC 工作性技术指标见表 5。

本研究 SCC 工作性评价方法与评价技术指标 **表 5**

序号	内容		技术指标	综合评价技术指标	两个主要的技术指标	检验验收依据
0	工作性检测次数/次		至少两次（0min、$t_T$min）			以浇筑工作性作为验收的依据，即 $t=t_T$ 时拌合物工作性的技术指标
1	坍落度筒仪	坍落度/SL_t（mm）	$260 < SL_t < 280$			
		扩展度/SF_t（mm）	$600 < SF_t < 800$			
		流经 50cm 的时间 $t_{50,t}$（s）	$t_{50,t} < 5$		$t_{50,t} < 5$	
2	常压泌水量 $B_{a,t}$（mL/m²）		0		0	
3	强化型 L 仪钢筋间隙通过性及自充填性		$h_{中2,t}/\overline{h}_{2t} > 0.8$	$h_{中2,t}/\overline{h}_{2t} > 0.8$		
4	含气量、凝结时间、表观密度		实测①			
5	V 形仪流空时间 $t_{V,t}$（s）		$t_{V,t} < 12$②			

①根据抗冻性要求与否检测含气量；常压泌水量、含气量、凝结时间、表观密度的试验方法按文献 [32] 进行。

②V 形仪流空时间检测与评价指标仅作为参考性依据。

V形仪用于拌合物黏聚性和抗离析性检验。大量试验表明，当拌合物的黏聚性过大或离析，V形仪流空时间 $t_{V,t}$ 均显著延长（见表3编号5-7-5）；当拌合物的黏聚性和抗离析性达到（较）理想的平衡状态时，V形仪流空时间 $t_{V,t}<12s$ 时，强化型L仪和U形仪检测结果，并不能完全满足各自的评价指标要求（见表3编号2-2）；V形仪流空时间 $t_{V,t}<8s$ 的拌合物几乎是不存在的。V形仪与强化型L仪两者的评价指标不能成为互为对应的关系的原因在于，由最大粒径20mm的Ⅱ类碎石（空隙率与H. Okamura教授提出的SCC设计方法和设计模型中的空隙率30%不同）构成的拌合物，在形状与尺寸不同的V形仪与强化型L仪中的流形、壁摩擦力、内摩擦力不同，尤其是，拌合物在V形仪中缩径流出时和L仪中受障碍物堵塞流出时的内摩擦阻力不同；如果拌合物的均质性更好（如采用最大粒径 $D_{max}\leqslant16mm$ 的粗骨料），两者可能会有较好对应的关系。因此，现有形状与尺寸的V形仪，不宜用作SCC工作性评价方法中的检验设备，不过将V形仪流空时间检测与评价指标作为SCC工作性评价的参考性依据，益于了解拌合物在V形仪中的流动现象、由缩孔流出现象，对认识拌合物的黏聚性和抗离析性是有益的。

5.4.2　SCC工作性综合评价指标

由HFC与SCC工作性评价方法的演变过程（见本文2），拌合物钢筋间隙通过性和自充填性检验与评价方法，始终是HFC与SCC工作性评价方法将其评价指标 $h_{中2,t}/\overline{h}_{1_{2,t}}>0.8$ 视为SCC工作性的综合评价技术指标。

5.4.3　SCC工作性两个主要的技术指标

新增泌水性质检验内容，可替代跳桌试验、硬化后表观检测砂浆层厚度试验、目测观察等对拌合物泌水沉降离析的评价与描述。离析的拌合物，已不再是SCC。试验表明，SCC常压泌水量 $B_{a,t}=0$。

为使拌合物具有自密实特性，混凝土须有足够的流动性。混凝土流变方程为下式：

$$\tau=\tau_0+\mu \mathrm{d}r/\mathrm{d}t \tag{2}$$

式中　τ、τ_0——分别为剪切应力、屈服剪切应力（Pa）；

$\mathrm{d}r/\mathrm{d}t$——剪切速率即速度梯度（1/s）；

μ——黏度（Pa·s）。

τ_0 和 μ 是决定拌合物流动特性的基本参数，当 $\tau\leqslant\tau_0$ 时，拌合物不发生流动；$\tau>\tau_0$ 时，拌合物发生流动。坍落度（SL）是拌合物在重力作用下克服内聚力和内摩擦力所引起的变形，μ 与拌合物变形的速度梯度有关，拌合物流动性的大小同时取决于 τ_0、μ 的大小。这反映在拌合物坍落流动扩展至某一定距离时的时间，通常用 t_{50} 表征。采用坍落度仪测试的 $t_{50}<2s$ 的拌合物也是几乎不存在的，有足够流动性拌合物的 $t_{50}<5s$。

因此，将拌合物坍落流经50cm时的时间 $t_{50,t}<5s$ 和常压泌水量 $B_{a,t}=0$，作为SCC工作性评价的两个主要的技术指标。

这给SCC研究与检测带来了许多方便。基于此，SCC研究配制与检测评价可分为“2+1”步：首先拌合物应满足 $B_{a,t}=0$ 和坍落度筒仪的 $t_{50,t}<5s$ 评价指标要求，随后对拌合物进行强化型L仪检测，如果其浇筑工作性满足 $h_{2中,t}/\overline{h}_{1,t}$，$t=t_T$ 的评价指标，该混凝土即为SCC；再进行必要的V形仪试验，对了解和掌握混凝土拌合物的性能是有帮助的。这能够显著缩短拌合物工作性检验所需的时间及SCC研究进程，节约资源。

6 工程应用

基于体积稳定性、抗开裂性的 SCC 设计原则和设计理念，“5-31”类 SCC 和“5-3-1”类 SCC 先后应用于工程与科学研究，均取得令人满意的效果。

6.1 利用Ⅱ类碎石研制的“5-31”类 SCC 在工程中的应用（图 6）

研究时间：2004 年 03 月～2004 年 06 月；

工程应用：2004 年 08 月～10 月；

强度等级：C30；

结构特点：过梁、剪力墙、楼板；

材料特点：简易配料体系，Ⅱ类碎石、中砂、粉煤灰、水泥、外加剂；

施工特点：非泵送浇注、无额外能耗、仅在位能和自重作用下，自搅拌至浇筑结束，经时近 120min；

无损检测：硬化后均质密实结构；

对养护条件的敏感性：SCC 对养护条件适应性强。

(*a*)

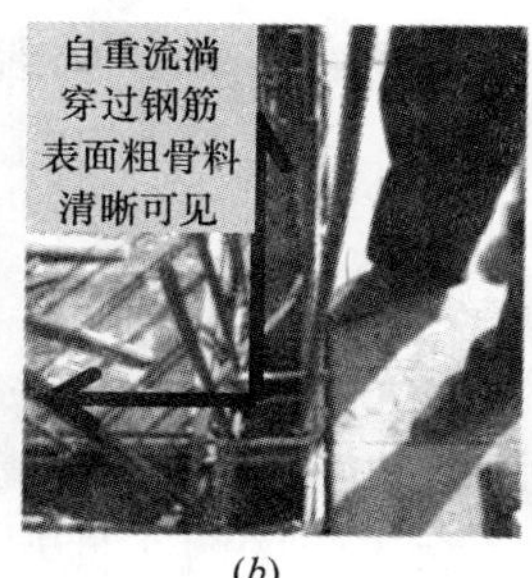

(*b*)

(*c*)

(*d*)

图 6 利用Ⅱ类碎石研制的“5-31”类 SCC 在工程中的应用[3]

(*a*) 漏斗提升浇筑；(*b*) 钢筋密集处的自流过程；(*c*) 5d 拆模 28d 检测强度；(*d*) 未覆盖过梁 3d 后状态

6.2 利用Ⅰ类碎石研制的“5-3-1”类 SCC 在科学研究中的应用（图 7）

应用时间：2005 年 12 月；

强度等级：C45；

结构特点：内置钢箱混凝土组合梁，梁总长 4700mm，高 450mm，宽 300mm，内置钢箱尺寸，长 4600mm，高 450mm，宽 200mm，最大保护层厚度 25mm，梁两侧钢筋间距 25mm，梁底、梁顶最小钢筋净间距分别为 25mm、37mm，是典型的密集布筋、薄壁结构、不易捣实的复杂形体构件；

材料特点：简易配料体系，Ⅰ类碎石、中砂、粉煤灰、水泥、外加剂；

施工特点：无额外能耗、仅在位能和自重作用下、人工非连续性灌注，自搅拌至浇筑结束经时近 45min；

无损检测：硬化后均质密实结构；

开裂性试验：SCC 具有较好的抗开裂能力。

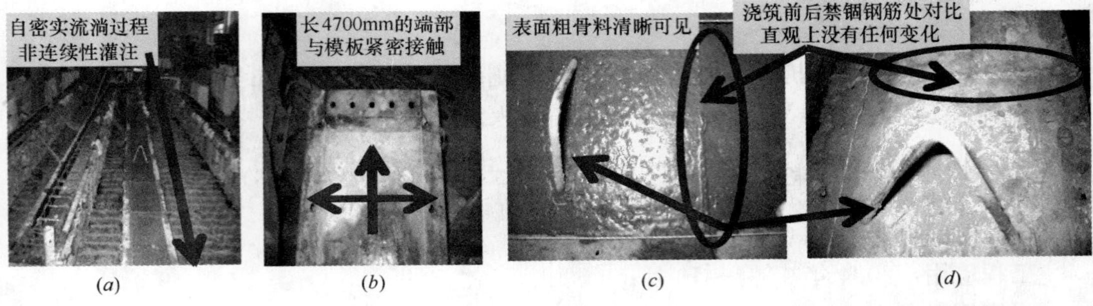

图 7　利用 I 类碎石研制的“5-3-1”类 SCC 在内置钢箱组合梁中的应用[33]

（a）钢筋组合梁密集布筋状况；（b）拆模前组合梁长度方向模板边缘处；

（c）浇筑结束时禁锢钢筋状态；（d）拆模前禁锢钢筋状态

7　存在的问题与展望

SCC 潜在的深刻寓意在于，它将促使混凝土技术的材料设计与生产制造走向精细化之路，从源头提高混凝土材料的品质和服役耐久性，实现延长混凝土结构服役寿命的目的。SCC 提供了一种可以实现的技术途径——将混凝土纳入材料科学总的轨道上来。不然，很难想像它会有什么突破[34]。

SCC 的研究与应用已有近 30 年的发展历程，基于目前国内外尚未形成统一的 SCC 试验方法与标准，基于将 SLC 视为 SCC 的误区，基于混凝土材料的复杂性、动态性、非连续性、滞后性等的自身特点，为实现高性能混凝土的高级形式，尚需艰辛的路程，其中观念的转变比技术的本身更重要[35]。因为提高重大工程的耐久性和服役寿命是节能、节资和保护生态环境的重大措施[36]。

SCC 在材料设计、材料组成、检测评价方法上，与普通混凝土有着显著的差异，SCC 在拌制、取样、试件制作、养护制度等方面也有其特殊性；在高度重视 SCC“5-3”特性的同时，不能忽略混凝土是一种脆性材料的本质，不过基于混凝土材料的基本组成，提供了改善其脆性的新的技术途径；实验室内采用优质原材料配制的混凝土，其优异的结构与性能，在工程应用中难以实现；采用与服役意识相结合的系统的观点，研究混凝土材料的性能或开发新的相关技术，需要采用通用原材料，这不仅仅是经济性、普适性方面的优势，而是将实验室内的研究成果应用于工程中，易于获得便于操作调控、性能稳定的混凝土材料，以适宜其本身的特点，使混凝土结构更具有安全性、可靠性、耐久性；对任意强度等级的 SCC 都是新颖的和独立的研究工作，以满足不同强度等级、不同耐久性要求下的使用功能和期望的服役寿命；SCC 使用较多的矿物掺合料，缓凝，却仍具有较高的早期 3d 强度、高的后期强度递进率，以 28d 强度评定其强度等级，已显得不足；SCC 在收缩和抗开裂性方面，目前存在着较大的分歧，不过 SCC 有别于“SCC”，SCC 脆性的改善和韧性的提高、较长的缓凝机制等因素，益于提高其自身的抗开裂性；实验室内得到的 SCC 用于生产制造过程中，由于原材料品质存在着变异性，这对生产制造企业也相应提出了更高的要求和期望；将混凝土材料流变学机理及其拌合物稳定流动机理，纳入未来的 SCC 指南中是必要的。

本文研究过程中，采用的强化型 L 仪和 V 形仪由有机玻璃制成，优点轻便，易于操作，可观察到仪器内部混凝土的流动状态，但在一定的试验数量后，内表面划痕较多，对工作性检验结果有一定影响，也易于损坏；在拌合物出机至浇筑工作性（经时 $t=t_T$）检验期间内，实验室中的拌合物为静态存放，商品混凝土为动态搅拌过程，两者之间的工作性可能有一定的差距；SCC 工作性评价指标仅给出常压泌水 $B_a=0$ 还是不够的，满足“5-3”特性的 SCC 压力泌水量的上限值尚需界定；拌合物砂石表面形成的浆体膜层厚度理论还有待建立。

采用本文确定的 SCC 工作性综合评价指标和两个主要的技术指标，能够缩短研究进程，随着 SCC 研究与应用的进一步深入，尚需探讨 SCC 工作性评价指标中各项指标之间的相关性、最主要的影响参数，这将推动 SCC 走上健康有序的发展道路，以便对 SCC 的综合性能和适用性有突破性和系统性的结论。

8 结论

（1）基于 HFC、FC、SPC、SLC、SCC 的发展历程和工作性评价方法的演变，“SCC”不同于 SCC。设计方法与评价方法具有同等重要的地位，两者是互为需求的辩证统一的关系。

（2）SCC 潜在的寓意在于，SCC 集材料设计、施工、环保生态等人性化于一体；基于混凝土材料的基本组成，从材料设计的角度，提供了改善混凝土脆性的新的技术途径；具有较好的抗开裂能力，对养护条件适应性强；将促使混凝土技术的材料设计与生产制造走向精细化之路，从源头提高混凝土材料的品质和服役耐久性。

（3）SCC 工作性评价方法中，规定了“SCC”工作性的检验次数应至少两次（$t=0$min、$t=t_T$min），并以浇筑工作性作为 SCC 检验验收与评价的依据；新增了常压泌水（$B_a=0$）检验指标；提出了稳定流动、浇筑工作性、假性离析、水粉比的概念，认为 SCC 工作性具有高敏感特性，给出了模型化表征；提出了对给定的原材料，对不同强度等级的 SCC，其工作性通常是唯一的或在狭窄的区域内变化，因而对任意强度等级的 SCC 都应是相对独立的研究工作。

（4）本文确定的 SCC 工作性评价方法与技术指标，适用于Ⅰ类碎石、Ⅱ类碎石配制的“5-3-1”类和“5-31”类 SCC。提出了强化型 L 仪的评价技术指标，$h_{中2,t}/\overline{h}_{1_{2,t}}>0.8$ 是 SCC 工作性的综合检验指标；将坍落流经 50cm 时的时间 $t_{50,t}<5$s 和常压泌水量 $B_{a,t}=0$，视为 SCC 工作性评价的两个主要的技术指标。这能显著缩短拌合物工作性检验所需的时间及 SCC 研究进程。

（5）Ⅰ类碎石适于配制“5-3-1”类和“5-31”类 SCC，Ⅱ类碎石适于配制“5-31”类 SCC，从而在“5-3”核心前提下，实现了资源合理配置。采用Ⅱ类碎石、简易配料体系、强化型 L 仪检验所研制的 SCC，在 120min 内能够实现自密实特性；SCC 对养护条件适应性强，硬化后具有较高的折压比，其脆性、抗开裂性得到了改善。

（6）强化型 L 仪由三根螺纹钢组成，钢筋最大净间距 41mm 保持不变，SCC 工作性不划分等级；强化型 L 的评价指标 $h_{中2,t}/\overline{h}_{1_{2,t}}>0.8$，检测方法苛刻、测试点明确、量化清晰。

（7）在 SCC 工作性评价方法中，应纳入流变学参数、稳定流动机理及其影响因素，以便材料设计、材料试验、生产制造、浇筑施工等的混凝土材料研究与生产制造系统内的各环节，对 SCC 有足够的重视。

参 考 文 献

[1] Deutscher Ausschuss fuer Stahlbeton（DAfStb）Sachstandbericht Selbstverdtchtender Beton（SVB）[S]，2000.

[2] P. L. Domone，A review of the hardened mechanical properties self-compacting concrete，Cement&Concrete Composites 2001（29）：1-12.

[3] 黄智山，周春雨等. C30 自密实混凝土配制及应用技术鉴定资料汇编［A］. 哈尔滨工业大学，哈尔滨市第二建筑工程.

[4] 胡琼，颜伟华，郑文忠. 自密实混凝土基本力学性能试验研究［J］. 工业建筑，2008，38（10）.

[5] EFNARC. Specification and Guidelines for Self-Compacrecte. Nov. 2001.

[6] Jörg-Peter Wagner. SVB aus Sicht des Bauausführenden，Selbstverdtchtender Beton-Innovatton im Bauwensen，Prof. Dr. -Ing，Dr. Ing，e. h. Gert König usw. Selbstverdtchtender Beton-Innovatton im Bauwensen Beiträge aus Praxis und Wissenschaft［C］，Berlin：Bauwerk Verlag GmbH，2001，p25～50.

[7] 黄智山，王大超．混凝土的耐久性［J］，混凝土，2004（6）：25-28.

[8] 李继业，刘福胜．新型混凝土实用技术手册［M］．北京：化学工业出版社，2005（3）：95.

[9] ACI Manual of Concrete Practice，Recommended Practice foe Selecting Proportions for Normal Weight Concrete，1ACI 211. 1-70，Part 1，1973，pp. 211～214，ACI Publications 3.

[10] M. Collepardi，Rheoplastic Concrete，Cemento，1975pp. 195～204.

[11] M. Collepardi，Assessment of the rheoplasticity，Cement and Concrete Research，pp. 401～408，1976.

[12] J. P. Colaco，J. B. Ames and E. Dubinsky，Concrete shear walls and soandrel beam moment frame brace New York office，Concrete International，pp. 23～28，1981.

[13] M. Collepardi，The influence of admixtures on concrete rheological properties，Cemento，pp. 289～316，1982.

[14] D. J. Sharpe，A. G. Ford M. G . Watson，Concrete for the future? Hong Kong Engineer，The Journal of the Hong Kong Engineer Institution Engineers，pp17～28，1985.

[15] Okamura，H.：Self-Compacting High-Performance Concrete. In：Concrete International 19（1997），Nr. 7，p50-54.

[16] Okamura，H.：Self-Compacting High-Performance Concrete International19（1997），Nr. 7，p50-54.

[17] 吴中伟，廉慧珍．高性能混凝土［M］．北京：中国铁道出版社，p183-p21，p192，1999. 09.

[18] 鈴木忠彦．高流動 コンクリ-ト試験方法．建筑技術特集＜高流動コンクリ-トの基本と實際＞，1996（4）.

[19] Per Grübl，Chistoph Lemmer，Anforderungen an die Frischbetongeigenschaften von SVB，Prof. Dr. -Ing，Dr. Ing，e. h. Gert Känig usw. Selbstverdtchtender Beton-Innovatton im Bauwensen

Beiträge aus Praxis und Wissenschaft [C], Berlin: Bauwerk Verlag GmbH, 2001, p25～50.

[20] 自密实高性能混凝土设计与施工指南（讨论稿），成都：中南大学，2004，04.

[21] 自密实高性能混凝土设计与施工指南（第二次送审稿），自密实高性能混凝土设计与施工指南，2005，05.

[22] CCES 02-2004 自密实混凝土设计与施工指南 [S].

[23] 日本土木学会自密实混凝土填充性等级，CCES 02-2004 自密实混凝土设计与施工指南 [S]，p33.

[24] Wolfgang Brameshuber, Stephan Uebachs, Thomas Eck, Betontechnologsche Grundlsgen des Selbstverdtchtenden Betons. Selbstverdtchtender Beton-Innovatton im Bauwensen Beiträge aus Praxis und Wissenschaft [C], Berlin: Bauwerk Verlag GmbH, 2001, p11～23.

[25] GB/T 14685-2001，建筑用卵石、碎石 [S].

[26] Prof. Dr. -Ing, Dr. Ing, e. h. Gert König usw. Selbstverdtchtender Beton-Innovatton im Bauwensen Beiträge aus Praxis und Wissenschaft [C], Berlin: Bauwerk Verlag GmbH, 2001.

[27] 高强与高性能混凝土及其应用第四节学术讨论会论文集 [C]，北京：中国土木工程学会于混凝土与预应力混凝土学会-高强与高性能混凝土委员会，2001，10.

[28] 石钟涛，黄智山．免振捣自密实混凝土的研究 [D]，哈尔滨：哈尔滨工业大学材料科学与工程学院，2003.

[29] 杜卓铮，王大超，黄智山．自密实混凝土工作性的试验研究 [D]，哈尔滨：哈尔滨工业大学材料科学与工程学院，2004.

[30] 陆厚根．粉体技术导论 [M]．上海：同济大学出版社，1998.

[31] Mario Collepardi，刘数华，冷发光，李丽华译．混凝土新技术 [M]．北京：中国建材工业出版社，2008. 8.

[32] GB/T 50080—2002，普通混凝土拌合物性能试验方法标准 [S].

[33] 谢恒燕. 内置钢箱—混凝土组合梁受力性能与设计方法研究 [D]，哈尔滨工业大学土，2007. 03.

[34] 黄蕴元. 混凝土材料科学研究中的若干进展（上）[J]，混凝土与制品.

[35] 廉慧珍. 思维方法和观念的转变比技术更重要 [J]，2005（3）：1-8.

[36] 孙伟. 基础工程建设中必须把提高耐久性和服役寿命放在首位．南京硅酸盐学会：建材工业节能减排与混凝土耐久性 [C]，2007（9）：10-14.

混凝土不同层次结构抗氯盐侵蚀性能与相互关系的研究

王成启
（中交上海三航科学研究院有限公司，上海 200032）

摘　要　针对混凝土多层次结构（水泥浆、砂浆和混凝土三个层次结构）的特点，试验研究了混凝土不同层次结构的抗氯盐侵蚀性能及相互关系。研究结果表明，混凝土中三个层次的抗氯盐侵蚀性能按净浆、砂浆和混凝土的次序增强，高性能混凝土配合比设计应控制三个层次比例，控制浆骨比、砂胶比和砂率等配合比参数，保证混凝土具有较高的抗氯盐侵蚀性能。

关键词　混凝土；层次结构；抗氯盐侵蚀；配合比

1　引言

硬化混凝土是一种多相（汽、液、固三相兼而有之）、多孔的复合材料，具有高度不均匀和复杂的内部结构，不仅骨料和水泥基体两相分布不均匀，而且它们自身的结构相当复杂。混凝土研究尺度可分为微观、细观和宏观。微观层次一般指微米尺度，在该层次下，则混凝土内部结构相当复杂，硬化水泥浆体的内部结构是混凝土的结构特征，能够分辨出硬化水泥浆体的颗粒结构。细观层次所包含的范围较大，结构单元尺寸从 10^{-4}m 到几个厘米，甚至更大[1]，在该层次下，颗粒结构是最重要的，可以观察到骨料颗粒以及较大的空隙，骨料颗粒与砂浆基体的相互作用。从宏观层次看，混凝土可视为由骨料（石子和砂）分散在水泥基体中的两相材料。在宏观层次下，混凝土被假定为均匀和各向同性的。混凝土被视为由尺寸大于几厘米的结构单元组成，单元的尺寸的大小足够在平均比例上反映均匀化的材料性质。因此，混凝土是由水泥浆、砂浆和混凝土三个层次，具有多层次结构特征。

为提高混凝土耐久性，在海港工程、跨海大桥等海工工程中均采用高性能混凝土。抗氯盐侵蚀是海工工程混凝土的重要性能。而混凝土具有多层次的结构特点，本文研究混凝土中的水泥浆、砂浆和混凝土三个层次的抗氯盐侵蚀性能，分析混凝土三个层次抗氯盐侵蚀作用及相互关系，从而对抗氯盐高性能混凝土的配合比设计具有重要作用。

2　试验过程

2.1　原材料和配合比

2.1.1　原材料

（1）胶凝材料

王成启（1964—　），男，工学博士，教授级高级工程师

水泥采用上海嘉新港辉有限公司生产强度等级为 52.5 的Ⅰ型硅酸盐水泥，水泥的力学性能如表 1 所示，达到 52.5Ⅰ型硅酸盐水泥强度要求，其他各性能指标符合国家标准。矿粉采用安徽朱家桥水泥有限公司的 S95 矿渣粉，其物理力学性能指标如表 2 所示，其各项性能指标符合国家标准。

水泥的物理力学性能指标 **表 1**

抗折强度（MPa）		抗压强度（MPa）	
3d	28d	3d	28d
6.0	8.3	28.6	58.7

矿渣粉物理力学能指标 **表 2**

比表面积 (m^2/kg)	水分 (%)	密度 (g/cm^3)	流动度比 (%)	三氧化硫 (%)	烧失量 (%)	活性指数（%）	
						7d	28d
436	0.2	2.87	100.0	0.03	0.95	76	96.2

（2）骨料

细骨料采用细度模数为 2.6 的中砂；粗骨料采用 5-31.5mm 连续级配的碎石。

（3）减水剂

采用麦斯特生产的 RP-25 高效减水剂。

2.1.2 配合比

设计了较大水胶比（0.50）和较低水胶比（0.35）两个系列，矿粉掺量为 70%，混凝土不同层次结构配合比如表 3 所示。

混凝土三个层次结构配合比（质量比） **表 3**

系 列	编 号	水 泥	矿 粉	砂	碎 石	拌合水	减水剂
系列一	D1	0.30	0.70	—	—	0.50	—
	D2	0.30	0.70	3	—	0.50	—
	D3	0.30	0.70	2.04	2.94	0.50	—
系列二	G1	0.30	0.70	—	—	0.35	—
	G2	0.30	0.70	3	—	0.35	0.005
	G3	0.30	0.70	1.76	2.43	0.35	0.008

3 试验结果讨论与分析

3.1 抗压强度

抗压强度的测试结果如表 4、图 1 和图 2 所示。从表 4 和图 1 可以看出，水胶比为 0.50 的系列一的 3d 和 28d 抗压强度按净浆、砂浆和混凝土的次序不断增加。此外，表 4 和图 2 也表明，水胶比为 0.35 的系列二的 3d 和 28d 抗压强度也按净浆、砂浆和混凝土的次序不断增加。因此，混凝土中的净浆、砂浆和混凝土三个层次结构强度具有显著差异，混凝土中浆体含量和砂率对抗压强度具有一定的影响，合理控制浆骨比、砂胶比和砂率等可提高混凝土抗压强度。

抗压强度测试结果 **表 4**

系　　列	编　　号	3d 抗压强度（MPa）	28d 抗压强度（MPa）
系列一	D1	10.5	42.5
	D2	15.7	49.9
	D3	17.5	51.2
系列二	G1	14.8	46.8
	G2	17.1	48.9
	G3	20.2	58.2

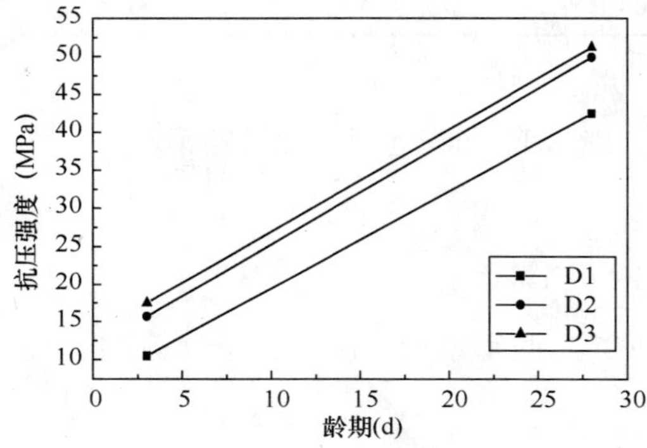

图 1　系列一试样的 3d 和 28d 抗压强度

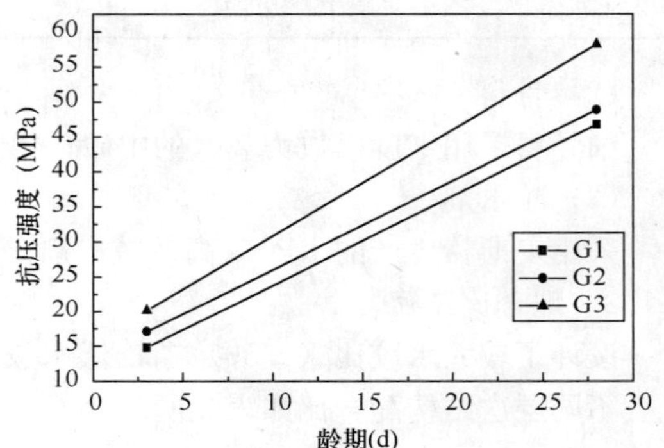

图 2　系列二试样的 3d 和 28d 抗压强度

3.2　抗氯盐侵蚀性能

按照 ASTM C1202 标准分别测试试样 28d 的电通量，测试结果如表 5、图 3 和图 4 所示。电通量直接反应水泥基材料抗氯盐侵蚀性能，抗氯盐侵蚀性能较强的水泥基材料具有较低的电通量。从表 5 和图 3 可以明显地看出，水胶比为 0.50 的系列一的 28d 电通量按净浆、砂浆和混凝土的次序降低，这表明三个层次的抗氯盐侵蚀能力按混凝土、砂浆、净浆次序降低；同时，表 5 和图 4 也清楚地表明，水胶比为 0.35 的系列二的 28d 电通量也按净浆、砂浆和混凝土的次序降低，抗氯盐侵蚀能力也按混凝土、砂浆和净浆的次序降低。因此，混凝土中三个层次结构的抗氯盐侵蚀能力存在较大差别，通过合理调整三个层次的比例可以提高混凝土抗氯盐侵蚀能力，以指导混凝土配合比设计。

电通量测试结果 **表 5**

系列	编号	28d 电通量（C）	系列	编号	28d 电通量（C）
系列一	D1	4369	系列二	G1	2950
	D2	1512		G2	1127
	D3	1141		G3	842

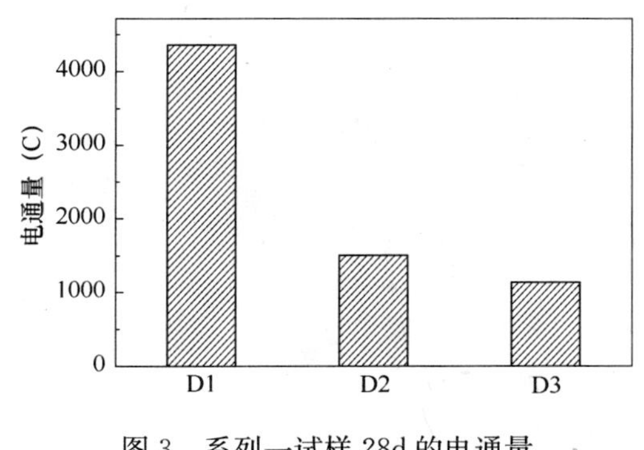

图 3　系列一试样 28d 的电通量

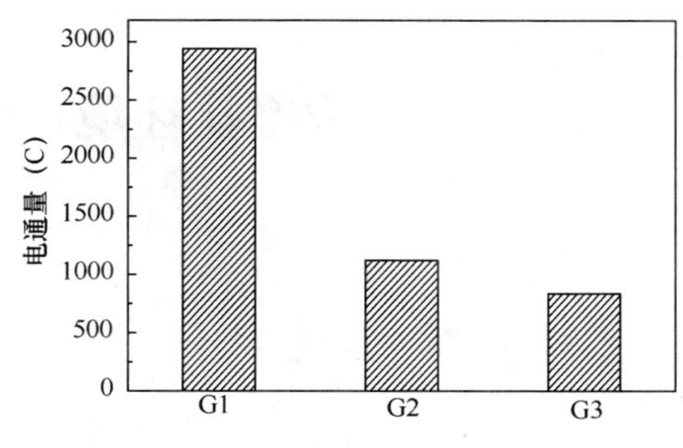

图 4　系列二试样 28d 电通量

3.3　机理分析

根据混凝土的结构，混凝土可划分为原子-分子、细观、粗观和宏观四个层次。通过材料的组分—结构—性能的多层次研究，促进了按使用要求与使用寿命来进行混凝土材料力学行为的综合设计，并把混凝土工艺理论在结构层次上和混凝土强度理论相适应[2,3]。高性能混凝土抗氯盐侵蚀性能与内部结构密切相关，从宏观层次来看，混凝土具有水泥浆、砂浆和混凝土三个层次，水泥浆体中不含细骨料，而砂浆中不含粗骨料，骨料具有较大的电阻率，导致砂浆和混凝土层次的电通量降低，在一定程度上可阻止有害氯离子侵入，从而导致三个层次的抗氯盐侵蚀性能差别。因此，当能混凝土中浆体量较大，会增加混凝土收缩并导致水化热的增加，同时，骨料含量相对较小，会一定程度导致混凝土的电通量的增加，抗氯盐侵蚀性能的下降，应适当控制浆体的比例，保证高性能混凝土具有良好的工作性和耐久性。

4　结论

混凝土具有净浆、砂浆和混凝土三个层次结构，具有多次结构的特点。本文对混凝土三个层次结构的混凝土抗氯盐侵蚀性能进行了试验研究，研究结果表明，三个层次结构的电通量按净浆、砂浆和混凝土的次序递减，混凝土层次具有较高的抗氯盐侵蚀性能，三个层次层次结构抗氯盐侵蚀性能对高性能混凝土配合比设计具有一定指导作用，在保证混凝土工作性的情况下，应适当控制混凝土浆骨比、砂率等参数，浆体体积应小于 35%，砂率宜控制在 40%以内，保证海工高性能混凝土具有较高的抗氯盐侵蚀性能。

参　考　文　献

［1］　小林昭一．混凝土的破坏机理．北京：中国水利出版社，1982.

［2］　黄蕴元．混凝土的材料组分-结构-界面力学行为关系的多层次研究．上海建材学院学报，1989，3.

［3］　黄蕴元．混凝土工艺理论的科学基础，混凝土与水泥制品，1985，5.

不同浓度盐环境对阻锈剂在电化学快速测量试验中的影响

王　元[1]，张大利[1]，康　勇[1]，吕　晶[2]

（1. 辽宁省建设科学研究院，沈阳 110005；2. 沈阳建筑大学，沈阳 110168）

摘　要　添加钢筋阻锈剂是目前抑制或防止混凝土中钢筋锈蚀的最主要、最方便、最简单的措施。在评价阻锈性能的众多方法中，电化学综合试验法是最基本、最常用的方法之一。本文选择了自然腐蚀电位跟踪试验、恒电流极化试验和恒电位极化试验三种电化学试验方法，在不同浓度盐环境和不同阻锈剂掺量下对某种阻锈剂进行了试验分析，阐述了电化学综合试验在钢筋阻锈剂阻锈性能评价中应用的一般特点。

关键词　钢筋阻锈剂；恒电位极化；恒电流极化；自然腐蚀电位跟踪

1　引言

混凝土中钢筋腐蚀已成为影响钢筋混凝土结构耐久性的主要因素。多种环境条件（如碳化、氯离子侵蚀等）能够使混凝土中钢筋表面已经形成的钝化膜逐渐失去保护作用，促使钢筋加剧锈蚀。由于钢筋的锈蚀会使得原有混凝土的有效配筋率降低，使得混凝土结构存在危险，同时由于钢筋的表面锈蚀层成为铁锈后体积增加，其膨胀应力会使得混凝土保护层开裂、起鼓、剥落，进一步加剧外露钢筋的锈蚀[1,2]，逐渐加大混凝土结构的隐患，容易造成构件突然断裂等突发事故，对于沿海近海工程、桥梁、停车场、化工厂等钢筋混凝土结构这种现象尤其突出。如何抑制混凝土与钢筋界面孔溶液中阴极或阳极的电化学腐蚀，降低钢筋的锈蚀速率，减少因钢筋锈蚀造成的结构破坏，已成为一个世界性问题[3,4]。钢筋的阻锈以及评价技术已成为提高钢筋混凝土耐久性研究的关键技术。

添加混凝土钢筋阻锈剂是延缓混凝土中钢筋锈蚀问题的最重要技术手段之一，也是一种最为方便易行的钢筋阻锈方式。目前，国内阻锈阻锈剂产品标准只有《钢筋阻锈剂使用技术规程》（YB/T 9231—98）以及交通部的《钢筋混凝土阻锈剂》（JT/T 537—2004）。涉及阻锈或防锈的标准、规程有《建筑结构检测技术标准》（GB/T 50344—2004）、《混凝土中钢筋检测技术规程》（JGJ/T 152—2008）、《混凝土外加剂》（GB 8076—1997）等。在国外，试验方法还有《试验室金属材料浸渍腐蚀试验标准》（ASTM G 31—2004）的重量法、《混凝土中未涂覆的预应力钢筋的半电池电势的试验方法》（ASTM C876-1999）、《薄膜路面系统电阻率的测试方法》（ASTM D3633-2006）、《涂漆钢表面锈蚀程度评价的试验方法》（ASTM D610-2001）以及日本工业标准《钢筋混凝土用防锈剂》（JISA6205-

王元，（1964—　），男，工学博士，教授级高级工程师

1982）、美国腐蚀工程师学会《混凝土中钢筋防腐蚀标准》（NACE RP-0178-96）和韩国《阻锈剂标准》（KS. F2561-88）等标准规定的试验方法[5]。综合而言，试验方法主要为盐水浸渍试验、半电池电位试验方法及干湿冷热循环试验方法和电化学方法、重量法和截面法等等。其中前三种试验方法目前被国内有关标准所采用，这三种方法都是粗略的从定性上进行评价。混凝土中钢筋的腐蚀本身就是一个电化学过程，因而电化学方法也是反映其本质过程的有力手段。本文所提的电化学试验方法主要包括自然腐蚀电位跟踪试验及恒电位、恒电流作用下的极化试验[6]。

2 试验方法

试验采用北京中腐防蚀工程技术有限公司生产的 PS-268A 型电化学综合测量仪进行。分别针对不同浓度盐环境和不同阻锈剂掺量，选择了自然腐蚀电位跟踪试验、恒电流极化试验及恒电位极化试验等三种电化学试验方法对某种阻锈剂进行了试验分析。具体试验过程如下：

（1）将一级建筑钢筋加工成直径 7mm，长度 100mm，表面粗糙度最大允许值为 1.6μm 的试件，用汽油、乙醇、丙酮依次浸渍除去油脂，并在一端焊上 130～150mm 的导线，再用乙醇擦去焊油，钢筋两段浸涂热熔石蜡松香绝缘涂料，使钢筋外露长度为 80mm，计算其裸露表面积 17.6cm^2。

（2）依据水灰比 0.5，灰砂比 1∶2 配制砂浆。水为蒸馏水，砂为检验水泥强度的标准砂，水泥为大连小野田水泥厂生产的华日牌 P·O42.5R 水泥，干拌 1min，湿拌 3min。

（3）以一根钢筋作为阳极连接仪器“研究电极”接口，另一根钢筋作为辅助电极连接仪器“辅助电极”接口，再将甘汞电极的导线连接仪器“参比电极”接口，其下端与钢筋阳极的正中间对准，与新拌砂浆接触并垂直砂浆表面，连接好试验设备进行试验。

3 试验结果与分析

按照以上试验方法，对空白样、2.5％和 5％浓度盐溶液及添加不同掺量阻锈剂的新拌砂浆的自然腐蚀电位跟踪、恒电位极化和恒电流极化变化情况进行测试分析。

3.1 自然腐蚀电位试验

当某种金属浸入电解质溶液时，金属表面与溶液之间就会建立起一个电位，腐蚀电化学中把这个电位称为自然腐蚀电位。不同的金属在一定溶液中的电位是不一样的。而同一种金属的电位由于其各部分之间存在着电化学中不均一性而造成不同的部位间产生一定电位差值，正是这种电位差值导致了金属在电解质溶液中的电化学腐蚀。

试验对空白砂浆拌合物和添加 5％浓度氯化钠溶液（将普通砂浆中的水更换为 5％盐水）的砂浆拌合物自然腐蚀电位进行了跟踪试验，试验结果绘制成时间（Time）-电位（Potential）曲线如图 1、图 2。

以上两图表明，针对该次使用的原材料时，空白样拌合物最低腐蚀电位－405mV，最高－396 mV，在 t=1000～1800s 时，拌合物自腐蚀电位基本稳定在－401～－397mV

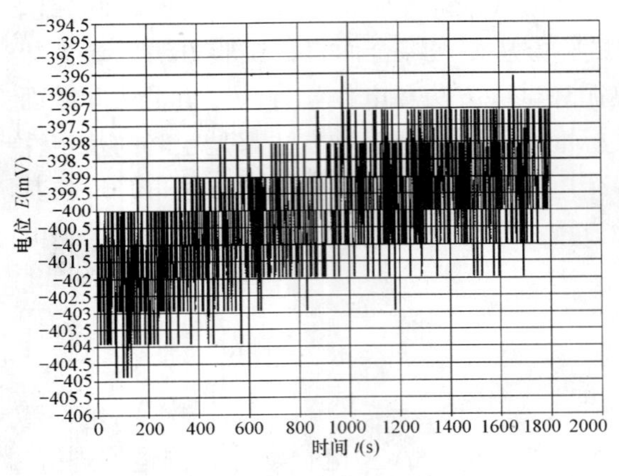

图 1　空白样自然腐蚀电位跟踪曲线

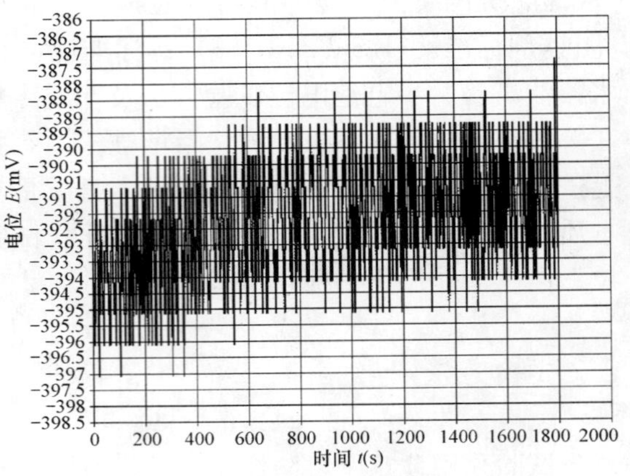

图 2　5%浓度盐自然腐蚀电位跟踪曲线

之间；对 5%浓度盐的砂浆拌合物来看，最低腐蚀电位－397mV，最高－387 mV，在$t=1000\sim1800$s 时，拌合物自腐蚀电位基本稳定在－394～－389mV 之间。可见，对新拌砂浆而言，在电极两侧没有电流通过的情况下，氯盐的掺加对使用相同电极所产生的腐蚀电位变化不大，最好不采用自然腐蚀电位跟踪试验来评定钢筋锈蚀速度的快慢和锈蚀程度大小。

3.2　恒电位极化试验

恒电位极化法就是将研究电极恒定在不同数值上，然后测量对应于不同电位下的电流。把电位与电流密度之间对应的关系画成曲线叫做极化曲线。具有钝性倾向的金属在进行阳极极化时，如果电流达到足够的数值，在金属表面上能够生成一层具有很高耐蚀性能的钝化膜而使电流减少，金属表面呈钝态。把测得的一系列不同电位下的电流密度与电位值在平面坐标系中描点并连接成曲线，即得恒电位极化曲线。恒电位法的精确度比恒电流法差，但是测量起来比较简便，并且使用的电极电势必须控制在稳态体系。该稳态体系指被研究体系的极化电流、电极电势、电极表面状态等基本上不随时间而改变。在实际测量中，常用的控制电位测量方法有以下两种：

静态法：将电极电势恒定在某一数值，测定相应的稳定电流值，如此逐点地测量一系列各个电极电势下的稳定电流值，以获得完整的极化曲线。对某些体系，达到稳态可能需要很长时间，为节省时间，提高测量重现性，往往人们自行规定每次电势恒定的时间。

动态法：控制电极电势以较慢的速度连续地改变（扫描），并测量对应电位下的瞬时电流值，以瞬时电流与对应的电极电势作图，获得整个的极化曲线。一般来说，电极表面建立稳态的速度愈慢，则电位扫描速度也应愈慢。因此对不同的电极体系，扫描速度也不相同。为测得稳态极化曲线，为节省时间，对于那些只是为了比较不同因素对电极过程影响的极化曲线，则选取适当的扫描速度绘制准稳态极化曲线就可以了。

试验将所加电势控制值设定为自然腐蚀电位，这样可以根据新拌砂浆中因添加物质不同其自然腐蚀电位亦不同的特点，分别对空白试样、5%盐浓度试样、2.5%盐浓度并掺加

2%和4%ZXJ（阻锈剂）、5%盐浓度并掺加2%和4%ZXJ（阻锈剂）进行了恒电位极化试验。图3～图8为不同盐环境和阻锈剂掺量条件下时间（t）—腐蚀电流（Current Density）曲线，各图自然腐蚀电位分别如下：－1000mV、－1000mV、－1000mV、－759mV、3000mV、－231mV。

由图3～图8容易看出，空白试样在以自然腐蚀电位为恒电位的前提下，200s后电流

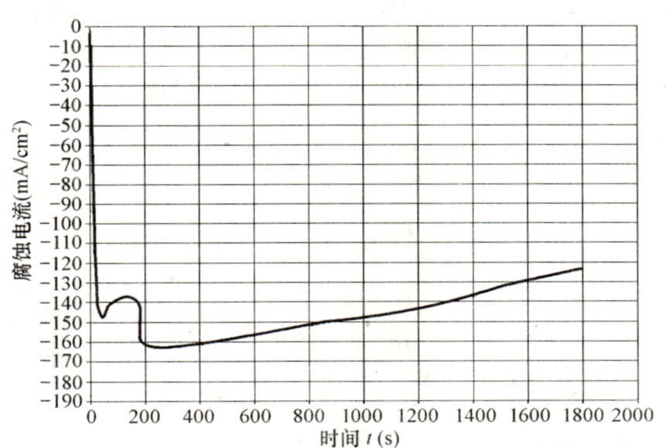

图3　空白样恒电位极化曲线

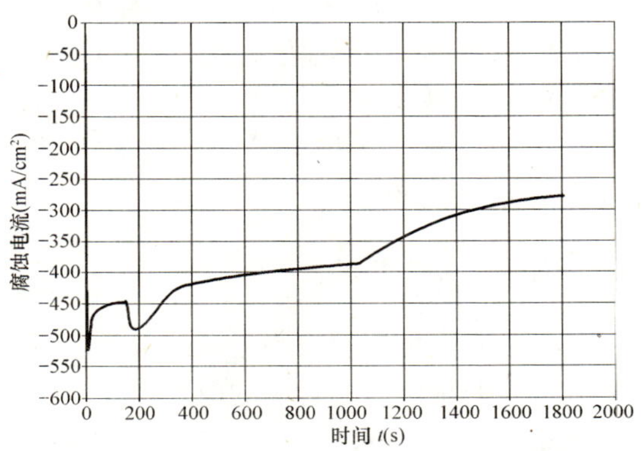

图4　5%NaCl恒电位极化曲线

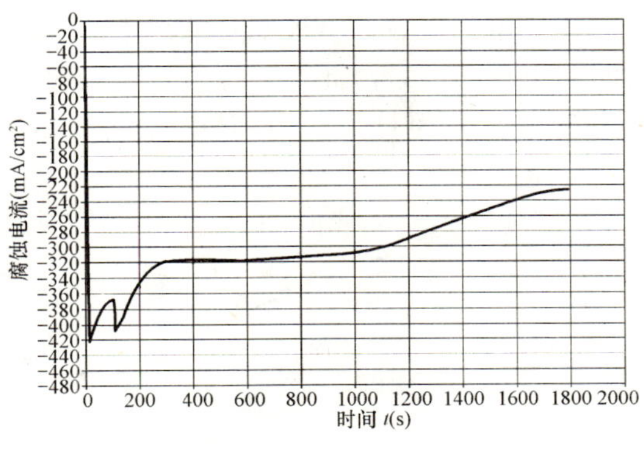

图5　2.5%NaCl＋2%ZXJ恒电位极化曲线

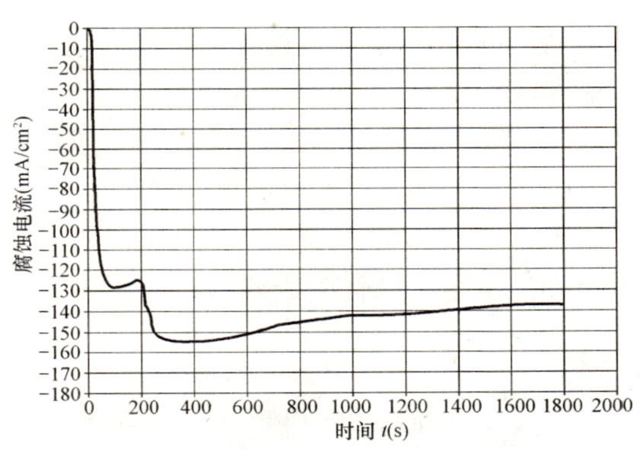

图6　2.5%NaCl＋4%ZXJ恒电位极化曲线

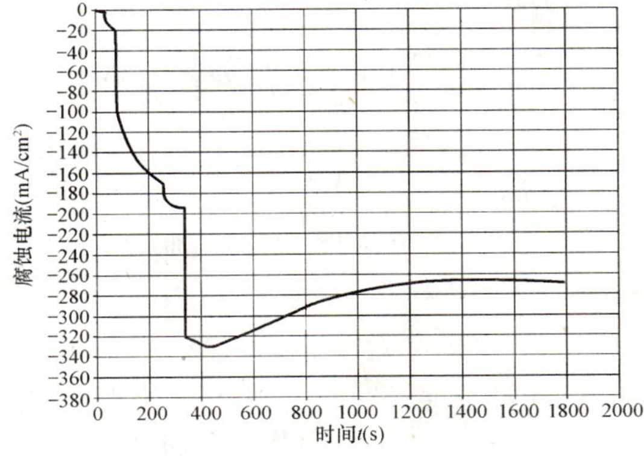

图7　5%NaCl＋2%ZXJ恒电位极化曲线

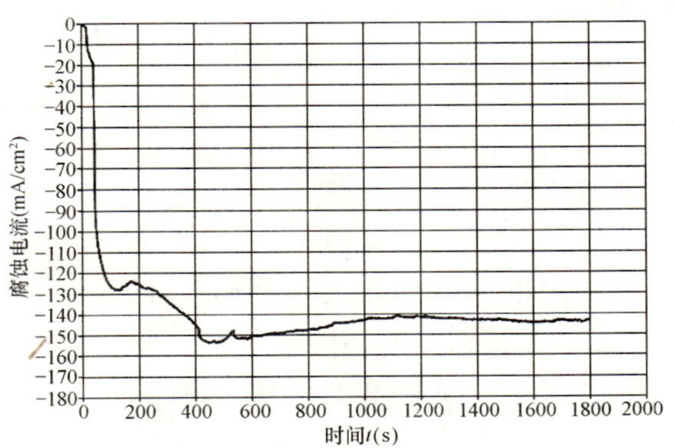

图8　5%NaCl＋4%ZXJ恒电位极化曲线

从－170mA 平缓的上升至－120mA，而 5％NaCl 试样 200s 后电流从－500mA 平缓的上升至－280mA；当 NaCl 浓度为 2.5％，ZXJ 掺量分别为 2.0％和 4.0％时，电流 200s 后分别从－320mA 平缓的上升至－220mA 和－155mA 平缓的上升至－135mA；当 NaCl 浓度为 5％，ZXJ 掺量分别为 2％和 4％时，电流 400s 后分别从－330mA 平缓的上升至－260mA 和－155mA 平缓的上升至－140mA。

这表明，掺加 5％氯盐的试样在以自然腐蚀电位为恒电位的前提下，电流值较空白试样高得多，变化幅度也较空白样大，当 ZXJ 掺量为 4％时，电流量值及变化幅度与空白试样基本相当，可见 ZXJ 在该试样起到了较好的阻锈功能。所以，可以使用以自然腐蚀电位为恒电位的恒电位极化试验进行 ZXJ 快速测量的横向对比试验和阻锈性能测试试验。

3.3 恒电流极化试验

恒电流法是控制被测电极的电流密度，使其分别恒定在不同数值上，然后测定与每一个恒定的电流密度相对应的电位值。将测得的这一系列的电位值记下后，与电流密度在平面坐标系中标出一一对应的点，连接这些点组成的曲线，即为极化曲线。用恒电流法测得的极化曲线反映了电极电位是电流密度的函数。恒电流法比较容易操作，是常用的极化曲线测量方法。

采用恒电流法测定极化曲线时，由于种种原因，给定电流后，电极电势往往不能立即达到稳态。不同的体系，电势趋于稳态所需要的时间也不相同，因此在实际测量时一般电势接近稳定（如 1～3min 内无大的变化）即可读值，或人为自行规定每次电流恒定的时间。

试验中，设定电流 0.05mA，试验时间 30min，试验结果绘制成时间（t）-电位（Potential）恒电流极化曲线如图 9～图 14。

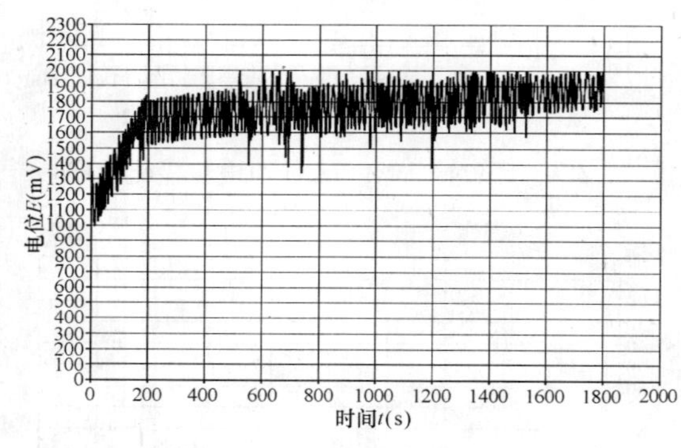

图 9　空白样恒电流极化曲线

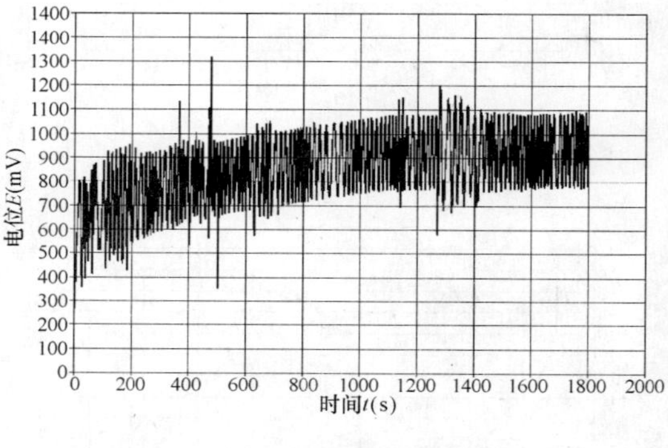

图 10　5％NaCl 恒电流极化曲线

由上图 9～图 14 看出，空白样在 200s 后电位波动范围为 1500～2000mV；5％NaCl 试样 600s 后电位波动范围 700～1100mV，并在 800～1100mV 趋于稳定；当 2.5％NaCl 和 2％及 4％阻锈剂时，试样 600s 后电位波动范围分别是 800～1400mV 和 1100～1700mV；而当 5％NaCl 和 2％及 4％阻锈剂时，试样 600s 后电位波动范围分别是 1000～1600mV 和 1400～2000mV。

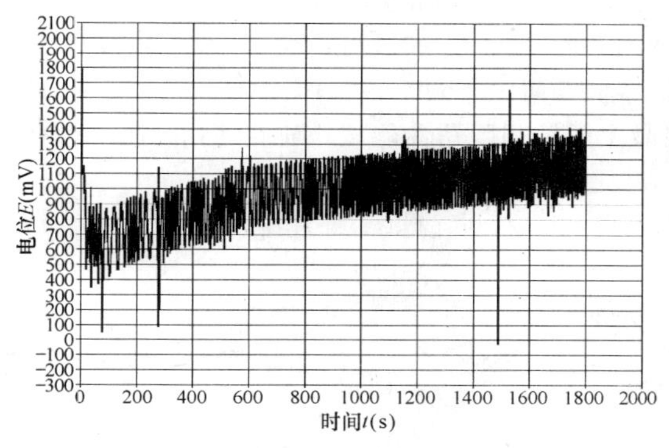

图 11　2.5%NaCl+2%ZXJ 恒电流极化曲线

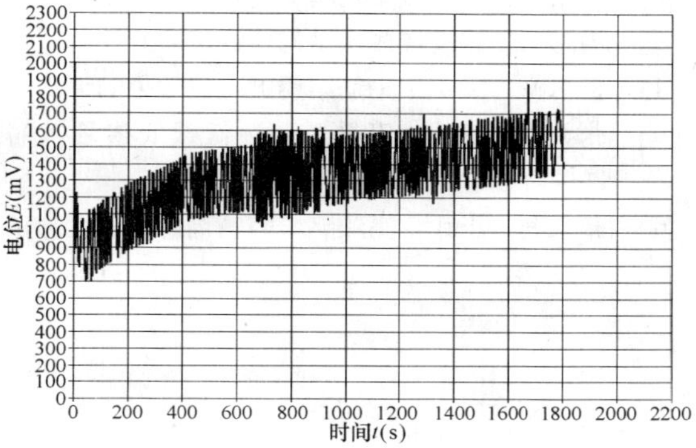

图 12　2.5%NaCl+4%ZXJ 恒电流极化曲线

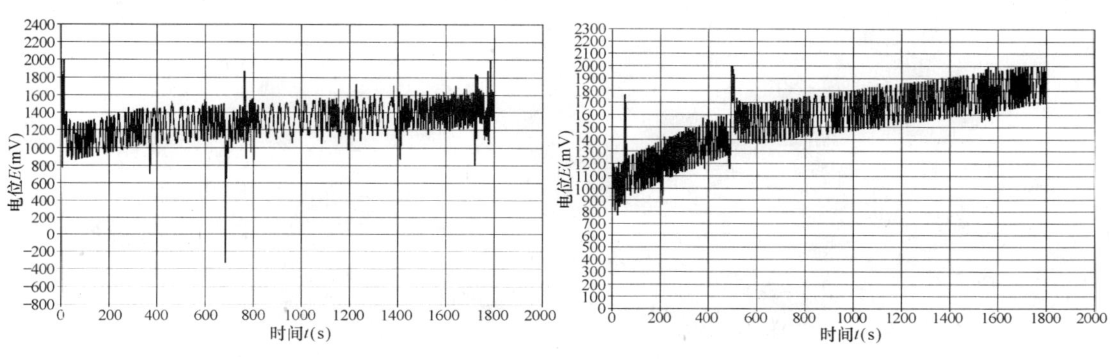

图 13　5%NaCl+2%ZXJ 恒电流极化曲线

图 14　5%NaCl+4%ZXJ 恒电流极化曲线

试验结果再次证明，当使用恒定电流 0.05mA 时，电极电位变化较好的显示了阻锈剂在抵抗锈蚀起到了良好的作用。尤其是当添加 5%NaCl 和 4%阻锈剂时，所检测到的结果基本与空白样相符，可见此时可以评价其阻锈效果良好。本文可以认为，当使用本试验方法进行阻锈性能测试时，设定恒定电流为 0.05mA，当存在腐蚀介质时，通过添加阻锈剂使得电位值稳定在 1500～2000mV 之间时基本上与空白样（无腐蚀介质）相当。

4　结论

（1）自然腐蚀电位跟踪试验不可以用于快速评价钢筋锈蚀。

（2）以自然腐蚀电位为恒电位的极化试验，可以进行阻锈剂快速测量的横向对比试验和阻锈性能测试试验。

（3）当存在腐蚀介质时，设定恒定电流为 0.05mA，通过添加阻锈剂使得电位值稳定在 1500～2000mV 之间时基本上与空白样（无腐蚀介质）相当。

参　考　文　献

[1]　洪乃丰．钢筋阻锈剂的发展与应用［J］．工业建筑，2005，(06)．

[2] 迟培云，袁建成，杨崎．高性能钢筋阻锈剂的研究与应用 [J]. 混凝土，2005，(01)．
[3] 潘书云．钢筋混凝土结构锈蚀试验及评价 [J]. 福建建材，2009，(01).
[4] 杨水彬，彭英．钢筋阻锈剂阻锈效果的评价 [J]. 腐蚀与防护，2005，(02)．
[5] 张大利，王元，康勇．一种低碱低掺量钢筋混凝土阻锈剂阻锈性能试验研究 [J]. 辽宁建材，2008，(11)．
[6] 张大利，王元，高颂凯．阻锈剂的阻锈性能试验及评价方法探讨 [J]. 辽宁建材，2010，(01).

防腐剂及掺合料对混凝土性能影响的试验研究

李福海，叶跃忠
（西南交通大学土木工程学院，成都 610031）

摘　要　主要研究防腐剂、掺合料对混凝土基本性能的影响，并对混凝土的抗渗性能等进行试验研究。结果表明：由防腐剂、减水剂和粉煤灰、矿粉多组分复合的C35混凝土的28d、56d力学性能和抗氯离子渗透性均明显好于不掺加防腐剂的C35双掺矿物混凝土；并且C35双掺防腐混凝土56d的抗氯离子渗透性指标与C50双掺矿物混凝土的抗渗性很接近，满足设计使用年限为100年结构的混凝土电通量要求，同时也满足化学侵蚀H3、H4环境和L2、L3环境的电通量指标要求。

关键词　防腐剂；双掺矿物混合料；强度；电通量

1　引言

近几年来，高速铁路在我国取得了迅速的发展，高速铁路发展最大的特点是以桥代路。由于很多桥梁处于腐蚀环境，混凝土耐久性研究引起了铁路桥梁行业的高度关注[1,2]。很多工程通过提高混凝土的强度来提高混凝土的耐久性。本文进行了C35、C40、C45、C50双掺矿物混凝土及掺防腐剂的C35双掺防腐混凝土五种类型的高性能混凝土，希望在均满足力学性能的前提下，掺加防腐剂的低强度等级混凝土能够取代高强度等级的混凝土，满足混凝土耐久性要求。

2　试验所用原材料及配合比

2.1　原材料

水泥：峨眉普通硅酸盐水泥P·O42.5R，主要技术性质指标见表1。矿物掺合料：粉煤灰和矿渣微粉，两种矿物掺合料的技术指标见表2及表3。外加剂：主要包括减水剂及防腐剂，减水剂为四川巨星新型材料有限公司成产的JX-GBNH1/1型聚羧酸高效减水剂，掺量为1%，减水率15%～30%；防腐剂为高性能抗蚀防裂剂（泵送型）JX-GW2，掺量3.0%～4.0%，本文试验所选掺量为3.5%。骨料：细骨料采用细度模数为2.77的河砂，表观密度为2.632g/cm^3，堆积密度为1.630g/cm^3，含泥量为1.6%；粗骨料采用粒径为5～20mm的碎石，针片状颗粒含量2.83%，含

李福海（1979—　），男，工程师，博士，四川成都二环路北一段111号（610031）；电话：15882464365

基金项目：铁道部科技研究开发计划重大课题（2008G032-5），中央高校基本科研业务费专项资金资助（SWJTU09BR002）

泥量为0.54%，连续级配。

水泥主要技术指标，见表1。

水泥主要技术指标　　表1

细度	凝结时间（min）		安定性雷氏检验（mm）	抗压强度（MPa）		抗折强度（MPa）	
筛余（%）	初凝	终凝	4.3	3d	28d	3d	28d
4.4	180	240	合格	22.1	46.5	5.1	9.2

粉煤灰主要物理力学指标，见表2。

粉煤灰主要物理力学指标　　表2

密度（kg/m^3）	细度（%）	需水量比（%）	烧失量（%）	90d强度比
2059	4.4	88	1.66	合格

矿粉主要技术指标，见表3。

矿粉主要技术指标　　表3

比表面积（m^2/kg）	密度（g/cm^3）	含水率（%）	三氧化硫含量（%）	烧失量（%）	流动度比（%）	活性指数（%）	
						7d	28d
357	2.9	0.4	2.3	2.6	94	88	97

2.2　试验方法

（1）按《普通混凝土力学性能试验方法》（GB/T 50081—2002）进行混凝土立方体抗压强度试验。试件边长为150mm的立方体，在标准养护条件下养护到28d及56d龄期进行抗压试验。

（2）根据《050910客运专线高性能混凝土暂行技术条件》，混凝土的氯离子渗透性采用电通量快速测定方法，即ASTM C1202《快速氯离子渗透测定方法》。通过将ϕ100mm×50mm的混凝土试件进行真空保水，然后置于标准夹具（夹具负极为3.0%中氯化钠溶液，正极为0.3mol/L氢氧化钠溶液）中，施加60V直流电，持续通电6h，测定通过混凝土试件的电量，以此评价原材料和配合比对混凝土抗渗性能的影响，也可用来间接评价混凝土的密实性。

2.3　试验配合比

混凝土配合比，见表4。

混凝土配合比　　表4

混凝土等级	水泥（kg）	砂（kg）	石（kg）	水（kg）	矿粉（kg）	粉煤灰（kg）	减水剂（kg）	防腐剂（kg）
C35	209	731	1144	152	76	95	4.94	—
C40	242	722	1130	167	88	110	5.72	—
C45	273	629	1168	168	99	123	6.44	—

续表

混凝土等级	水泥（kg）	砂（kg）	石（kg）	水（kg）	矿粉（kg）	粉煤灰（kg）	减水剂（kg）	防腐剂（kg）
C50	267	621	1153	150	97	121	6.30	—
C35 双掺防腐	209	731	1144	152	76	95	—	15.20

3 试验结果及分析

3.1 试验结果

抗压强度试验对各等级混凝土 3d、7d、28d 及 56d 抗压强度进行测试。混凝土氯离子渗透性试验是在混凝土分别养护 28d 及 56d 之后进行测试，试验结果见表 5。

各等级混凝土不同龄期抗压强度及电通量 **表 5**

混凝土等级	抗压强度（MPa）				电通量（C）	
	3d	7d	28d	56d	28d	56d
C35	19.68	30.52	44.62	54.82	1005	847
C40	21.22	34.96	50.10	60.20	992	863
C45	26.92	41.42	58.52	65.45	713	569
C50	25.90	41.11	63.41	71.12	663	485
C35 双掺防腐	21.91	34.20	55.73	60.42	848	665

3.2 试验分析

（1）由图 1 可知，各强度等级的混凝土 28d 内的抗压强度经时均呈现较大的增长趋势，而 28～56d 之间，抗压强度也有较明显的增长。C35～C50 双掺矿物混凝土及 C35 双掺防腐混凝土 56d 混凝土强度较 28d 分别增加 22.9%、20.2%、11.8%、12.2% 和 8.4%。这是由于粉煤灰和矿粉掺合料的形貌效应、微骨料效应及火山灰效应同时作用即润滑、细化孔隙、胶凝作用，使得后期强度仍有较大增长[3,4]。水胶比和骨料是影响混凝土力学性能的主要参数[5]。在使用相同骨料的情况下，随着水胶比的减小，混凝土的立方体抗压强度逐渐增大。C35～C50 双掺混凝土的水胶比分别为 0.40、0.37、0.34、0.31 依次减小，强度依次增大，相邻强度等级的混凝土 56d 强度增幅约为 5MPa。而在混凝土强度发展迅速的早期出现一些异常情况，如 C45 混凝土 3d 和 7d 抗压强度均大于 C50，这可能是由于骨料性质差异造成的。在相同龄期，C35 双掺防腐混凝土较 C35 双掺混凝土的抗压强度高约 10%；C35 双掺防腐混凝土的抗压强度较 C40 相当。这是由于掺加的防腐剂变相地降低了混凝土的水胶比的缘故。

（2）由表 5 可知，C35 和 C40 双掺矿物混凝土 56d 的电通量值分别为 847C、863C，均大于 800C 小于 1500C，满足设计使用年限为 100 年的混凝土结构电通量要求[6]，同时也满足化学侵蚀 H3、H4 环境要求，但不满足氯盐 L2、L3 环境的电通量要求。C45、C50 双掺矿物混凝土及 C35 双掺防腐混凝土 56d 电通量值分别为 569C、485C、665C，均

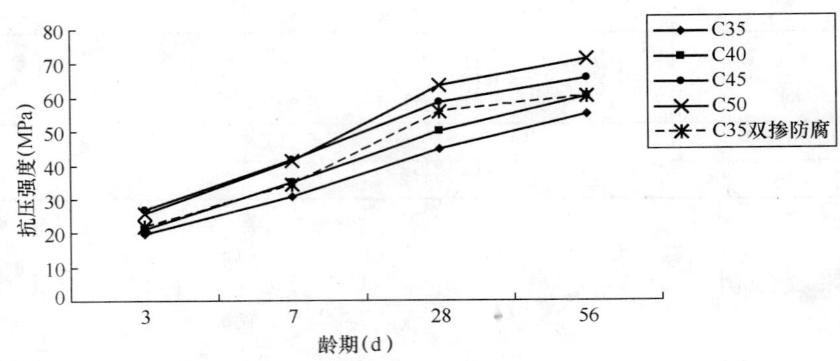

图 1　各强度等级混凝土不同龄期抗压强度曲线

小于 800C，除满足设计使用年限为 100 年结构的混凝土电通量要求外，同时也满足化学侵蚀 H3、H4 环境及氯盐 L2、L3 环境的电通量要求。C35 双掺防腐混凝土 56d 电通量较 C40 双掺矿物混凝土要低。由此可见，在不增加强度的情况下，可以通过加入防腐剂来提高混凝土的耐久性能。

4　结论

试验着重找出低强度等级混凝土在添加粉煤灰、矿渣微粉等掺合料的情况下，通过添加防腐剂、减水剂等外加剂来提高混凝土的基本性能及耐久性能。在均满足工程结构力学要求的前提下，通过添加外加剂来改善低强度混凝土耐久性能，降低工程结构因采用高强度等级混凝土而增加的费用。

（1）试验结果表明，4 个等级的双掺矿物混凝土其力学性能良好，氯离子渗透性很低。添加防腐剂的 C35 混凝土其立方体抗压强度高于 C35 双掺矿物混凝土，与 C40 双掺矿物混凝土相当。

（2）虽然 C35 双掺防腐混凝土的抗压强度与 C50 双掺矿物混凝土相差很多，但是其 56d 的氯离子电通量值均能满足设计使用年限为 100 年结构的混凝土电通量要求，同时也满足化学侵蚀 H3、H4 环境及氯盐 L2、L3 环境的电通量要求。因此试验表明，强度较低的混凝土在添加防腐剂之后，可以具有良好的耐久性能，可作为抗氯盐高性能混凝土，用于处于恶劣环境中的结构物。

参 考 文 献

[1]　冯乃谦，邢锋等．混凝土与混凝土结构的耐久性［M］．北京：机械工业出版社，2009.644-659.

[2]　黄微波等．喷涂聚脲弹性体技术［M］．北京：化学工业出版社，2005.259-261.

[3]　姚燕，王玲，田培等．高性能混凝土［M］．北京：化学工业出版社，2009.30-40.

[4]　吴寅，孙玲．矿渣与粉煤灰高性能混凝土力学性能研究，大连民族学院学报，2004．

[5]　曹楚南等．中国材料的自然环境腐蚀［M］．北京：化学工业出版社，2005.458-460.

[6]　中国工程院土木水利与建筑学部工程结构安全性与耐久性研究咨询项目组．混凝土结构耐久性设计与施工指南［M］．北京：中国建筑工业出版社，2004.11-19.

C60 机制砂自密实清水混凝土的试验研究

高育欣，吴海泳，李晓欢，徐芬莲，唐天明
（中建商品混凝土成都有限公司，成都 610052）

摘　要　针对成都地区机制砂特点，开展了机制砂自密实清水混凝土试验研究，通过大量复掺粉煤灰，复掺硅粉等途径，改善机制砂对混凝土流动性、黏聚性的不良影响。开展了混凝土工作性能试验，论证了机制砂自密实清水混凝土的工作性能，成功配制兼具自密实与清水饰面效果、坍落度大于240mm、扩展度大于650mm、U形筒填充高度大于320mm、强度等级达到C60以上的机制砂自密实清水混凝土。

关键词　自密实；清水混凝土；GMT；筛析稳定性

1　引言

自密实混凝土（Self-Compacting Concrete，简称SCC）可以定义为：具有高流动度、均匀性和稳定性、不离析，浇筑时依靠其自重流动，无需振捣即可充满模型和包裹钢筋而达到密实的混凝土[1-3]。

清水混凝土要求表面平整光滑、色泽均匀、棱角分明[4,5]。要达到清水效果，混凝土应具有良好的匀质性和保水性，不离析、不泌水；较小的含气量，且气泡稳定、大小均一。

自密实清水混凝土结合了自密实混凝土和清水混凝土两者的特点，要求混凝土拌合物具有以下特性：(1) 高流动性：即混凝土具有在模板内克服阻力有流动的能力；(2) 优异的填充能力：即混凝土靠自重可以填充到模板内每一个角落的能力；(3) 良好的穿越能力：即混凝土在自重下流过狭窄间隙的能力；(4) 高抗离析能力：即在满足以上三点的同时，混凝土在运输和浇筑过程中各组分要保持均匀，抑制静置后粗骨料下沉；(5) 良好的饰面效果：自密实浅色清水混凝土须在达到自密实的同时保持其原有的饰面效果，达到清水混凝土的颜色、表观质量要求。

本文通过大量复掺粉煤灰，复掺硅粉，优选骨料，使用高性能聚羧酸减水剂等途径，研制出C60机制砂自密实清水混凝土，为机制砂自密实清水混凝土在实际工程中应用提供参考。

2　自密实清水混凝土工作性能评价方法

目前，国内外对混凝土工作性能评价方法有多种，例如坍落流动度、倒坍落度筒通过

高育欣（1981—　），男，工程师，主要从事预拌混凝土生产与应用技术研究，成都市成华区龙潭寺建设村5组中建商品混凝土成都有限公司（610052），电话：028-84211392，E-mail：gao _ h313@sina. com

时间、U形箱、L形箱、V形漏斗、J环、GMT筛析稳定性等等。自密实混凝土需要同时借助多种试验手段，才能客观衡量其流动性、填充能力、通过性、抗离析等工作性能[6]。

对于机制砂自密实清水混凝土来说，抗离析性能是衡量其工作性能极重要的一方面。本文进行筛析稳定性试验用以检测混凝土抗离析性能。采用10L容量筒，静置15min，观察其离析泌水情况。取容量筒上部约5kg混凝土，于筛网上方500±50mm处倒入孔径4.75mm的筛子。静置2min，称量通过筛网的混凝土重量 W_1 和倒入筛网混凝土总重量 W_2，计算 $SR=W_1/W_2\times100\%$。SR 指标范围为5%～20%，超过20%说明混凝土处于离析状态。

本文试验采用坍落度、坍落扩展度、倒坍落度筒通过时间、U形箱、L形箱、GMT筛析稳定性等试验方法，用以评价自密实清水混凝土的工作性能。

3 研究思路及方法

（1）本文通过提高润滑浆体和砂浆的总体积，使混凝土内具有足够的润滑层和可流动组分，降低混凝土的内部摩擦力，使混凝土具有更好的流变性能。这一点主要通过以下三种措施来实现：①提高胶凝材料总量；②选择合适的砂率；③提高硅粉掺量，选择合适的矿物掺合料。

（2）优选骨料。选用5～16mm连续级配的碎石，减小粗骨料的最大粒径，有利于降低骨料在浆体中上浮的浮力，有利于提高混凝土的匀质性。

（3）优化聚羧酸高性能减水剂，调整减水剂中缓凝成分，以解决新拌混凝土工作性保持能力问题。

4 机制砂自密实清水混凝土的研制

4.1 试验原材料选择

（1）水泥：采用眉山产某品牌P·O42.5R水泥，各项性能指标见表1。

水泥性能指标 **表1**

标准稠度（%）	比表面积（cm²/g）	安定性	初凝时间（min）	终凝时间（min）	抗折强度（MPa）		抗压强度（MPa）	
					3d	28d	3d	28d
24.8	3580	合格	145	205	6.1	9.0	28.5	50.8

（2）拌合用水：采用地下水，质量指标见表2。

（3）矿粉：采用重庆产某品牌S95级矿粉，比表面积4300cm²/g，含水率0.32%，流动度比108%，28d活性指数96%。

（4）粉煤灰：采用Ⅰ级粉煤灰。细度11.5%，烧失量3.7%，需水量比90%。

（5）砂：采用机制中砂。细度模数2.7，石粉含量6.5%，泥块含量0.5%，MB值0.8，大于4.75mm的颗粒含量4%。

（6）石：采用5～16mm连续级配碎石。含泥量0.4%，泥块含量0.1%，针片状含量5%。

（7）外加剂：采用聚羧酸系高性能减水剂。含固量21.6%，减水率20%。

4.2 自密实清水混凝土技术指标

本文参照《自密实混凝土应用技术规程》（CECS 203：2006），制定自密实清水混凝土技术指标。混凝土技术指标设定如表2。

自密实清水混凝土技术指标 **表2**

序号	试验方法	测试性能	典型值范围		
			Min值	Max值	单位
1	坍落度/扩展度	填充能力	230/600	260/800	mm
2	倒坍落度筒通过时间	黏聚性	5	25	s
3	U形箱试验（B形）	通过能力	250	350	mm
4	L形箱试验	通过能力	0.6	1	(h_2/h_1)
5	GMT筛析稳定性试验	抗离析性能	5	15	%

4.3 配合比设计

本文通过调整胶凝材料的用量、改变砂率、调整外加剂的用量，设计出不同的C60自密实清水混凝土配合比，如表3所示。

自密实清水混凝土设计配合比 **表3**

编号	胶凝材料总量（kg/m³）	配合比（水泥：粉煤灰：硅灰：矿粉：机制砂：石：水：减水剂）								砂率（%）
		水泥	粉煤灰	硅粉	矿粉	机制砂	石	水	减水剂	
1#	600	1	0.34	0.06	0.25	2.24	2.42	0.41	0.018	48
2#	600	1	0.34	0.06	0.25	2.33	2.33	0.41	0.020	50
3#	600	1	0.34	0.06	0.25	2.42	2.24	0.41	0.021	52
4#	650	1	0.51	0.08	0.20	2.16	2.53	0.47	0.028	46
5#	650	1	0.51	0.08	0.20	2.35	2.35	0.47	0.030	50
6#	650	1	0.51	0.08	0.20	2.44	2.25	0.47	0.030	52

5 试验结果与分析

5.1 机制砂自密实清水混凝土工作性能研究

为验证自密实清水混凝土工作性能保持能力，所有新拌自密实浅色清水混凝土均留置3h，进行工作性能对比，观察混凝土的工作性能损失情况。新拌混凝土工作性能如表4。

新拌自密实清水混凝土工作性能 **表 4**

编号	T/K (mm)		倒 T (s)		U 形箱 (mm)		GMT (%)		L 形筒 (h_1/h_2)	和易性
	0h	3h	0h	3h	0h	3h	0h	3h		
1#	240/630	220/590	14	20	270	—	15.2	4.7	0.5	损失略快
2#	240/670	240/640	9	12	340	320	12.1	7.6	0.8	略泌浆
3#	260/720	250/680	9	11	350	350	15.0	8.9	0.9	略泌水
4#	250/720	235/690	10	11	350	320	12.3	11.8	0.9	良好
5#	250/700	250/710	12	11	350	340	7.5	7.9	1.0	良好
6#	265/740	260/720	10	9	350	350	10.9	12.4	1.0	良好

5.1.1 胶凝材料用量对混凝土工作性能的影响

结果显示，600kg 胶凝材料总量条件下，GMT 筛析稳定性试验结果不够理想。故设计 650 胶凝材料总量配合比，进行试验，GMT 筛析稳定性试验结果良好，混凝土匀质性优良。

提高胶凝材料总量对混凝土工作性能具有促进作用，混凝土流动性、抗离析性能均得到改善，相应地出现黏度增大现象。

5.1.2 砂率对混凝土工作性能的影响

1#、2#、3#配合比为同条件对比，4#、5#、6#配合比为同条件对比，混凝土的和易性能随砂率的提高逐步改善，52%砂率条件下，混凝土的性能较优。

5.1.3 外加剂掺量和单方用水量对混凝土工作性能的影响

用水量和外加剂掺量的搭配对混凝土稳定性能产生了一定的影响，提高外加剂掺量，降低用水量对混凝土工作性能保持有积极影响。

试验结果显示：3#、6#配合比均实现 3h 内混凝土无工作性能损失。

5.2 机制砂自密实清水混凝土力学性能研究

自密实清水混凝土抗压强度检测结果 **表 5**

编　　号	1d (MPa)	3d (MPa)	7d (MPa)	28d (MPa)
1#	15.4	41.3	51.8	84.7
2#	16.3	41.6	51.8	81.3
3#	17.9	38.8	50.0	88.6
4#	18.2	43.4	60.6	87.5
5#	16.9	44.0	63.2	89.9
6#	21.0	44.6	64.8	88.3

5.2.1 胶凝材料用量对混凝土力学性能的影响

随着胶凝材料的增加，机制砂自密实混凝土的抗压强度并没有明显的提高，这主要是由于 4#～6#配合比中掺合料的用量比 1#～3#配合比掺合料的用量高的原因。

5.2.2 砂率对对混凝土力学性能的影响

随着砂率的提高，机制砂自密实混凝土的抗压强度有增加的趋势，这可能是由于粗细骨料的搭配改善了混凝土的骨架结构，从而提高了混凝土的抗压强度。

5.2.3 外加剂掺量和水胶比对混凝土力学性能的影响

在水胶比和胶凝材料用量相同的情况下，外加剂的微调，对混凝土的抗压强度影响不大。

试验结果显示：1#～6#配合比混凝土28d抗压强度均达到80MPa以上（表5），完全满足C60强度等级的要求。

5.3 机制砂自密实清水混凝土饰面效果验证

为验证混凝土的饰面清水效果，进行机制砂自密实清水混凝土样板成型。用木模拼装1.2m×1.5m×1.9m十字模型（见图1），模拟现场配筋方案，使用表2中3#配合比生产自密实清水混凝土，进行施工模拟。拆模后混凝土样板表面光滑，颜色匀称，表观质量达到浅色清水标准（见图2、图3）。

图1 十字试模三维图

图2 拆模后十字样板

图3 拆模后表观效果

6 结论

（1）本试验成功配制出自密实浅色清水混凝土，满足自密实混凝土高流动性、通过能力和抗离析性能的要求；满足浅色清水混凝土黏聚性、匀质性要求。

（2）进行混凝土样板浇筑，拆模后表观质量优良，满足清水混凝土表观质量要求。

（3）进行混凝土力学性能试验，满足C60的设计强度等级。

（4）合适的砂率和胶凝材料总量的提高对混凝土工作性能有积极影响，自密实清水混凝土的研制、生产中应注意选择合适砂率与胶凝材料搭配。

参考文献

[1] 陶津，赵桂祥，袁勇等．高强自密实混凝土工作性能及配合比优化研究［J］．施工技术，2005（34）：31-34.

[2] 杨建宁，陈志龙，刘会霞等．自密实混凝土的配制与应用［J］．混凝土，2007（2）：84-86.

[3] 朱敏涛，张雄．自密实混凝土的优化设计［J］．混凝土，2006（8）：56-60.

[4] JGJ 169—2009清水混凝土应用技术规程［S］．北京：中国建筑工业出版社，2009.

[5] 王军，吴小强，孙克平等．武汉火车站自密实饰面清水混凝土应用研究［J］．施工技术，2010（4）：8-10.

[6] 赵筠．自密实混凝土的研究和应用［J］．混凝土，2003（6）：9-17.

C80 高强机制砂混凝土立方体抗压强度尺寸换算系数的研究

高育欣，徐国栋，徐芬莲，陈　景

（中建商品混凝土成都有限公司，成都 610052）

摘　要　通过采集 C80 高强机制砂混凝土生产取样抗压强度，得出混凝土 28d 标准立方体抗压强度平均值为 102.5MPa 时，100mm×100mm×100mm 非标准试件与 150mm×150mm×150mm 标准试件的立方体抗压强度平均尺寸换算系数为 0.88；标准立方体强度处于 60～125MPa 时，高强混凝土 100mm×100mm×100mm 非标准试件与 150mm×150mm×150mm 标准试件的立方体抗压强度之间的一元线性回归方程为 $f_{cu,150}=0.843\times f_{cu,100}+3.94$，经计算，两者试验结果一致性较好。

关键词　高强；机制砂混凝土；抗压强度；尺寸换算系数

1　引言

综合国内外对高强混凝土的研究和应用实践，以及现代混凝土技术的发展，将大于等于 C60 的混凝土称为高强度混凝土。一般认为 C60～C100 属高强混凝土（HPC）范畴，C100 及以上强度等级是超高强混凝土（UHPC）。与普通混凝土相比，高强高性能混凝土具有如下的技术优点：（1）高强度性及超早强性；（2）高工作性；（3）高耐久性。因此，高强混凝土在越来越多的实际工程中得以应用，如：广州珠江新城西塔工程使用了 C60～C90 高强高性能混凝土，北京财税大厦、北京国家大剧院、沈阳富林大厦、广州保利国际广场等工程都应用了 C100 超高强混凝土，因此可见，高强及超高强混凝土必是混凝土的重要发展方向之一，具有广阔的市场前景。

高强混凝土的力学性能试验方法与普通混凝土的相似，但是《普通混凝土力学性能试验方法》（GB/T 50081—2002）明确指出："标准混凝土强度等级<C60 时，用非标准试件测得的强度值均应乘以尺寸换算系数，其值为对 200mm×200mm×200mm 试件为 1.05；对 100mm×100mm×100mm 试件为 0.95。当混凝土强度等级≥C60 时，宜采用标准试件；使用非标准试件时，尺寸换算系数应由试验确定。"而高强混凝土粗骨料粒径一般较小，最大粒径在 20mm 以内，因此非常适合采用 100mm×100mm×100mm 的小尺寸试件来评价，但在配合比设计和工程验收时常常遇到立方体抗压强度尺寸换算系数的问题。《普通混凝土力学性能试验方法》（GB/T 50081—2002）明确规定"普通强度混凝土 100mm×100mm×100mm 与 150mm×150mm×150mm 的立方体抗压强度尺寸换算系数为 0.95"，这一系数是

高育欣（1981—　），男，工程师，主要从事预拌混凝土生产与应用技术研究，成都市成华区龙潭寺建设村 5 组中建商品混凝土成都有限公司（610052），电话：028-84211392，E-mail：gao _ h313@sina.com

否适合于高强混凝土，不适合又是什么样的变化规律，一直是一个争论较大的问题。

冷发光[1]等对掺加粉煤灰的C70的土的抗压强度尺寸效应进行研究发现，尺寸换算系数应取0.82；1995年，清华大学和中国建筑材料科学研究院承担的国家自然科学基金项目《高强混凝土力学性态的研究》中提出高强混凝土的尺寸换算系数为0.86；重庆大学的蒲心诚教授和中国建筑科学研究院的韩素芳教授都对高强混凝土立方体抗压强度尺寸换算系数进行过研究，一般认为是0.98；国外资料显示，混凝土强度为C60～C110时，混凝土强度的尺寸换算系数为0.99左右[2]。

成都市群光大陆新建广场位于成都市锦江区春熙路南段和上东大街交汇处，是一座集商场、酒店于一体的综合性商业广场。总建筑面积186900m²，框剪结构，主楼地下5层，地上37层，顶高166m，属超高层建筑。该工程22层以下及顶层核心筒、框架柱、剪力墙均要求使用C80高强混凝土。本文结合工程应用，对C80高强机制砂混凝土立方体抗压强度尺寸换算系数展开研究，以便于给类似工程机制砂高强混凝土的立方体抗压强度尺寸换算系数的取舍提供参考。

2 原材料选择及配合比设计

2.1 原材料选择

（1）四川某品牌P.O42.5R级，其物理、力学性能检测结果如表1，其中氯离子含量为0.012%，三氧化硫含量为2.43%。

水泥主要物理力学性能指标 **表1**

标准稠度（%）	细度（%）	比表面积（m²/kg）	安定性	烧失量（%）	凝结时间（min）		3d强度（MPa）		28d强度（MPa）	
					初凝	终凝	抗折	抗压	抗折	抗压
25.0	0.9	348	合格	3.0	155	204	5.7	29.4	8.8	54.6

（2）粉煤灰：Ⅰ级灰，细度10%，需水比92%，烧失量3.0%，三氧化硫含量1.2%。

（3）矿粉：S95级，比表面积5100cm²/g，7d活性指数65%，28d活性指数96%。

（4）硅灰：埃肯920微硅灰，烧失量3.1%，45um筛余量1.1%。

（5）细骨料：机制砂，性能指标检测结果如表2。

机制砂主要性能指标 **表2**

细度模数	颗粒级配	表观密度（kg/m³）	堆积密度（kg/m³）	含泥量（%）	MB值	石粉含量（%）	氯化物（%）	单级最大压碎值
2.7	Ⅱ区	2710	1630	0.2	1.0	7	0.01	18

（6）粗骨料：成都产石灰岩碎石，质地均匀坚固，压碎指标5%，5～10mm、10～20mm两级配。

（7）减水剂：某厂家聚羧酸减水剂，减水率23.4%，固含量15.7%。

2.2 配合比设计

本试验采用表观密度法进行配合比设计，经过反复试验验证，混凝土表观密度定为

2520kg/m³，胶凝材料总量不超过 650kg/m³，水泥用量小于 500 kg/m³，水胶比控制在 0.25，砂率 44%，通过调整胶凝材料用量、矿物掺合料比例、外加剂品种与掺量，设计出多组 C80 高强机制砂混凝土，表 3 为最终确定的配合比。表 4 为 C80 高强机制砂混凝土作性能检测结果。

C80 高强高流态机制砂混凝土配合比 **表 3**

胶凝材料总量（kg/m³）	水泥（%）	粉煤灰（%）	矿粉（%）	硅粉（%）	砂率（%）	水胶比	外加剂（%）
650	70	16	6	8	44	0.25	3.0

C80 高强高流态机制砂混凝土性能指标 **表 4**

坍落度/扩展度（mm）				倒筒时间（s）				抗压强度（MPa）		
1h	2h	3h	4h	1h	2h	3h	4h	3d	7d	28d
250/670	255/650	255/660	250/680	19	13	12	14	71.4	83.3	102.5

由试验结果可见，混凝土初始的坍落度/扩展度为 250/670mm，倒筒时间为 19s，4h 后坍落度/扩展度完全没有损失，倒筒时间为 14s，工作性能满足泵送施工及长距离运输的要求，28d 抗压强度为 102.5MPa，满足 C80 强度等级要求。因此，确定使用表 3 中的配合比在成都群光大陆广场新建工程中进行大批量地应用。

3 C80 高强机制砂混凝土立方体 28d 抗压强度尺寸换算系数的研究

成都群光大陆广场新建工程自 2009 年 4 月起至 2010 年 1 月，累计应用 C80 混凝土 17428.5m³，项目施工进展顺利。本研究在生产取样的过程中，持续留置了批量的 100mm×100mm×100mm 非标准试件及 150mm×150mm×150mm 试件标准试件，具体试验方法如下：每次同批次成型 100mm×100mm×100mm 非标准试件及 150mm×150mm×150mm 标准试件各一组，使用混凝土振动台振动 60s，试件成型后立即用塑料薄膜覆盖表面，初凝时进行抹面收光，保证试件尺寸规格，24h 内拆模并立即放入温度为 20±2℃，相对湿度为 95%以上的标准养护室中养护至 28d 龄期。用中国无锡建仪仪器机械有限公司生产的 NYL-3000 型压力试验机检测。收集数据如表 5。破型后的非标准试件与标准试件对比见图 1。

非标准试件与标准试件抗压强度对比统计 **表 5**

编号	$R_{28/150}$（MPa）	$R_{28/100}$（MPa）	$R_{28/150}/R_{28/100}$	编号	$R_{28/150}$（MPa）	$R_{28/100}$（MPa）	$R_{28/150}/R_{28/100}$
1	104.3	113.5	0.92	7	102.4	116.8	0.88
2	91.4	97.3	0.94	8	103.0	112.8	0.91
3	108.4	111.7	0.97	9	103.0	117.8	0.87
4	109.8	119.7	0.92	10	105.5	119.7	0.88
5	105.3	120.3	0.88	11	111.3	124.3	0.89
6	99.6	121.3	0.82	12	113.8	124.7	0.91

续表

编号	$R_{28/150}$（MPa）	$R_{28/100}$（MPa）	$R_{28/150}/R_{28/100}$	编号	$R_{28/150}$（MPa）	$R_{28/100}$（MPa）	$R_{28/150}/R_{28/100}$
13	112.2	124.7	0.90	27	92.0	103.0	0.89
14	101.5	116.3	0.87	28	106.7	118.0	0.90
15	108.3	121.0	0.90	29	99.8	115.2	0.87
16	86.8	107.8	0.81	30	104.0	135.7	0.77
17	106.2	122.3	0.87	31	95.4	103.7	0.92
18	100.3	120.5	0.83	32	112.2	128.7	0.87
19	100.3	116.7	0.86	33	101.3	125.3	0.81
20	96.2	111.4	0.86	34	118.1	130.3	0.91
21	88.9	102.9	0.86	35	108.0	122.0	0.89
22	102.4	110.0	0.93	36	99.8	122.0	0.82
23	100.3	107.0	0.94	37	101.3	111.0	0.91
24	88.2	100.7	0.88	38	107.4	112.3	0.96
25	90.4	111.5	0.81	39	110.4	116.0	0.95
26	99.7	111.5	0.89	40	103.8	123.3	0.84

图 1　破型后的非标准试件与标准试件对比

试验结果统计得出，本工程高强混凝土 100mm×100mm×100mm 非标准试件与 150mm×150mm×150mm 标准试件的立方体抗压强度平均尺寸换算系数为 0.88，用 100mm×100mm×100mm 非标准试件评定混凝土强度时，C80 高强机制砂混凝土 28d 抗压强度至少需达到 90.9MPa。

结合生产取样抗压强度分析得出，100mm×100mm×100mm 非标准试件生产标准差为 8.3，照此计算，在满足 95%的强度保证率条件下，C80 高强机制砂混凝土 100mm×100mm×100mm 非标准试件设计抗压强度至少达到 104.6MPa。

4　C80 高强机制砂混凝土标准试件与非标准试件抗压强度一元线性回归方程的建立

本文采集相同配合比不同龄期的立方体抗压强度，利用一元线性回归法，分析了

150mm×150mm×150mm 标准试件的立方体抗压强度处于 60～125MPa 之间与 100mm×100mm×100mm 非标准试件的立方体抗压强度之间的关系，并建立了一元线性回归方程（见图 2）。具体试验方法如下：每次同批次成型 100mm×100mm×100mm 非标准试件及 150mm×150mm×150mm 标准试件各 11 组，使用混凝土振动台振动 60s，试件成型后立即用塑料薄膜覆盖表面，初凝时进行抹面收光，保证试件尺寸规格，24h 内拆模并立即放入温度为 20±2℃，相对湿度为 95%以上的标准养护室中养护至相应龄期，用中国无锡建仪仪器机械有限公司生产的 NYL-3000 型压力试验机检测标准、非标准试件 1d、2d、3d、4d、5d、6d、7d、14d、28d、56d、90d 龄期相应强度。

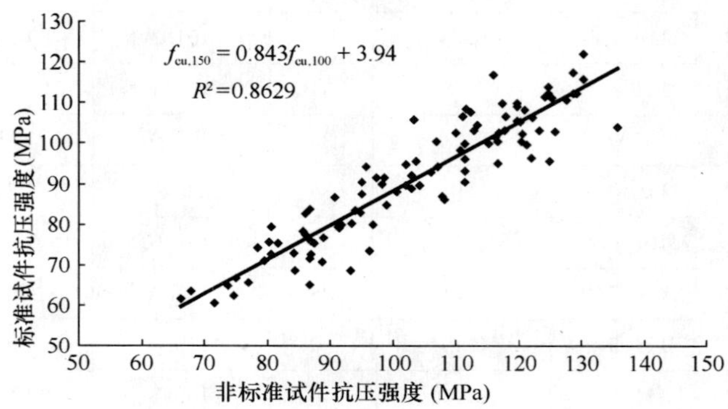

图 2　C80 高强机制砂混凝土标准试件与非标准试件抗压强度一元线性回归方程

结果显示，高强混凝土 100mm×100mm×100mm 非标准试件与 150mm×150mm×150mm 标准试件的立方体抗压强度一元线性回归方程如下：

$$f_{cu,150} = 0.843 \times f_{cu,100} + 3.94 \tag{1}$$

$$60 \leqslant f_{cu,150} \leqslant 125$$

$$r = 0.9289$$

式中　$f_{cu,150}$——150mm×150mm×150mm 标准试件的立方体抗压强度；

$f_{cu,100}$——100mm×100mm×100mm 非标准试件的立方体抗压强度。

该方程相关系数 r 为 0.9289，表明相关性良好。由（1）式计算，用 100mm×100mm×100mm 非标准试件评定混凝土抗压强度时，C80 高强机制砂混凝土 28d 抗压强度 $f_{cu,150}$ 为 80MPa 时，$f_{cu,100}$ 需达到 90.2MPa，尺寸换算系数为 0.88 时计算结果为 90.9MPa，两者结果一致性较强。

5　结论

（1）通过采集 C80 高强机制砂混凝土生产取样强度，得出混凝土 28d 龄期平均标准立方体抗压强度 102.5MPa 时，100mm×100mm×100mm 非标准试件与 150mm×150mm×150mm 标准试件的立方体抗压强度平均尺寸换算系数为 0.88。

（2）通过采集 C80 高强机制砂混凝土不同龄期生产取样抗压强度，得出混凝土 100mm×100mm×100mm 非标准试件与 150mm×150mm×150mm 标准试件的立方体抗压强度的一元线性回归方程为 $f_{cu,150}=0.843\times f_{cu,100}+3.94$，其中 $60\leqslant f_{cu,150}\leqslant 125$。

（3）由结论（2）中的一元线性回归方程计算，用 100mm×100mm×100mm 非标准试件评定混凝土强度时，C80 高强机制砂混凝土抗压强度需达到 90.2MPa，尺寸换算系数为 0.88 时计算结果为 90.9MPa，两者结果一致性较强。

参 考 文 献

［1］ 冷发光，邢锋，冯乃谦等．粉煤灰高性能混凝土试件强度尺寸效应研究［J］．混凝土，2000，9.

［2］ 姚燕，王玲，田培．高性能混凝土［M］．北京：化学工业出版社，2006.254-255.

硫酸盐含量对粉煤灰混凝土力学性能的影响

刘　军[1]，邵清燕[1]，陈少游[1]，张　衡[2]

（1. 深圳市港嘉工程检测有限公司，深圳 518126；

2. 深圳市港创建材有限公司中心试验室，深圳 518067）

摘　要　随着熟料、骨料和外加剂生产和使用过程中硫酸盐组分的变化，水泥-粉煤灰混凝土受硫酸盐作用越来越普遍。本文通过在低钙、低硫粉煤灰-水泥体系中掺加可溶性硫酸钠改变硫酸盐含量，对不同硫酸盐含量下的水泥-粉煤灰体系的力学性能进行了研究。结果表明，水泥-粉煤灰体系最佳硫酸盐含量为3%左右。一般而言，15%粉煤灰掺量下，外掺硫酸盐不易超过1.5%；30%～50%粉煤灰掺量时，外掺硫酸盐量在1.5%～3%之间，而大于60%粉煤灰掺量的体系中外掺硫酸盐不易大于3%。在合理掺量范围内，随着硫酸钠掺量增加，体系抗折强度增幅比抗压强度增幅大。

关键词　粉煤灰混凝土；硫酸盐；最佳掺量；强度；弹性模量；变形

1　引言

粉煤灰作为工业废弃物建筑材料资源化利用的重要代表，其在水泥混凝土中已经得到了大量研究和利用，取得了显著的社会、经济和环保效益[1]。粉煤灰在水泥混凝土中具有显著的火山灰反应特性[2]、良好的形态效应[3]、微骨料填充效应[4]等，根据其不同的效应可将其用于不同场合。随着粉煤灰利用技术的进步，加之粉煤灰需求量的变化，有很多所谓的“统灰”——未经分选的原状粉煤灰被废弃，这类粉煤灰的应用将为粉煤灰技术的发展有巨大推动作用。本研究的粉煤灰即属于这类原状粉煤灰。

粉煤灰在水泥混凝土利用过程中，不可避免的接触到硫酸盐。这些硫酸盐既包括熟料粉磨时外掺的二水石膏，也包括材料拌和过程用水引入的硫酸盐，还包括水泥熟料烧成过程中引入的硫酸盐。随着高硫煤的使用，熟料中的硫酸盐更趋增加，当然还包括由骨料、外加剂所引入的硫酸盐。资料显示[5]，水泥熟料中的硫酸盐含量（以 SO_3%计）可达到3.6%。这些硫酸盐种类较多[6,7]，可能包括 K_2SO_4、$3K_2SO_4 \cdot Na_2SO_4$、Na_2SO_4、$K_2SO_4 \cdot 2Na_2SO_4$ 和 $CaSO_4$。这些硫酸盐的存在对粉煤灰-水泥混凝土的影响是值得研究的，因为粉煤灰这类火山灰-水泥材料在硫酸盐的作用下，其火山灰活性可以得到进一步地激发。研究表明，水泥熟料中的硫酸盐参与溶解、水化反应的速度是非常快的，24h基本可以反应完全，因此可以视作可溶性硫酸盐。

为明确由于水泥、骨料、外加剂中硫酸盐掺入对粉煤灰混凝土性能的影响，本文通过

刘　军（1983—　），男，从事工程质量检测及混凝土配合比设计工作，深圳市宝安区西乡街道办簕竹角村石场路3号，电话：0755—29785257，13632575973，E-mail：24020159@qq.com

向不同配比的水泥-粉煤灰混凝土中掺入可溶性硫酸钠的方法，模拟研究由于材料硫含量的变化对体系力学性能及变形性能的影响，以期为生产和工程实际提供参考。

2 原材料及试验方法

2.1 原材料

选用P·O42.5水泥，代号为C，粉煤灰为原状低钙粉煤灰，代号为FA。原材料的化学组成、矿物组成及粒径分析分布见表1、图1和图2。可溶性硫酸盐为工业纯级的硫酸钠，俗称元明粉，代号为NS。

水泥及粉煤灰化学组成 表1

原材料	SiO_2	Al_2O_3	Fe_2O_3	CaO	MgO	SO_3	烧失量
水　泥	21.12	5.30	2.58	64.02	1.74	1.71	1.3
粉煤灰	46.64	29	2.65	2.19	2.18	0.53	7.2

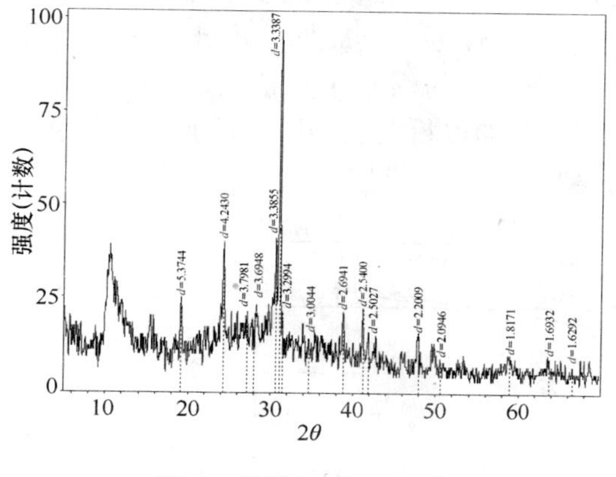

图1 粉煤灰XRD图谱

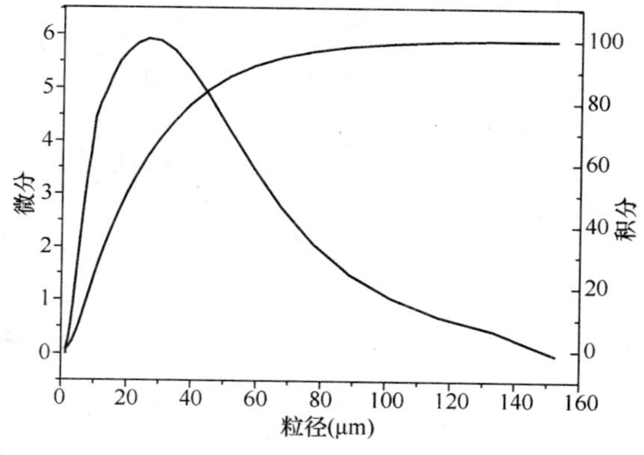

图2 粉煤灰颗粒分布特征

表1的化学成分分析显示，粉煤灰中钙质组分较小，属于低钙粉煤灰范畴。矿物衍射图谱结果表明，粉煤灰中含有大量玻璃态物质，使其呈现出较大面积的衍射背底，这为其在水泥体系中性能的发挥提供了基础。粉煤灰的主要结晶矿相包括石英（d=4.255，3.342，1.819）；莫来石（d=5.341，3.774，3.407，3.337，2.2）；赤铁矿（2.698，2.517，1.694，3.682）；磁铁矿（3.001，2.554，1.622，2.111，1.622，4.845）等。在10°左右出现的衍射峰主要是长石类矿物的衍射峰。

粉煤灰的粒度分析如图2所示，从中可以看出，该粉煤灰的最可几孔径为30 μm，而小于45 μm孔径的粉煤灰比例约为80%，属于二级粉煤灰颗粒范围。

2.2 试验方法

研究用基准混凝土配合比为：胶凝材料340kg/m³；砂率为0.34；河砂，细度模数为2.9；石子为间断级配，其中5～16mm及16～25mm级配石子的比例为3∶7；混凝土统一用水灰比为 0.43；粉煤灰等量取代水泥，硫酸钠为外掺。

混凝土搅拌成型按照下面步骤进行：机器拌制，先干拌 30s，再加水搅拌 2.5min，将装有新拌混凝土的试模置于振动台上振动 15s 成型。抗压强度试件为 100mm×100mm×100mm。成型的试件 1d 拆模后置于标准养护（20±1℃，$RH \geqslant 95\%$）条件下养护至对应龄期后测试抗压强度。混凝土抗折试验采用三点抗折法，试件尺寸为：100mm×100mm×400mm。力学性能试验按照国标《普通混凝土力学性能试验方法标准》（GB/T 50081—2002）进行，非标准件所得试验数据用相关修正参数进行修正。

3 试验结果与讨论

3.1 抗压强度

图 3 是不同粉煤灰掺量下的粉煤灰混凝土抗压强度发展趋势图。从图中可以看出，随着粉煤灰掺量的增加，体系强度呈现明显下降趋势。粉煤灰掺量为 30%时，体系早期（7d、14d）强度较基准组约下降 15%，而在后期，其抗压强度与基准混凝土相仿，甚至稍有提高。表明在此掺量下，粉煤灰效应发展得较好。当粉煤灰掺量逐步增加时，体系各龄期强度呈现明显的降低趋势，如掺量为 60%的粉煤灰体系，其后期强度比基准组下降超过 60%。比较各掺量下混凝土强度发展曲线可以发现，粉煤灰掺量越大，强度随龄期增长趋势越小，表现为曲线的斜率变小。这主要是因为随着粉煤灰掺量的增加，可以激发粉煤灰火山灰活性的碱性物质含量随之减少，粉煤灰后期活性激发源减小。

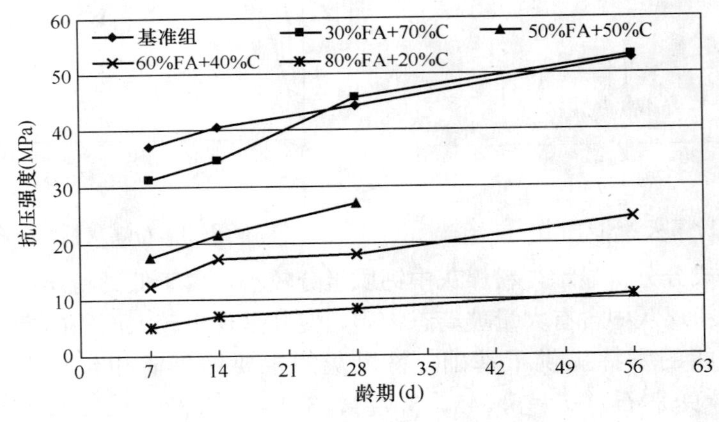

图 3 粉煤灰掺量对体系抗压强度的影响

碱金属硫酸盐掺入水泥中可以提高体系碱度，从而增加水泥-粉煤灰体系中粉煤灰活性激发的可能性[8]，这是硫酸盐参与火山灰材料活性激发的理论依据。试验通过体系中外掺可溶性硫酸盐的方法来模拟体系中不同的硫含量，研究了不同量的可溶性硫酸盐-工业纯硫酸钠（元明粉）对水泥-粉煤灰体系强度的影响，所得试验结果见图 4。

考虑到粉煤灰掺量较小，在 15%粉煤灰掺量的配比中，硫酸钠的外掺入量为 1.5%（此时，体系总含硫量为 3.03%）。从以上强度发展可以看出，水泥-粉煤灰体系中，可溶性硫酸盐的最佳作用掺量存在合理值。超过合理值范围将对体系强度发展产生负面影响。

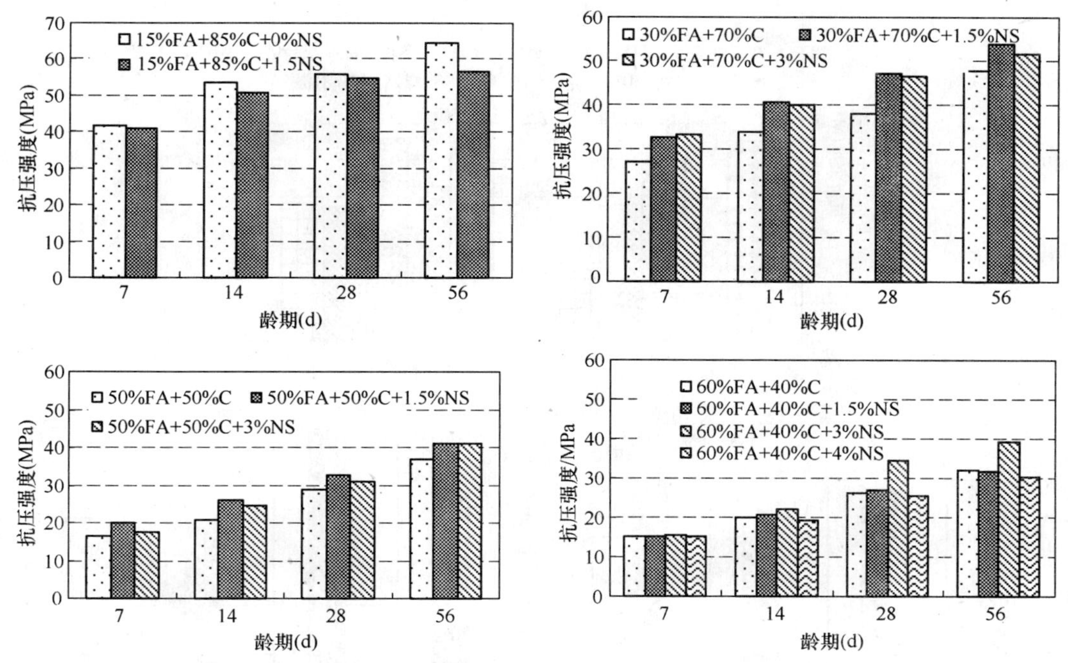

图 4 可溶性硫酸盐对粉煤灰混凝土抗压强度的影响

15%粉煤灰掺量下，由于可溶性硫酸盐参与水化反应的作用对象——具备潜在火山灰活性的粉煤灰含量较少，更多硫酸钠是参与了生成对强度有害的膨胀性钙矾石，且由于水泥掺量高，强度发展迅速，膨胀性钙矾石的有害膨胀无处释放，造成体系产生缺陷，造成强度降低。而当粉煤灰掺量增加到 30%和 50%时，硫酸钠的量为胶凝材料总量的 1.5%条件（此时，体系总含硫量分别为 2.85%和 2.62%）下所获得的强度要比掺 3%的硫酸钠（此时，体系总含硫量为 4.35%）要高，表明粉煤灰在此掺量范围内时，硫酸钠掺量选择为 1.5%～3%的范围是比较合理的。此时，体系早期强度提高约 15%，后期强度提高约 10%。当粉煤灰掺入量提高到 60%时，硫酸钠掺量范围小于 3%（此时，体系总含硫量为 3%）时，其强度均逐步提高，且其后期强度增长显著，28d 和 56d 的抗压强度比基准强度提高 25%以上。因此，粉煤灰掺量超过 60%时，硫酸钠掺量宜取 3%（此时，体系总含硫量为 3%）。

3.2 抗折强度

图 5 是不同配比的水泥-粉煤灰混凝土抗折强度发展趋势图。从未掺硫酸钠各个配比的抗折强度发展可以看出，混凝土 14d 与 28d 的抗折强度相差不大，增幅均小于 10%。水泥-粉煤灰混凝土的抗折强度随着粉煤灰掺量的增加呈现先增加后降低的趋势。当粉煤灰掺量为 30%时，抗折强度最高，28d 达到 5.5MPa。60%粉煤灰掺量下，混凝土 28d 抗折强度可达到 4MPa。

不同粉煤灰配比条件下，可溶性硫酸钠掺入后对混凝土 14～28d 的抗折强度增长的贡献较大，增幅可达到 25%左右。相比于不掺硫酸钠的混凝土，硫酸钠掺入后对后期抗折强度贡献很明显，提高幅度可达到 10%～40%左右。

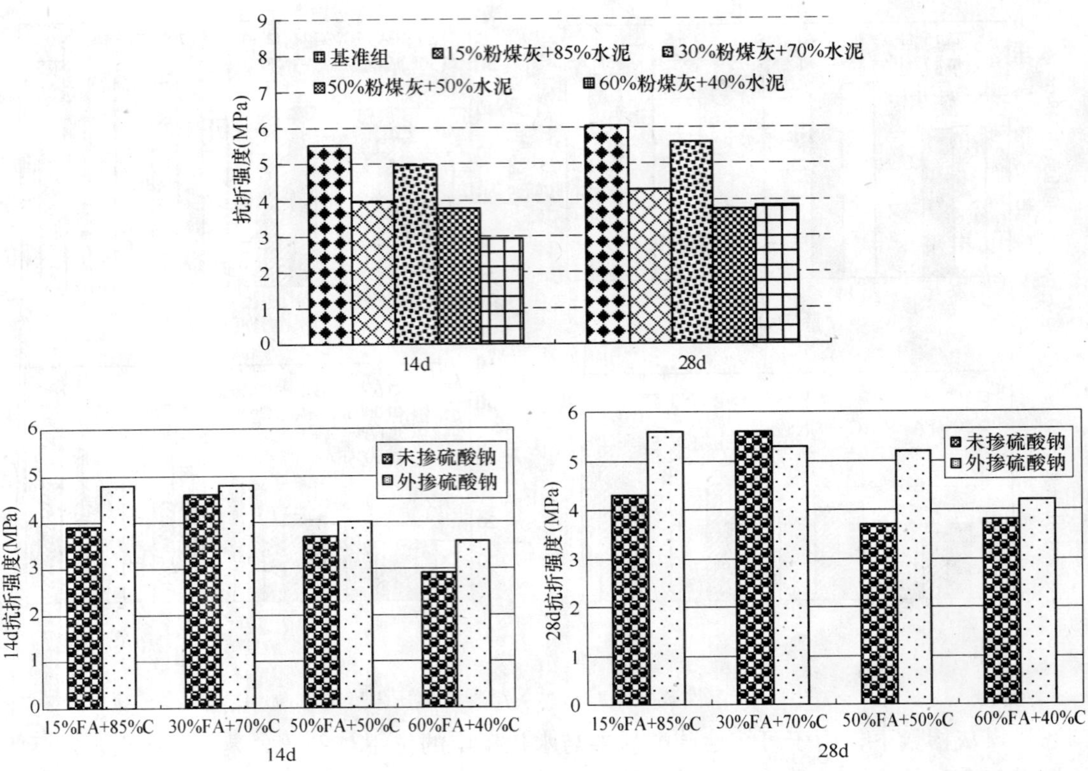

图 5　硫酸钠对不同粉煤灰抗折强度的影响

注：除 60％粉煤灰掺入量的配比硫酸钠掺量为 3％（此时，体系总含硫量为 3％）外，其他配比硫酸钠掺量均为 1.5％（此时，各体系总含硫量为 2.6％～3％）。

4　结论

可溶性硫酸钠对水泥-粉煤灰体系强度增长有积极贡献，但其含量存在合理范围，应调整总含硫量为胶凝材料总量的 3％左右。对于低钙、低硫粉煤灰，一般地，粉煤灰掺量小于 15％时，硫酸钠掺量应小于 1.5％；30％～50％粉煤灰掺量下，硫酸钠掺量宜为 1.5％～3％，取下限更安全；60％粉煤灰掺入后，硫酸钠掺量不能大于 3％。一般情况下，硫酸钠掺入后，体系抗折强度增幅比抗压强度增幅大。

参　考　文　献

［1］　赵艳锋，胡亚楠，宿伟．粉煤灰处理含铬废水的研究［J］．粉煤灰综合利用，2008，第 6 期 40-42.

［2］　朱蓓蓉，杨全兵．粉煤灰火山灰反应性及其反应动力学［J］．硅酸盐学报，2004 年 07 期．

［3］　裴新意，赵鹏，王尉和，彭世玉．粉煤灰的微观形态及其在水泥水化中的特性［J］．粉煤灰综合利用，2008，第 6 期，44-46.

［4］　赵庆新，孙伟，郑克仁等．粉煤灰掺量对高性能混凝土徐变性能的影响及其机理［J］．硅酸盐学

报，2006年04期．

[5] Wieslaw Kurdowski. Role of delayed release of sulphates from clinker in DEF [J]. Cement and Concrete Research 32 (2002) 401-407.

[6] H. F. W. Taylor. Distribution of sulfate between phases in Portland cement clinkers [J]. Cement and Concrete Research 29 (1999) 1173-1179.

[7] F. M. Miller, F. J. Tang. The distribution of sulfur in present-day clinkers of variable sulfur content [J]. Cement and Concrete Research, 1996, 26 (12): 1821-1829.

[8] InamJawed, Jan Skalny. Alkalies in cement: review effects of alkalies on hydration and performance of Portland cement [J]. Cement and Concrete Research, 1978, 8: 37-52.

水工混凝土抗硫酸盐侵蚀试验研究

周麒雯，李光伟

（中国水电顾问集团成都勘测设计研究院，成都 610071）

摘　要　硫酸盐侵蚀是影响水工混凝土耐久性的一项重要内容，也是影响因素最复杂、危害性最大的一种环境腐蚀。影响水工混凝土抗硫酸盐侵蚀能力的因素很多，其中水泥品种是最重要的一个因素。结合西南某水电站工程，开展水工混凝土抗硫酸盐侵蚀的试验结果表明：水泥中的 C_3A 含量和混合材的品种及掺量是影响水工混凝土抗硫酸盐侵蚀能力的主要因素。

关键词　水工混凝土；水泥品种；抗硫酸盐；侵蚀

1　引言

水工混凝土的工作环境一般都比较恶劣，因此耐久性是水工混凝土必须具有的性能。硫酸盐侵蚀是影响水工混凝土耐久性的一项重要内容，也是影响因素最复杂、危害性最大的一种环境腐蚀。硫酸盐广泛分布于地球的各个地方，大部分土壤中都含有部分的硫酸盐，由于岩石一般透水性较弱，因而导致降水在岩层中缓慢流动或滞留，在渗流途中充分溶解可溶盐类矿物而成为矿化度较高的氯化物硫酸盐型地下水。水利水电工程的地下厂房、泄洪洞以及导流洞等工程部位混凝土常常会受到含有较高浓度的硫酸盐地下水的侵蚀，从而降低混凝土的耐久性，缩短混凝土结构的使用寿命。

西南某水电站具有日调节性能，以发电为主，装机 180MW。工程枢纽由拦河闸坝、进水口、压力隧洞、调压井、埋藏式压力管道、地下厂房、尾水调压室和尾水隧洞等建筑物组成。对当地的地下环境水进行的水质分析试验结果表明：当地的地下水中硫酸盐含量在 300～510mg/L，为 $Ca\text{-}SO_4$ 型水，对混凝土具有弱～中等强度的硫酸盐腐蚀。为保证水电站建筑物的长期安全，特开展水工混凝土抗硫酸盐侵蚀的试验研究。

2　混凝土抗硫酸盐侵蚀性能的测试及评价方法

硫酸盐侵蚀是一个较为复杂的过程，在硫酸盐介质中混凝土的破坏机理主要包括石膏侵蚀、钙矾石型硫酸盐侵蚀和镁盐侵蚀等，具体的侵蚀形式和结果取决于胶凝材料的性质、养护条件和侵蚀环境的温度、浓度以及 pH 值等。为了对混凝土抗硫酸盐侵蚀性能进行测试和评价，国内外就此进行了多年研究，并制定了一系列的标准测试及评价方法，主要是从试件的膨胀量变化和试件的力学性能变化两个方面进行。我国曾先后四次修订了用

周麒雯（1962—　），女，四川成都人，教授级高级工程师，主要从事水工混凝土原材料及混凝土性能试验研究

于水泥抗硫酸盐侵蚀试验方法的国家标准：GB 749—1965、GB/T 2420—1981、GB/T 749—2001 和 GB/T 749—2008，其中 GB/T 749—2008 为前三种标准的替代标准，它包括潜在膨胀性能试验方法和浸泡抗蚀性能试验方法。但这两种试验方法均采用小尺寸的水泥砂浆试件，无法完全反映混凝土的抗硫酸盐侵蚀能力。

如何评估水泥混凝土抗硫酸盐侵蚀的能力是一个值得研究的课题。为了模拟工程的实际情况，分析水泥品种对混凝土抗硫酸盐腐蚀能力的影响，本次试验研究以实际工程混凝土配合比成型试件，采用不同龄期硫酸盐溶液养护的混凝土强度性能与淡水养护的混凝土强度性能的比值作为混凝土的抗蚀系数，评估混凝土抗硫酸盐侵蚀的能力。试验时选用工程实际采用的混凝土原材料，采用淡水作为混凝土的拌合水成型混凝土试件，在养护温度为 20℃的条件下，分别将试件放置在淡水以及具有一定硫酸盐含量的溶液中养护。试件养护至规定龄期，进行混凝土抗压强度以及劈拉强度的试验。混凝土强度试件尺寸为 150mm×150mm×150mm，试验龄期分别为 7d、28d 和 90d，试验方法参见《水工混凝土试验规程》（DL/T 5150—2001）。

3 混凝土原材料基本性能

采用工程拟用的峨胜普通硅酸盐水泥、峨胜中热水泥和嘉华中抗硫酸盐水泥进行水泥品种对混凝土抗硫酸盐侵蚀性能影响的试验研究，水泥的化学成分见表 1。

水泥的化学成分 **表 1**

水泥品种	化学成分（%）						
	SiO_2	Fe_2O_3	Al_2O_3	CaO	MgO	SO_3	烧失量
普通硅酸盐水泥	20.64	3.25	5.92	60.53	3.18	2.63	3.26
中热水泥	21.07	4.56	4.02	62.13	4.32	2.64	0.71
中抗硫酸盐水泥	21.07	5.84	5.13	62.45	2.23	2.01	0.61

试验采用电站当地的白云细晶岩加工的人工骨料，其中粗骨料的表观密度为 2.72 g/cm^3，吸水率为 0.51%。人工砂的表观密度为 2.69g/cm^3，细度模数为 2.61，石粉含量为 21%。试验采用攀枝花 504 厂的Ⅱ粉煤灰（细度为 20%）和浙江龙游的 ZB-1A 缓凝高效减水剂。

4 水工混凝土抗硫酸盐侵蚀性能影响的试验研究

4.1 试验结果与结论

在相同条件下，选用普通硅酸盐水泥和中热水泥进行混凝土抗硫酸盐侵蚀的比较试验，其中拌合水为淡水，养护水分别为含 350mg/L SO_4^{2-} 的溶液和含 600mg/L SO_4^{2-} 的溶液，混凝土的强度等级为 C20，二级配，骨料比例为中石：小石＝50：50，粉煤灰的掺量为 20%。养护条件对不同品种水泥混凝土强度性能的影响见表 2。

普通硅酸盐水泥与中热水泥对混凝土抗硫酸盐侵蚀性能的影响 **表 2**

水泥品种	养护水	抗压强度抗蚀系数			劈拉强度抗蚀系数		
		7d	28d	90d	7d	28d	90d
普通硅酸盐水泥	淡 水	1.00	1.00	1.00	1.00	1.00	1.00
	SO_4^{2+} 350 mg/L	0.98	0.94	0.93	0.92	0.92	0.88
	SO_4^{2+} 600 mg/L	0.93	0.85	0.90	0.88	0.88	0.89
中热水泥	淡 水	1.00	1.00	1.00	1.00	1.00	1.00
	SO_4^{2+} 350 mg/L	0.94	0.84	0.92	0.86	0.83	0.85
	SO_4^{2+} 600 mg/L	0.90	0.81	0.90	0.86	0.78	0.81

试验结果表明：

（1）当混凝土养护水中的硫酸盐浓度增加时，无论采用普通硅酸盐水泥还是中热水泥所配制混凝土的抗压强度和劈拉强度均有所降低，表明养护水中的硫酸盐对混凝土具有一定的腐蚀作用。随着养护水中的硫酸盐浓度的增加，混凝土的强度性能有所降低。在同等条件下，混凝土劈拉强度的降低值要大于抗压强度的降低值，表明硫酸盐的侵蚀对混凝土抗拉强度的影响要大于对抗压强度的影响。

（2）在相同条件下，采用普通硅酸盐水泥配制的混凝土强度抗蚀系数要较采用中热水泥配制混凝土强度的抗蚀系数高，其中抗压强度的抗蚀系数高 3.2%～15.2%，劈拉强度的抗蚀系数高 2.3%～11.4%，表明采用普通硅酸盐水泥配制的混凝土抗硫酸盐侵蚀的能力要优于采用中热水泥配制的混凝土。

为了模拟工程混凝土有可能采用含有一定硫酸盐的环境水作为混凝土拌合用水的实际情况，将拌合水和养护水同时采用含 600mg/L SO_4^{2+} 的溶液，在保持混凝土的配合比不变的条件下，进行普通硅酸盐水泥、中热水泥以及中抗硫酸盐水泥混凝土的抗硫酸盐侵蚀的对比试验，试验结果见表 3。

水泥品种对混凝土抗硫酸盐侵蚀性能的影响 **表 3**

水泥品种	混凝土强度等级	SO_4^{2+} 浓度（mg/L）		抗压强度（MPa）			劈拉强度（MPa）		
		拌合水	养护水	7d	28d	90d	7d	28d	90d
普通硅酸盐水泥	C20	600	600	16.7	27.2	37.8	1.5	2.2	2.9
中热水泥				14.2	24.0	32.8	1.3	2.0	2.7
中抗硫酸盐水泥				16.7	24.4	33.2	1.5	1.9	2.5

由模拟工程实际工况所进行的混凝土抗硫酸盐侵蚀的试验结果可以看出：

（1）在保持混凝土配合比一致的条件下，采用峨胜普通硅酸盐水泥配制的混凝土抗压强度和抗拉强度均要高于采用中热水泥配制的混凝土抗压强度和抗拉强度。其中龄期为 28d 时，抗压强度高 13.3%，劈拉强度高 15.2%。龄期为 90d 时，抗压强度高 10.0%，劈拉强度高 7.4%。

（2）在保持混凝土配合比一致的条件下，采用峨胜普通硅酸盐水泥配制的混凝土早龄期的抗压强度及劈拉强度与采用中抗硫酸盐水泥配制的混凝土抗压强度及劈拉强度一致，随着龄期的延长，采用峨胜普通硅酸盐水泥配制的混凝土抗压强度及劈拉强度均高于采用中抗硫酸盐水泥配制的混凝土抗压强度及劈拉强度。其中龄期为 28d 时，抗压强度高 11.5%，劈拉强度高 15.8%。龄期为 90d 时，抗压强度高 13.9%，劈拉强度高 16.0%。

试验结果表明：采用峨胜普通硅酸盐水泥配制的混凝土抗硫酸盐侵蚀能力要优于采用嘉华中抗硫酸盐水泥以及峨胜中热水泥配制混凝土的抗硫酸盐侵蚀能力。

4.2 机理分析与讨论

含有硫酸盐的地下水对水工混凝土中硅酸盐水泥的侵蚀主要体现在：环境水中的硫酸盐与水泥石中的 $Ca(OH)_2$ 和水化铝酸钙起反应生成水化硫铝酸钙（钙矾石），产生体积膨胀或使水化硅酸钙分解，从而破坏水泥石结构。水化铝酸钙主要来自于水泥中 C_4AF 和 C_3A 的水化。研究表明：在硫酸盐的作用下，C_4AF 所形成的水化硫铁酸钙或与硫酸钙的固溶体，系隐晶质呈凝胶状析出，而且分布均匀，其膨胀性远比钙矾石小。因此降低水泥熟料中 C_3A 的含量增加 C_4AF 的含量，可以提高水泥的抗硫酸盐侵蚀的能力。另外水泥中 C_3S 在水化时析出较多的 $Ca(OH)_2$，而 $Ca(OH)_2$ 又是造成溶出侵蚀的主要因素，适当减少 C_3S 的含量增加 C_2S 的含量也能提高水泥的耐硫酸盐侵蚀的能力。

峨胜中热水泥的矿物组成与嘉华中抗硫酸盐水泥矿物组成相比，其 C_3A 含量仅为 1.92%，低于嘉华中抗硫酸盐水泥中的 C_3A 含量（C_3A 为 2.13%），因此在相同条件下，采用峨胜中热水泥配制的混凝土其抗硫酸盐侵蚀的能力要优于采用嘉华中抗硫酸盐水泥配制的混凝土。峨胜普通硅酸盐水泥抗硫酸盐侵蚀的能力优于中抗硫酸盐水泥和中热水泥抗硫酸盐侵蚀能力的原因在于：(1) 峨胜普通硅酸盐水泥熟料的 C_3A 含量较其他普通硅酸盐水泥熟料低，水泥又掺有 5%～20%的混合材，对 C_3A 矿物具有一定的稀释作用；(2) 峨胜普通硅酸盐水泥混合材的品种为生铁炉渣、铁合金炉渣和粉煤灰，不仅具有对硬化体结构中毛细孔的填充作用，而且具有一定的潜在的火山灰效应，可以减少混凝土中的 $Ca(OH)_2$ 以及游离氧化钙含量，从而有效地提高水泥的抗硫酸盐侵蚀的能力。

5 结论

SO_4^{2-} 由外界渗入到混凝土，与混凝土的某些成分发生化学反应而对混凝土产生腐蚀，使混凝土性能逐渐退化，这是一个复杂的物理化学过程，主要受两方面因素的影响。一是混凝土所处的硫酸盐侵蚀环境特点即环境因素，包括溶液中阳离子类型、SO_4^{2-} 浓度以及侵蚀溶液的 pH 值等，二是混凝土自身的特点即材料因素，包括混凝土的水胶比、孔隙率以及水泥品种等。其中水泥品种的选用是影响混凝土抗硫酸盐侵蚀能力的一个重要因素。结合西南某水电站工程实际，开展水工混凝土抗硫酸盐侵蚀的试验研究结果表明：水泥中的 C_3A 含量和混合材的品种及掺量是影响水泥抗硫酸盐侵蚀能力的主要因素。由于峨胜普通硅酸盐水泥熟料的 C_3A 含量较低并掺有 5%～20%具有一定火山灰效应的混合材，其抗硫酸盐侵蚀的能力要优于中热水泥和中抗硫酸盐水泥，可以用于水电站有抗硫酸盐侵蚀要求部位的水工混凝土。

参考文献

[1] 汪澜．水泥混凝土组成、性能、应用［M］．北京：中国建材工业出版社，2005.

[2] 袁晓露等．混凝土抗硫酸盐侵蚀性能的测试与评价方法综述［J］．混凝土，2008 第 2 期．

[3] 黄站等．硫酸盐侵蚀对混凝土结构耐久性的损伤研究［J］．混凝土，2008 第 8 期．

[4] 梁咏宁等．硫酸盐侵蚀环境因素对混凝土性能退化的影响［J］．中国矿业大学学报，2005 第 4 期．

三、绿色混凝土的生产与应用

预拌混凝土的绿色生产

吴文贵[1]，向卫平[2]，王　军[1]，高育欣[2]，徐芬莲[2]

（1. 中建商品混凝土有限公司，武汉 430074；

2. 中建商品混凝土成都有限公司，成都 610052）

摘　要　本文阐述了预拌混凝土绿色生产的国内外研究现状，分析了预拌混凝土生产全过程（包括“选材”、“设计”、“生产”、“供应”、“产品”五个环节）对环境的影响，对预拌混凝土绿色生产技术开展了系统的研究，并在混凝土供应站进行了实践应用，取得了良好的实施效果。

关键词　预拌混凝土；绿色生产；应用

1　引言

预拌混凝土生产过程是一种体系活动，是将各种生产要素组织后形成另外一种过程产品。与传统意义的商品不一样的地方是，其全过程经历“选材”、“设计”、“生产”、“供应”、“产品”五个环节，其产品的最终定型是在“供应”环节发生后一定时间内，而不是传统商品的产品定型后批量供应。预拌混凝土“产品”的最终性能不仅仅取决于“生产”环节后，而且体现在“产品”使用后一定时间内的维护情况。预拌混凝土生产的每个环节都影响其“绿色生产”。

1.1　预拌混凝土绿色相关技术研究在国内的现状

总的来说国内目前对预拌混凝土绿色相关技术的研究主要集中在三个方面。

（1）绿色混凝土，曾经作为一个课题得到了科研单位、高校的广泛研究，目前已经取得系统成果。

（2）一部分研究集中在生产过程及产品的环境性能方面，最新颁布的《环境标志产品技术要求—预拌混凝土》（HJ/T 412—2007）是这方面研究的代表，提出“企业污染物排放必须符合国家或地方规定的污染物排放标准的要求”的规定，该标准还规定企业的“工业废水回收利用率达到100%，固体废弃物回收利用率达95%以上。”对于生产过程的噪声、粉尘等则没有规定。对于如何减少排放物，如何降低生产噪声也没有提出具体的技术措施。

（3）第三部分研究集中在生产过程的粉尘排放、噪音控制、废物废水回收方面。而北京市出台的《预拌混凝土绿色生产管理规程》（DB 11/642—2009）[2]对于搅拌站建设和建站规划进行了规定，对于预拌混凝土的建站和生产过程的各项环保措施实施具有指导作

吴文贵（1959—　），男，教授级高工，主要从事预拌混凝土企业管理，湖北武汉东湖高新区华光大道18号高科大厦13楼（430074），电话：027-87610823

用。但该规程实质上只对五大环节中的“生产”环节进行了研究，且对于搅拌站具体实施环保措施后的环境控制指标并没有具体要求。

总的来说，目前国内相关方面的研究，多停留在某一个环节上。其中高校、科研单位的研究点多集中“选材”、“设计”上，比如废弃混凝土的再生利用、高性能混凝土及其掺合料方面，且多偏重于理论，目前已经取得较为系统的研究成果。预拌混凝土生产企业多在“生产”、“供应”环节上，比如过程的节能、减排方面，采取的措施多为针对某些个别问题进行解决，比如渣浆废弃物的回收利用、废水回收利用等；而设备生产企业多在粉尘控制方面进行研究。而“产品”环节，尽管国内已经出现相关的体系认证，但目前普及程度不高，实施的企业更是凤毛麟角。

资料表明，国内目前缺乏针对预拌混凝土绿色生产全过程的体系性解决措施。

1.2 预拌混凝土绿色生产在国外的现状

预拌混凝土起源于欧洲，欧洲预拌混凝土协会是推进世界预拌混凝土技术进步的组织。该协会于1967年成立于德国，成员国有德国、法国、意大利、土耳其等25个国家，其成员国不限于欧洲，还与日本、澳大利亚和新西兰等国家保持着接触，美国也是它的成员国，俄罗斯最大的预拌混凝土公司也参与了这一组织。在这个组织的国际会议上，除了讨论世界预拌混凝土工业的发展水平、标准化状况、质量控制问题、生产工艺的改进等主题外，还会重点讨论环保问题[3,4]。

欧洲预拌混凝土协会对环保问题十分重视，在其机构中设有专门委员会，对欧洲一些国家预拌混凝土生产的环保标准进行了调查，发现一些国家对预拌混凝土的生产所产生的粉尘、污水、噪声等都制订了相应的环保指标（如表1），用以限定并保证预拌混凝土的绿色生产[3,4]。

欧洲一些国家预拌混凝土生产的环保要求指标限额 **表1**

污染项目		德国	意大利	西班牙	法国	土耳其	俄罗斯
	厂区粉尘（mg/m^3）	20	20～50	50	150	150～300	300
排出废水	pH值	5.5～9.5	5.5～9.5	10	5～8.5	6～10	7～10
排出废水	悬浮颗粒（mg/L）	0.6	80	300	100	50～350	120
排出废水	油污（mg/L）	5	5～40	40	—	50～250	3
排出废水	化学外加剂（mg/L）	—	2～4	—	—	—	—
	厂区噪声（dB）	55～70	80	90	55	70	80

发达国家，如美国、日本、法国等，在粉尘和噪声污染、废水与雨水回收利用、建筑垃圾回收利用、预拌混凝土生产管理体系建设、预拌混凝土生产的环保标准要求等方面都进行了较为系统的研究与规定，并且取得了良好的实施效果。由此可见，国外发达国家预拌混凝土在绿色生产方面的意识与实施状况明显优于我国。

综上所述，我国在预拌混凝土绿色生产方面只是停留在五大环节的某一环节上，缺乏系统性的研究，而国外发达国家预拌混凝土在绿色生产方面的研究与实施的系统性和全面性均优于我国。

2 预拌混凝土绿色生产的定义

2.1 对预拌混凝土绿色生产定义研究的现状

对于预拌混凝土绿色生产，业内尚无明确的定义，北京市地标《预拌混凝土绿色生产管理规程》(DB11/642-2009）对此进行了规定："在混凝土生产、运输（含原材料）及使用的活动中，以节能、降耗、减排为目标，以管理和技术为手段，实施混凝土生产全过程污染控制，使污染物的产生量最少化的一种综合管理要求。"该定义只是局限在五大环节的"生产"与"供应"环节，忽略了"选材"、"设计"、与"产品"环节对预拌混凝土绿色生产的重要性。

其他地区对于绿色生产更多的与清洁生产联系起来，仅停留在废水回收利用、粉尘噪声的治理方面，缺乏系统性。

2.2 预拌混凝土绿色生产的三大原则

实质上，无论是上文提到的清洁生产还是绿色生产，可查阅的资料中，均遵循以下两大基本原则：(1）资源利用最大化：节水、节地、节能、节材。(2）环境污染最小化：降低噪声、减少粉尘、回收污水、利用废渣。

此外，我们还提出了预拌混凝土绿色生产的第三大原则：厂区建设优化，包括：生产保护、安全防护、人体健康、厂区美观。

2.3 基于生产全过程控制的"预拌混凝土绿色生产"定义

实质上，研究人员对预拌混凝土生产过程进行的碳排放分析表明，"生产"环节仅占4.17%，在国际上普遍提出减少碳排放的前提下，"生产"环节导致的碳排放在预拌混凝土生产全过程中显得无足轻重。因此，为了体系性的进行过程控制，对于预拌混凝土绿色生产全过程，我们针对五大环节，三大原则，提出预拌混凝土绿色生产的定义，即：在预拌混凝土的选材、设计、生产、供应活动及产品评估管理中，以资源节约、环境保护、职业健康为核心，以管理和技术为手段，通过混凝土生产全过程要素的控制以及优化，实现混凝土生产的资源利用最大化、环境污染最小化，并有效地改善厂区职业健康环境。

3 预拌混凝土生产全过程的环境影响分析

3.1 "选材"的环境影响

主要指混凝土生产所使用原材料对环境造成的影响，包括水泥、骨料、外加剂、水等原材料的生产、使用等对环境造成的不良影响。

作为混凝土原材料之一的水泥是影响环境的主要因素，每生产1t普通硅酸盐水泥要排放0.8tCO_2、0.74kg SO_2 和130 kg粉尘[1]，CO_2 和 SO_2 的排放量加剧了温室效应和酸雨的产生，严重地污染了大气环境。作为预拌混凝土骨料的砂石，属于不可再生的自然资源，大量的开采活动导致耕地和森林的毁坏，严重破坏生态平衡。目前混凝土生产中所使用的外加剂多为萘系高效减水剂，该外加剂中含有甲醛、萘等有毒物质，对环境和操作工人有一定的污染和危害。在预拌混凝土生产中，除拌合用水外，大量的水用于冲洗搅拌和运输设备，造成水资源的浪费，不仅带来巨大的经济损失，更会对环境造成污染。

3.2 “设计”的环境影响

预拌混凝土的研究与应用时间较长，但仍然存在许多问题。长期以来，钢筋混凝土结构设计时只考虑结构承载力，而忽视结构的耐久性，致使今天许多工程建筑因混凝土耐久性不足，导致混凝土结构破坏、失效，造成了巨大的生命财产损失及惊人的维修费用，不得不引起人们的重视。

3.3 “生产”的环境影响

生产过程影响是指混凝土从各种原材料计量、拌合到浇筑成型过程中的影响。主要包括粉尘污染、噪声污染、废水污染、废渣污染、电力消耗，这些因素对空气质量、居住环境、人体健康、水源质量、社会资源都造成了一定的不利影响。生产过程的环境影响与建站的布局、环保设备投入相关。

3.4 “供应”的环境影响

预拌混凝土在供应站搅拌完毕后，由混凝土运输车装载运往工程使用，大部分是经过泵送设备输送到具体的工程部位应用。在运输、泵送的供应过程中，往往会由于管理不当而导致混凝土性能不能满足施工要求甚至报废、堵泵等事件发生，不仅影响工程进度，而且浪费材料。

3.5 “产品”的环境影响

预拌混凝土产品成型后，具有有两个方面的环境影响。

(1) 耐久性能对环境性能的影响，从理论上说，混凝土结构使用的年限越长，用于生产该批产品的资源利用率就越高。这意味着，混凝土耐久性能差，容易引起二次污染和重复建设，因此，提高和保证混凝土产品的耐久性能，就是控制了产品成型后的环境影响。

(2) 环境性能的影响：由于混凝土产品生产过程消耗的资源可能含有对人体有害的挥发物质、放射性等，因此，产品的环境性能，与人体健康的适应性能是必须考虑的。

从以上五个方面可系统的看到，预拌混凝土的生产是一个零散、不成体系的污染过程，各个点的污染结合起来，实质上对环境造成了巨大负荷，其生产过程的可持续发展，尚需要投入更多的研究与重视。

4 预拌混凝土绿色生产的技术措施

本文针对预拌混凝土生产过程五大环节进行系统研究，集成已有研究的相关技术，补充实施相关研究内容，最终形成体系性的治理预拌混凝土行业环境影响的技术措施，研究内容包括以下五大方向。

4.1 预拌混凝土"绿色选材"技术措施

对绿色高性能矿物超细粉应用技术展开研究，综合利用粉煤灰、矿粉、石灰石粉、锂渣粉、沸石粉、磷渣粉等工业废渣，扩展采用矿物掺合料替代水泥生产混凝土的品种，最大限度地降低水泥用量，降低混凝土单方能耗，提高对混凝土性能的认识，达到降低材料成本、减少环境污染、保护人类赖以生存的生态环境的综合效益。利用工业废弃物——尾矿石、石屑作为混凝土骨料，对再生骨料的应用技术进行研究，替代部分天然砂石生产混凝土，将其污染降至最低。研制绿色高性能聚羧酸减水剂，使用该减水剂生产混凝土，与使用萘系减水剂相比，同强度等级的混凝土可以减少水泥消耗 30～50kg/m^3，同时混凝土品质得到大幅度的提升，且不含有甲醛、萘等有毒物质，无污染，绿色环保。上述措施从源头上解决预拌混凝土"选材"的环境影响。

4.2 预拌混凝土"绿色设计"技术措施

提出以"耐久性"为核心指标的配合比"绿色设计"理念，针对不同用途和要求，对下列性能综合予以保证：耐久性、工作性、适用性、力学性能、经济性，由此形成了高性能混凝土、超高强混凝土、清水混凝土、自密实混凝土、自养护混凝土、重晶石防辐射混凝土等一系列绿色混凝土产品的绿色设计技术，而且符合《环境标志产品技术要求　预拌混凝土》(HJ/T 412—2007) 要求，解决了混凝土产品由于"设计"不合理而导致的耐久性不足对环境的影响。

4.3 预拌混凝土"绿色生产"技术措施

建设环境友好型预拌混凝土供应站管理体系，从原材料选用、进场质量控制、材料消耗控制、生产过程废弃物回收利用等全过程实行严格管理；建立隔声系统和除尘系统，减少噪声和粉尘对环境的影响；打造花园式厂站（见图 1），增加绿化面积，改善生产基地环境，树立混凝土生产企业良好形象；研制出矢量变频控制系统，减少搅拌主机在等待配料期间仍然全速运转、搅拌机在等待下料的过程中长时间空转、没有加料时骨料输送机空转等现象造成的能源浪费；将清洗设备及冲洗场地的污水经过沉淀处理后重复进行利用，同时建设雨水回收系统，将雨水收集起来用于生产混凝土，减少对自然水资源的消耗；在混凝土生产站点内建设"混凝土料浆回收系统"，通过砂石分离机首先将建筑垃圾中的砂石与料浆分离开，将砂石进行回收利用，同时将分离出来的废料浆再进行一次搅拌后，送到搅拌楼作为生产混凝土的原料使用，确保将其中有效组分充分利用，实现混凝土生产过程"零排放"；寻找客户对混凝土生产设备在运转过程中产生的废油、废配件等废弃物进行综合回收利用，最大限度地减少废弃物对环境的影响。建立花园式厂站，给广大职工营造一个和谐的工作环境。通过以上的技术途径和管理措施，解决预拌混凝土"生产"环节对环境的影响。

4.4 预拌混凝土"绿色供应"技术措施

建立预拌混凝土运输管理体系与预拌混凝土泵送管理体系，使混凝土的供应得到规范管理，保证混凝土的性能满足施工要求和设计要求；研制出润管剂替代润管砂浆使用，减

图 1　花园式厂站

少水泥、砂、外加剂等混凝土原材料的用量，降低混凝土行业对环境的污染。解决预拌混凝土“供应”管理对环境的影响。

4.5　预拌混凝土“绿色产品”技术措施

建立了预拌混凝土耐久性能评估管理体系及预拌混凝土环境标志产品管理体系，有针对性地对混凝土成品进行评估，确保混凝土性能满足“耐久性”、“环境标志产品”的要求。混凝土耐久性指标应根据结构的设计使用年限、所处的环境类别及作用等确定。通过检测出厂取样混凝土成型试件以及工程实体钻芯取样试件的抗冻性能、抗氯离子渗透性能、碳化性能、收缩性能、抗裂性能、抗硫酸盐侵蚀性能等指标综合判断。预拌混凝土环境标志产品管理侧重于放射性指标与各种对人体与环境有害的化学成分含量的控制。预拌混凝土各种原材料除满足常规指标要求外，还需满足《环境标志产品技术要求　预拌混凝土》（HJ/T 412—2007）环境相关标准的要求。

5　预拌混凝土绿色生产的实施

我公司郫县站于 2009 年 10 月建成投产，当年生产的预拌混凝土累计约为 7.3 万 m^3。该站使用“预拌混凝土绿色生产技术”取得了良好的效果（见图 2、图 3）。

图 2　厂区全封闭

图 3　厂区绿化

5.1 预拌混凝土“绿色选材”技术的实施

该站所生产的混凝土均使用绿色高性能聚羧酸减水剂，对环境及人体均无毒害和污染。混凝土中工业废渣利用率达到30%～50%，按平均利用率40%计算，混凝土单方胶凝材料使用量约为380kg/m³。2009年鄞县站减少工业废渣排放量为1.1万t。该站所生产的预拌混凝土细骨料均使用机制砂，混凝土单方细骨料使用量约为1000kg/m³，2009年该站减少开采天然砂7.3万t。

5.2 预拌混凝土“绿色设计”技术的实施

该站点通过使用普通混凝土高性能化技术，生产的混凝土施工性能、力学性能、耐久性良好，获得了监理方、施工方的一致好评。

5.3 预拌混凝土“绿色生产”技术的实施

(1) 管理体系建设：该站从原材料选用、进场质量控制、材料消耗控制、生产过程废弃物回收利用等全过程实行严格管理。混凝土生产从计量、搅拌到卸料全过程完全自动化(图4)，降低了员工的劳动强度，提高了工作效率。该站运输设备全部安装GPS系统(图5)，为混凝土生产调度、运输监控服务，合理地配备资源，提高了车辆利用率，提高了产品质量，减少了不必要的油耗。

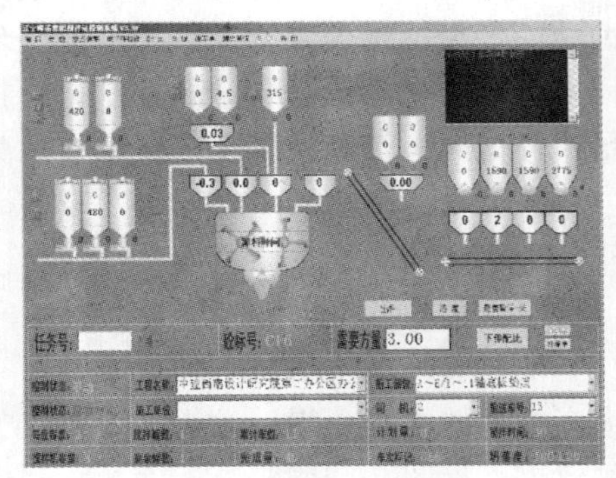

图4 生产全自动化系统

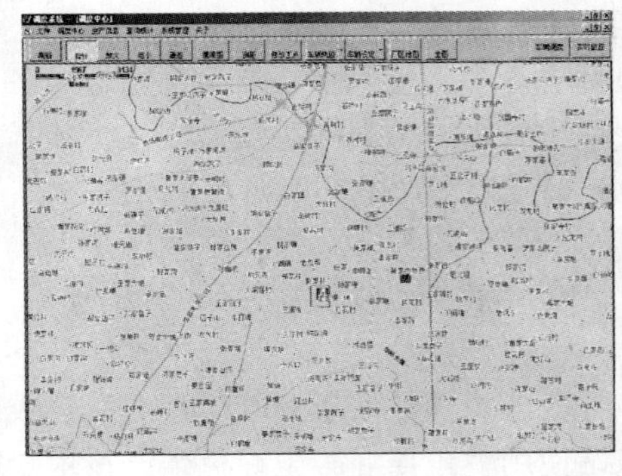

图5 GPS系统

(2) 厂站建设：该站绿化面积达到40%，起到美化、绿化、除尘、降声的作用。对站内的场地卫生、食堂卫生、居住环境卫生做到每天打扫、定期检查，给广大职工营造了一个和谐的工作环境，树立了环境友好型生产企业的良好形象。

(3) 安全措施：生产安全方面设立标识牌、防护栏，每次进行特种作业都进行技术交底，定期发放劳动保护用品，保护员工身体。每年安排体检，关心员工的身体健康状况。

(4) 降尘降噪：该站使用全封闭式生产线，对砂石堆场、皮带输送系统、粉料储存罐、搅拌楼等进行封闭，并在墙体中使用隔声板，大大降低了粉尘、噪声对周边居民及环境的影响与污染。

(5) 废水利用：站内配置了污水回收系统，将污水经过回收利用，再次投入生产使用中，既节约了用水量，又减少了环境污染。每生产1m³混凝土将需要消耗洁净水0.17t，平均产生废水 0.03t。2009 年该站产生废水 0.22 万 t，回收利用率为 100% 。

(6) 废渣利用：在生产站点内建设了“混凝土料浆回收系统”，将生产过程中的建筑垃圾进行回收利用。每生产 $100m^3$ 混凝土将产生建筑垃圾 1.6t，其中约含有砂石材料 1t，水泥、粉煤灰等固体物质 0.4t。以此数据计算，2009 年该站回收建筑垃圾 0.117 万 t，其中回收砂石 0.073 万 t，水泥、粉煤灰等固体物质 0.029 万 t，废水 0.014 万 t。废渣利用率以 95%计算，则 2009 年回收利用废渣 0.1 万 t。

5.4 预拌混凝土“绿色供应”技术的实施

对司机、泵工进行运输管理体系、泵送管理体系的宣贯，对违反者视情节轻重予以处罚，保证混凝土正常供应和安全生产。自建站以来，未发生一起重大安全事故，混凝土的退货率控制在最低水平，避免了不必要的材料浪费，节约了大量的社会资源。

5.5 预拌混凝土“绿色产品”技术的实施

采用该站供应混凝土的工程实体结构经过回弹、钻芯取样，其力学性能、耐久性能均满足设计要求。该站混凝土原材料及混凝土试件经权威机构检测，均符合《环境标志产品技术要求　预拌混凝土》(HJ/T 412—2007) 环境相关标准的要求，并远远优于标准要求的限制值，该站于 2010 年 5 月进行了预拌混凝土环境标志产品认证，获得了评审专家的认可。

6 结论

预拌混凝土绿色生产技术顺应国家政策导向，以科技创新为先导，以绿色环保为主题，以实现预拌混凝土绿色生产为目标，可以明显改善预拌混凝土企业环境，大大降低混凝土供应站对环境的影响，符合企业绿色生产及全球低碳经济、国家节能减排的宗旨，具有节能、降耗、环保等多重社会效益，可引导国内预拌混凝土行业全面升级。面向经济快速发展的当代社会，绿色生产技术在我国预拌混凝土生产企业具有广阔的市场推广应用前景，对于预拌混凝土企业绿色生产的建设提供了可借鉴的宝贵经验。

参考文献

[1] 王永红，薛志钢，柴发合等. 我国水泥工业大气污染物排放量估算 [J]. 环境科学研究社，2008 (2)：207-212.

[2] DB11/642-2009《预拌混凝土绿色生产管理规程》[S]. 北京：中国建筑工业出版社，2009.

[3] 陈润余. 创建文明工厂　生产绿色环保型混凝土——关于商品混凝土可持续发展的探讨 [J]. 建筑机械，2002 (12)：5-9.

[4] 屈志中. 世界商品混凝土的发展与环保问题 [J]. 建筑技术，1999 (5)：345-347.

绿色混凝土发展途径的探讨

夏远英，陈　景，熊骁辉，郑广军
（中建商品混凝土成都有限公司新型建材厂，成都 610052）

摘　要　本文介绍了绿色混凝土的特点及发展应用现状，结合现阶段混凝土生产技术水平，从非再生资源的节约、废弃资源的利用、耐久性、环保化等几个方面讨论了混凝土绿色化的发展途径。

关键词　绿色混凝土；环保意义；可持续发展

1　引言

自 1824 年英国人 Aspdin 发明波特兰水泥之后，经历一个多世纪的发展和改进，水泥混凝土已经成为用量最大的建筑材料，据 21 世纪初的统计数据显示，全世界水泥年产量达到 20 亿 t，混凝土年产量达到 28～30 亿 m^3，中国内地水泥年产量达 7.5 亿 t，混凝土年产量达 13 亿 m^3，至 2005 年中国内地水泥年产量已达 10 亿 t，混凝土年产量达 20 亿 m^3；可以说，水泥混凝土是世界经济发展和人类进步不可或缺的工程材料。水泥混凝土作为一种重要的工程材料，具有价格低廉、抗压强度高、可塑性良好、经久耐用等诸多优点。百余年以来，人类利用混凝土建造了大量的生产、生活、交通、娱乐等基础设施，留下了很多艺术奇葩，可以说混凝土为营造人类的生存环境和传承物质文明起到了重要的作用；与此同时，混凝土的生产与使用消耗了大量的矿产资源和能源，给人类的生存环境带来了严重的副作用，混凝土材料给可持续发展带来了严峻的考验。因此，混凝土是否能够长期用作最大宗的建筑材料，关键在于是否能够实现其绿色化，可以说绿色混凝土是混凝土的重要发展方向[1-3]。

2　绿色混凝土的定义及发展应用现状

2.1　绿色混凝土的定义

1998 年吴中伟院士就提出，可持续发展是人类最迫切的问题，中国必须走绿色混凝土道路，同时还将“绿色”的含义概括为：

（1）节约资源、能源；

（2）不破坏环境，更应有利于环境；

（3）可持续发展，既要满足当代人的需求，又不危害后代人满足其需求的能力。

夏远英（1982—　），男，助理工程师，从事商品混凝土及外加剂研究工作，四川省成都市成华区龙潭寺建设村 5 组中建商品混凝土成都有限公司，电话：13648067739，E-mail：zjsphnt520@139.com

我们可以理解为：绿色混凝土是节约资源及环境友好型的可持续发展的建筑材料，其精髓在于环保意义和可持续发展。

2.2 绿色混凝土发展应用现状

2.2.1 矿物掺合料混凝土

国内外对矿物掺合料的利用已经很普及，主要是在混凝土中掺加部分磨细矿渣、粉煤灰、硅灰等掺合料替代一部分水泥，由于矿物掺合料的掺入，减少了水泥的用量，减少了水化热，有利于混凝土体积稳定，可以改善孔结构，增强混凝土耐久性。粉煤灰（Ⅰ级）还可以降低混凝土拌合物用水，改善混凝土和易性，举世瞩目的三峡工程就是使用了大量的优质粉煤灰，取得了巨大的综合经济效益。在矿物掺合料超量取代方面的研究报道也屡见不鲜，据报道，加拿大能源矿产部开发出了高掺量粉煤灰混凝土，粉煤灰替代水泥总量的 55%～65%[4]，工作性能和耐久性都能满足要求。国内有的研究将粉煤灰进行磨细处理，配合使用高效减水剂，当水泥熟料仅用 25%左右，粉煤灰掺量为 70%时，配制得到了工作性能好及后期强度发展极好的混凝土，其 3d 抗压强度大于 20MPa，28d 抗压强度在 50MPa 以上[5]。可以说，掺加矿物掺合料节约水泥资源、减少污染，这是在混凝土绿色化过程中很有意义的成果。

2.2.2 再生骨料混凝土

所谓再生骨料混凝土是指以废混凝土、废砖块、废砂浆作骨料而拌制的混凝土[6]，在国外已经得到了很多工程应用，主要用于道路混凝土。在德国 Lower Saxong 的一条双层公路工程中采用了再生骨料混凝土，该混凝土路面总厚度 26cm，底层 19cm 厚混凝土采用再生骨料混凝土；面层 7cm 厚混凝土采用天然骨料配制的混凝土[7]，底层再生骨料的组成粒径如下：0～2mm 占 30%，2～8mm 占 14%，10～20mm 占 30%，20～36mm 占 6%，水泥用量 350kg/m^3，混凝土表观密度 2310kg/m^3。

2.2.3 大气净化混凝土

在人们使用工业废渣替代部分水泥配制混凝土实现“低碳”的同时，国外一些水泥生产商一直在积极开发能够主动改善人类生存环境的混凝土。据报道，美国《时代》杂志评出了 2008 年“50 项最重要的发明”，其中就有一种“吃烟”的混凝土，这是意大利 Italcementi 集团研制出的一种能利用紫外线分解泥尘的智能混凝土。这种智能混凝土中掺加了钛的氧化物，在紫外线的催化作用下富有反应活性，从而可以分解空气中的污物，如粉尘、CO_2、SO_2、NO_x等。在 Italcementi 集团的报告中指出，在一块面积为 75000 平方英尺、使用自清洁混凝土铺路砖地区的空气中，氮氧化物的含量减少了 60%以上[8]；据悉，罗马的 Misericordia 天主教堂、法国航空公司巴黎戴高乐国际机场新总部、日本东京的 Marunouchi 大厦等著名建筑都采用了这种新型材料。

2.2.4 透水混凝土

由于传统混凝土不透水不透气，在雨季道路积水严重，城市排水困难，容易造成内涝；同样的原因，城市地下水水位下降，影响地面植被生长，情况严重的还可能会引起地质变化，地面下陷。

在 2010 年的上海世博会我们经常看到、听到的字眼是“低碳、环保”，这是一个环保的世界。据悉，整个上海世博园区 60%以上路面采用了透水、透气混凝土材料[9]。透水混凝土使用粗骨料、水泥加水拌制而成的，骨料之间由胶凝材料粘结，具有良好的透水透气性能。正是由于透水混凝土的透水、透气性，将其用于城市道路的铺设，在雨季雨水可以迅速渗透至地下，地下水得到及时补充，地表植物能够生存，城市的气候得到了调节，道路没有积水，行车安全也得到了保证。

2.2.5 绿化混凝土

绿化混凝土是指在混凝土孔隙内存在适应生物生存的环境，这种混凝土可以防止水土流失，保护植被，常用于固堤防洪、城市绿化。绿化植被混凝土也是由粗骨料、水泥加水拌制而成的，再辅以泥土、肥料和保水材料，适合植物生长。将这种多孔隙的混凝土用于湖泊、海洋领域，让微生物或水生物附着或栖息在其凹凸不平的表面或连续空隙中，相互作用形成食物链，可以净化水质，使草类、藻类生长更加繁茂，从而达到保护生态环境的目的。

2.2.6 机敏混凝土

2010 年上海世博会，意大利场馆采用了透明混凝土材料，这种新型材料可以增加馆内光线，同时还可以调节馆内温度。该混凝土加入玻璃质地成分，光线透过不同玻璃质地的透明混凝土照射进来，营造出梦幻的色彩效果，而自然光的射入也可以减少室内灯光的使用，从而节约能源。同时利用机敏混凝土的热电效应使其可以方便的实时检测建筑物内部和周围环境温度变化，并实现控制建筑物内部环境的温度，因此这种绿色环保型的智能建筑的发展前景巨大。

3 绿色混凝土的发展途径

3.1 工业废料及绿色水泥的应用

众所周知，水泥的生产是一个高能耗、高污染的过程，排放的 CO_2、SO_2、NO_x 以及粉尘严重地影响了我们的生存空间。利用粉煤灰、钢渣、煤矸石、石粉等工业废料作为掺合料可以减少水泥的消耗和生态环境的污染，这些技术应用比较成熟，国内外已经积累了很多经验。而绿色水泥的发展也是一条很有发展前景的道路，如上面提到的意大利 Italcementi 集团研制出的一种能利用紫外线分解泥尘的智能混凝土，这种混凝土正是应用了一种光催化水泥，此产品核心技术是一项名为 TX Active 的有效成分，内含光催化剂，能够加速在气中有机和无机成分（特别是 NO_x）的氧化分解作用，从而达到减少污染的目的。此外，据国外媒体报道，英国水泥生产商 Novacem 公司的科学家们也发明了一种新型环保水泥，这种水泥可以有效吸收大气中的 CO_2，可以说水泥行业将从 CO_2 排放者向 CO_2 吸收者转变。据 Novacem 公司的首席科学家尼克劳斯·瓦拉斯普鲁斯介绍，Novacem 水泥以镁硅酸盐为基础原料，它的制造过程是在 650℃的环境中完成的，而传统水泥的生产其温度却需要高达 1500℃，它生产排放的 CO_2 仅为传统水泥的 63%左右，更为独特的是 Novacem 水泥在硬化过程中能够大量吸收空气中的二氧化碳，这使得生产总体上是“碳负性”（carbon-negative）的[10]。基于温室气体的净化，美国加州的 Calera 公司开发了碳捕捉技术，并将其应用于水泥生产，可以把空气中的二氧化碳捕捉成为碳酸钙或碳酸镁。

3.2 混凝土高性能化

3.2.1 选择优质水泥与矿物掺合料

吴中伟院士指出，混凝土必须高性能化，亦即绿色化，他还提出为了扩大绿色高性能混凝土（GHPC），应将欧美HPC强度的低限50MPa降低到C30左右，原则是不损及混凝土内部结构。混凝土高性能化的前提是选用优质原材料。从现代混凝土生产水平来看，生产技术是不断进步的，但受原材料的制约，全国各地的原材料各异，质量不容乐观，其中有资源原因，也有人为因素。

水泥生产商热衷于增加水泥强度，其结果是生产的水泥比表面积越来越小，硅酸三钙与铝酸三钙含量越来越高，水泥早期强度高，水化热量大，增大混凝土开裂敏感性，势必影响到混凝土的耐久性。选择优质矿物掺合料，充分利用掺合料的微骨料效应、形态效应和活性效应，改善了混凝土的流动性，提高强度和耐久性。

3.2.2 选择优质骨料

混凝土骨料一般都是就地取材，受地理条件的限制较大，靠近江河的地区可以选取优质的天然河砂，而山地地带则只能采用人工砂。在河砂资源日益面临困境的情况下，采用人工砂无疑是一条可持续发展的道路。

然而，砂石生产商们追求的似乎不是质优，而是量多，砂石质量参差不齐，比较常见的人工砂是“一粗一细”，粗颗粒、石粉和泥粉含量偏高，几乎没有中间粒级，如图1所示为四川某砂石厂生产的人工砂。

图1 四川某砂石厂生产的人工砂

根据调研情况来看，在四川、云南等地区，这种质量的建筑用砂比较普遍，在亚甲蓝*MB*值的判定试验中（当亚甲蓝*MB*值＜1.4时，判定为石粉；当*MB*值≥1.4时，则判定为泥粉），得出的*MB*值大部分都在1.5～2.2之间波动，甚至*MB*值还有达到2.45的建筑用砂。我们知道人工砂中的石粉绝大部分是母岩被破碎的细粒，石粉含量高使得砂的比表面积增大，用水量增加；而从另一方面来看，细小的球形颗粒会产生滚珠作用，从而改善混凝土和易性，对混凝土力学性能有利，因此我们不能单纯将人工砂中的石粉视为有害物质。但是，泥粉对混凝土的作用则与石粉不同，大量的试验证明，泥粉对混凝土拌合物各种性能有很大的影响，对于混凝土拌合物的和易性来说，含泥量对低等级混凝土的影响比对高等级混凝土影响小，特别是低等级塑性贫混凝土，含有一定量的泥粉可以改善拌合物和易性，配制坍落度较大的混凝土时由于泥土对塑化剂和水分的吸附，要达到较好的流动性时，塑化剂和用水量会增大。图2所示为利用泥粉含量高的人工砂拌出的混凝土，图3为利用粒级较好、泥粉含量低的砂配制的混凝土。

从力学性能角度来考虑，含泥量对混凝土有很大影响，这是由于泥土影响胶凝材料与骨料的界面粘结，在混凝土内部形成缺陷。有研究表明，砂中黏土含量从0增至5%时，C30混凝土抗压强度下降了8%，C60混凝土抗压强度下降了21%，并且当砂中黏土含量超过3.5%时影响更为明显[11]。另外，含泥量高也会对混凝土的耐久性产生很大的影响，

图 2　利用泥粉含量高的人工砂拌出的混凝土

图 3　合格砂配制的混凝土

用含泥量高配制的混凝土早期碳化比较严重，这与混凝土内部的骨料界面缺陷是相关的。

建筑用砂的情况如是，粗骨料的情况也不容乐观。我国各地区的砂石普遍存在含泥量高、级配粒形差、砂含石量高等问题[12]。据 2008 年北京地区骨料级配抽检调查中发现，砂不合格率为 70%～100%；石不合格率为 56%[13]。在四川地区这种情况也较严重，粗骨料空隙率普遍高达 43%以上，更有甚者超过 50%，有的厂家生产的骨料居然是 20～25mm 左右的单一粒级，图 4 所示即为四川某厂家生产的单粒级碎石，图 5 为该厂的碎石配制的混凝土。

图 4　四川某厂家生产的单粒级碎石

图 5　利用该厂的碎石配制的混凝土

碎石的空隙率过大，则混凝土和易性不好，水泥石骨料界面过渡区将增大，硬化混凝土孔隙率也会增大，力学性能也相应下降。为了获得较好的和易性，水泥用量和用水量必然会增加，混凝土的成本也增加，这在一定程度上加大了自然资源的消耗，而且当水泥用量过多时，会对混凝土体积稳定性产生很大的影响。因此，砂石生产商在开矿挖河的同时要有树立行业标杆的决心，生产优质的材料，充分利用尾矿、废石等资源生产混凝土骨料[14,15]，政府部门也应该积极监督疏导，严禁不合格砂石流入市场。

3.2.3　优化配合比，加强施工技术和养护

配合比的设计是根据强度来定的，在满足强度的条件下综合考虑其他性能，有特殊要求的混凝土还应该特殊的措施。在混凝土浇筑的过程中要严格遵守施工工序，同时还要注意加强后期养护工作。由于高性能混凝土的水胶比远低于普通混凝土，加上掺入了大量的

细掺料和超塑化剂，混凝土容易发生早期自收缩开裂，所以必须加强早期养护。

3.3 加强建筑垃圾的再生利用

改革开放以来，我国进入一个迅猛发展的时期，随着城市化速度的加快，产生的建筑垃圾使美好的城市蒙上了一层灰色。根据2008年中国统计年鉴显示，我国每年房屋施工面积超过54亿m^2，产生的建筑垃圾数量2.7～3.0亿t，已经占到了城市垃圾总量的1/3左右。据不完全统计，仅四川汶川地震一次产生的约3亿t建筑垃圾，就已经超过了中国一年产生的建筑垃圾总和[14]。建筑垃圾成分比较复杂，其中有废弃混凝土、废钢筋、废砖、废砂浆等。我国在废弃混凝土的利用方面起步晚，目前只是用于一般性回填或是破碎分级处理后替代部分天然骨料用于地基加固、道路垫层和面层，如湖北省武汉市王家墩商务区就是利用原址的王家墩机场废弃混凝土替代天然碎石配制混凝土用于道路垫层。欧美、日本的学者大量研究了再生骨料混凝土的性能，研究结果表明再生骨料混凝土用于工程结构是可行的。国内这方面的研究不够。由于再生的骨料是由水泥石和骨料混合体组成的，故具有孔隙率高、吸水性大、强度低等特征[15]，再生骨料与天然骨料的物化性质不同，生产的混凝土性能有何规律，这些数据不足，带有很大的随机性，因此再生骨料完全替代天然骨料有很大的障碍。据报道，日本的清水建设公司和东京电力公司共同研究开发了废弃混凝土砂浆和石子的分离技术，使这些废弃材料得到合理有效的利用[16]。具体工艺是先将混凝土废料破碎成≤40mm的颗粒，再在300℃温度下进行预热处理，然后，在特殊机械作用下使水泥砂浆和石子分离。石子分离后可生产混凝土，而分离出来的砂浆可以制成干混砂浆，还可以粉磨之后作为矿物掺合料[17]，也可用于制造再生水泥[18,19]。我国废弃混凝土的再生利用远不如国外广泛，很多可以利用的建筑垃圾被填埋，这既是一种资源浪费，又给城市的发展和环境造成不利因素。因此，大力加强废弃混凝土的利用，减少建筑垃圾的浪费及其对环境的污染，是今后混凝土绿色化的方向之一。

3.4 提高混凝土的耐久性

混凝土的耐久性是指混凝土保持长期性能稳定的能力，损害混凝土的耐久性有内部原因也有外部原因，如图6所示，即为氯离子内部侵蚀使钢筋锈蚀，图7即为混凝土外部碳化使钢筋锈蚀。过去混凝土工作者对混凝土耐久性认识不够，关注重点都放在强度方面，很多工程混凝土结构寿命缩短。施工单位的施工人员素质不高，私自向泵送混凝土加水、振捣、养护不到位的情况时有发生，施工单位为赶施工进度常常要求混凝土具有高早期强度，甚至在强度没达到的情况下强行拆模，这些情况对混凝土的强度发展和耐久性是极为不利的。

混凝土的耐久性与材料的选择、配合比设计、施工养护等过程是密切相关的，首先在材料的选择上把好关，不合格材料坚决不用于混凝土的生产。市场上有的供应商将工业盐以粉煤灰为载体当作防冻剂销售，混凝土的氯离子侵蚀将从内部开始，此种现象应坚决杜绝。其次，要统筹兼顾精心设计配合比。吴中伟院士认为：一定尺寸与分布的孔与混凝土的某些性能有关，可以通过调整孔结构达到所要求的性能，也可用孔的网络结构来改善混凝土的性能。我们不能墨守成规，很多混凝土工作者片面地认为混凝土中掺入引气剂虽然会改善其和易性但会降低抗压强度，须知引气剂影响强度是在一定条件下的结论，只要控

图 6　内部氯离子侵蚀钢筋

图 7　混凝土碳化使钢筋锈蚀

制在合理的范围，掺引气剂对混凝土的耐久性有利。有研究认为当混凝土含气量不超过5%，对强度基本没有影响[20]，同时许多学者还一致认为，在相同孔隙率的条件下，小孔越多，混凝土强度越高。为了保护混凝土，聚合物浸渍混凝土应运而生，这种特殊混凝土多用于海洋工程，国内也有在一些工程的特殊部位应用的实例。作为全球有机硅化学领域的主要生产商和技术领导者的德国瓦克化学公司研究了一种新型有机硅浸渍剂，该浸渍剂的作用机理是在混凝土内部形成憎水性的有机硅树脂网络，减少水分、盐分的侵入，从而可以保护混凝土受到外部环境的侵蚀，据悉这项技术已经被应用于上海中环线浦西段高架桥的防撞墙和隔离带。

4　结论

结合国情，我们可以从工业废料利用、混凝土高性能化、加强建筑垃圾的再生利用、提高混凝土耐久性等几个方面大力发展绿色混凝土技术。作为最大宗的建筑材料，混凝土绿色化是可持续发展的惟一途径，节约资源、保护环境是造福子孙后代的大事，是我们混凝土工作者应尽的义务与责任，我们应该树立行业绿色环保意识，健全行业管理体系，做建材绿色化的引领者。

参 考 文 献

[1]　吴中伟．绿色高性能混凝土——混凝土的发展方向［J］．混凝土与水泥制品，1998，(1)：3-6.

[2]　吴中伟．高性能混凝土——绿色混凝土［J］．混凝土与水泥制品，2000，(1)：3-6.

[3]　阮承祥．混凝土外加剂及其工程应用［M］．南昌：江西科学技术出版社，2008：473-514.

[4]　邱志强，林光钗．国内外绿色混凝土的发展动态及趋势［J］．福建建筑，2009，(12)：49-51.

[5]　吴建华，蒲心诚等．大掺量粉煤灰高性能混凝土配制技术［J］．重庆大学学报：自然科学版，2005，28 (5)：54-58.

[6]　Frondiston-yanna S A. Waste Concrete as Aggregate for New Concrete［J］. ACI Journal，1997，14 (8)：373-376.

[7]　唐明述．21 世纪水泥混凝土的发展远景［J］．中国建材，1998，(11)：36-38.

[8]　LIA MILL ER. Smog-Eating Cement［N］. New York Times，2007-12-09.

[9]　晏红．上海世博掀起“绿色混凝土”热［N］．中国建材报，2010-03-16.

［10］ 张莹，王晓晨．绿色混凝土市场存在及发展因素分析［J］．科技和产业，2010，10，（3）：102-107.
［11］ 张瑞芳．含泥量对混凝土强度的影响［J］．建材技术与应用，2007，(8)：8-9.
［12］ 宋少民，廉慧珍．绿色混凝土可持续发展的障碍及对策［J］．混凝土世界，2010，11，(5)：10-14.
［13］ 陈家珑．关于我国建设用骨料的再思考［J］．混凝土世界，2010，（1）：18-21.
［14］ 付宗智．绿色混凝土在矿山中的应用［J］．企业技术开发，2010，（1）：138-139，167.
［15］ 宋宝，解佳飞．人工砂石及其混凝土性能试验研究［J］．山西建筑，2009，35，（13）：156-158.
［16］ 刘君羽．建筑垃圾城市经济发展需解决的难题［EB/OL］．Http：//www. hbsz. net. cn，［2009-9-18］．
［17］ 李惠强，杜婷等．建筑垃圾资源化循环再生骨料混凝土研究［J］．华中科技大学学报：自然科学版，2001，29（6）：83-84.
［18］ 朱红兵．废弃水泥混凝土再生利用研究现状［J］．中国水运，2007，7（2）：23-24.
［19］ 毋雪梅．建筑垃圾磨细粉作矿物掺合料对水泥物理力学性能的影响［J］．新型建筑材料，2004，(4)：76-79.
［20］ 周宏敏．绿色生态混凝土技术及其研究现状［J］．混凝土，2008（5）：64-67.
［21］ 刘顺妮．水泥-混凝土体系环境影响评价及其应用研究［D］．武汉理工大学博士学位论文，2003.
［22］ 缪昌文．高性能混凝土外加剂［M］．北京：化学工业出版社，2008：173-178.

混凝土配合比应用现状及改进

王桂玲[1]，张海霞[2]，王龙志[2]，吕世军[2]，张会冰[2]，谭文杰[3]
（1. 中国建筑第八工程局有限公司，上海 200120；2. 山东建泽混凝土有限公司，济南 250014；3. 济南大学，济南 250014）

摘　要　通过收集全国范围内的混凝土施工配合比，在对数据进行统计、分析的基础上，指出其不足，又对主要区域的混凝土配合比进行实地调研及试验验证，得出混凝土配合比中主要参数的用量范围，提出相应的参数控制值，便于指导对混凝土配合比的优化。

关键词　混凝土配合比；统计分析；不足与改进

1　引言

全国范围内的建筑施工工程，除部分现场设立搅拌站、自已生产混凝土外，绝大多数采购当地的商品混凝土。

由于各地管理方式不同，原材料差异大，以及混凝土技术人员的水平有差异，导致配合比差异较大。对施工区域遍布全国的企业而言，需要针对各地区，提供一套可供参照的配合比，为优化混凝土配合比提供依据，在降低采购成本的同时，实现混凝土实体质量的提高。

为掌握我局施工所辖区域内混凝土配合比应用现状，从 2009 年 5 月份起，对相关区域的混凝土配合比进行了收集、统计，在统计数据的基础上，对主要的施工区域又进行了实地调研与配合比验证。

施工区域的混凝土配合比分别由 14 个公司提供，覆盖华北、东北、华东、西北、西南、华南等区域，收集到的施工配合比近 2000 个，混凝土强度等级从 C10～C60，包括泵送、非泵送、抗渗、防冻配合比等。

现对 1122 组普通泵送混凝土配合比进行归类、统计、汇总，在不考虑区域原材料差异的情况下，了解其主要参数取值范围。泵送混凝土配合比主要参数指标统计数据见表 1。

泵送混凝土配合比主要参数指标　　表 1

指标	C10	C15	C20	C25	C30	C35	C40	C45	C50	C55	C60
组数	5	104	79	64	251	202	208	74	74	24	37
平均体积密度（kg/m³）	2389	2378	2371	2388	2392	2392	2402	2407	2414	2418	2421
平均胶材量（kg/m³）	308	311	340	356	399	434	463	496	515	544	558
平均水泥量（kg/m³）	198	225	267	289	323	352	378	417	435	452	458
平均粉煤灰量（kg/m³）	100	83	69	69	66	68	67	69	72	76	77

续表

指标	C10	C15	C20	C25	C30	C35	C40	C45	C50	C55	C60
平均矿渣粉量（kg/m³）	51	63	57	69	59	66	74	88	91	89	87
平均石子量（kg/m³）	1029	1036	1044	1076	1050	1055	1048	1052	1058	1023	1051
平均用水量（kg/m³）	187	184	186	179	182	179	175	174	168	173	170

2 混凝土配合比中的特点

从表 1 中的数据可以看出，混凝土配合比有如下基本特点：

2.1 体积密度

随着混凝土强度等级的提高混凝土的体积密度呈增加趋势，混凝土体积密度在 2370～2420kg/m³ 之间变化。

2.2 胶凝材料用量与水泥用量

胶凝材料与水泥用量随着混凝土强度等级的提高而提高，在 C10～C60 混凝土中，胶凝材料总量平均为 308～558 kg/m³，水泥用量平均为 198～458 kg/m³。

2.3 石子用量

单方混凝土石子用量随着混凝土强度等级的提高逐渐增加，在 C10～C25 等级时在 1029～1076kg/m³ 之间变化，从 C30 等级开始，石子用量基本保持不变，维持在 1050kg/m³ 左右，但是 C55 混凝土石子用量却下降到 1023kg/m³，且比 C10、C15 的用量还要少。

2.4 用水量

单方混凝土用水量随混凝土强度等级的提高呈下降趋势，但下降幅度不大，基本用量保持在 187～170kg/m³ 之间。

2.5 粉煤灰与矿渣粉用量

除 C10 混凝土中粉煤灰用量偏高外，其余等级的混凝土，粉煤灰、矿渣粉的用量基本保持在 60～90 kg/m³ 之间，矿渣粉用量则随着混凝土强度等级的提高而增加，但变化幅度不大，而粉煤灰用量则基本保持不变，不随强度等级变化。矿渣粉与粉煤灰的比例保持在 1∶1 左右，即二者的掺加量基本相当。

由于现场使用的混凝土以商品混凝土为主，因此，配合比中采用的水泥等级以 42.5 级为主，其余为 32.5 级和 52.5 级水泥。

不同强度等级的混凝土中，采用 42.5 级水泥所占的比例见表 2。

42.5 级水泥在不同混凝土强度等级中的比例 **表 2**

混凝土强度等级	42.5 级水泥占比
C10	50%，其余为 32.5 级
C15	87.6%，其余为 32.5 级
C20	85%，其余为 32.5 级
C25	78.4%，其余为 32.5 级
C30	98.5%，其余为 32.5 级
C35	98.4%，其余为 52.5 级
C40	91.7%，其余为 52.5 级
C45	91.9%，其余为 52.5 级
C50	80%，其余为 52.5 级
C55	73.9%，其余为 52.5 级
C60	59.4%，其余为 52.5 级

从 C35 开始，用 52.5 级水泥配制混凝土的比例逐渐增加。

3 配合比中存在的不足与调整措施

一般，混凝土强度等级越高，单方混凝土越重，胶凝材料用量与水泥用量也会越高，混凝土用水量将逐渐下降，混凝土的水胶比将降低，石子用量将逐渐增加。在对混凝土配合比统计中，发现不少配合比存在设计缺陷。

3.1 混凝土配合比中的缺陷

从统计数据看，混凝土配合比中存在的缺陷，主要有以下五个方面：

（1）单方混凝土中石子用量不合理

强度等级越高的混凝土，其石子用量应当随之增加，但从统计数据看，各强度等级的平均石子用量在 C30 及以下等级时，强度等级提高则混凝土中石子用量提高，在 C30 以上等级的混凝土中基本不变甚至降低，其结果就是强度等级提高，混凝土中砂子用量也越大。由于砂子的比表面积大于石子，将导致混凝土流动性降低，表现为混凝土拌合物散、泵送难、流淌难。

统计出的混凝土配合比中强度等级与平均石子用量见图 1。

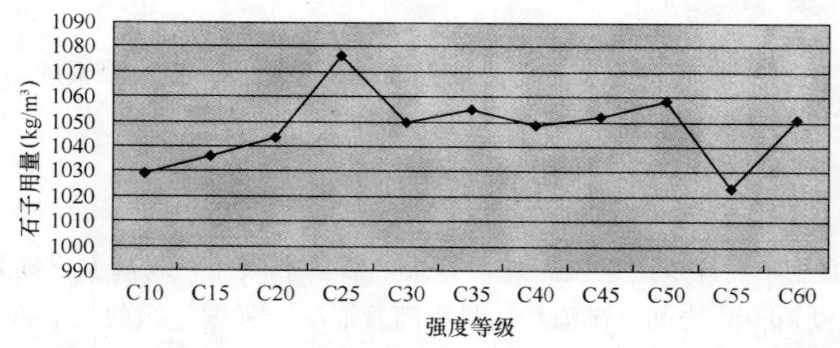

图 1 各强度等级石子用量

（2）单方混凝土中的用水量不合理

强度等级越高的混凝土，希望水胶比越小，如果用水量一定，则强度等级越高的混凝土，胶凝材料用量就会越高，强度等级越低的混凝土，胶凝材料用量就会越少，导致混凝土难泵送、难施工。各强度等级具体的用水量见图 2。

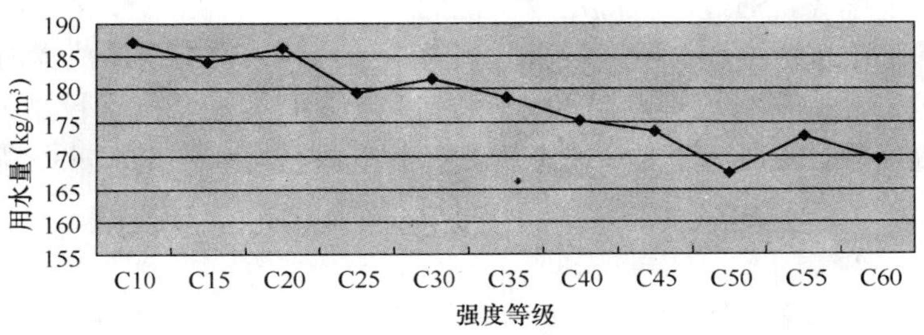

图 2 各强度等级用水量

从图 2 看出，C40 及以上等级混凝土的用水量普遍偏高，均在 165kg/m³ 以上。高用水量导致混凝土中的高胶凝材料用量，也带来加大混凝土开裂的风险。

(3) 混凝土单方重量不足

混凝土体积密度不足，将导致混凝土的体积不够、实体亏方。各强度等级体积密度分布见图 3。

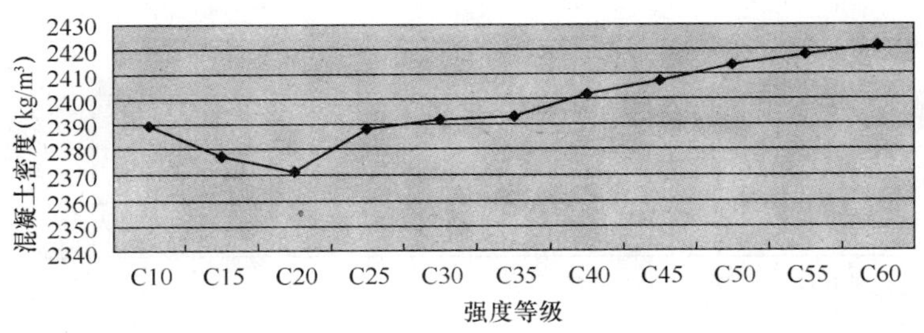

图 3 各强度等级体积密度

(4) 水泥用量普遍偏高

从图 4 看出，从 C30 混凝土开始，水泥用量已经在 300kg/m³ 及以上，C40 等级开始，水泥用量已经在 400kg/m³ 以上。高水泥用量在加大混凝土生产成本的同时，也导致混凝土坍落度损失加快、开裂加重。

各强度等级水泥用量见图 4。

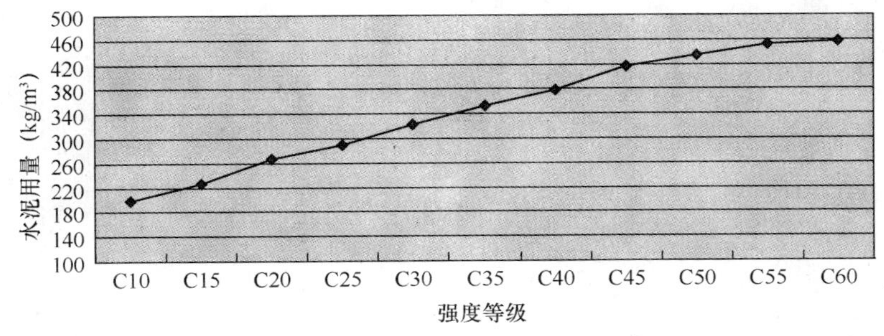

图 4 各强度等级水泥用量图

(5) 粉煤灰与矿渣粉的比例不合理

由于各区域粉煤灰、矿渣粉材料成分差异很大，等比例掺加在不少区域或造成混凝土的黏度增加，或导致混凝土保水性降低。应根据各地掺合材料的主要矿物组分、对外加剂的吸附能力、需水率等，通过试验确定掺加比例。

导致以上缺陷出现的原因，除对混凝土理解不到位外，也与全国范围内骨料质量变差有关。河砂含泥量高，部分已经达到10%，细度与级配不好；石子粒型差、级配不佳、孔隙率高等，直接导致混凝土设计中砂率提高、胶凝材料增加、用水量提高，最终导致混凝土状态变差。

3.2 调整措施

为了正确理解和使用混凝土，对不同强度等级混凝土的主要指标做出基本规定，其中水泥用量、用水量等根据不同的使用场合，按照相关规范、规程执行，无规定者，可按表3参照执行，表中的数据可以作为混凝土采购方优化配合比的依据。

混凝土配合比中的参数限值 **表3**

强度等级	水泥用量（kg/m^3）	石子用量（kg/m^3）	用水量（kg/m^3）	混凝土体积密度（kg/m^3）	胶凝材料总量（kg/m^3）
≤C20	≤200	≥1000	不做规定	≥2360	≤350
C30	≤280	≥1030	≤180	≥2380	≤450
C40	≤320	≥1050	≤175	≥2400	≤500
C50	≤350	≥1070	≤165	≥2420	≤550
C60	≤400	≥1080	≤160	≥2440	≤550

注：其余混凝土强度等级按内插法计算。

关于$1m^3$混凝土重量取值，现行行业标准《普通混凝土配合比设计规程》（JGJ 55—2000）中有规定，在设计重量的2%以内，可以不予调整。但在实际供货中，2%的偏差将不被需方所认可，这也是当前混凝土实际供应中引起供需矛盾的焦点。解决的办法是：在采用假定重量的基础上得出的各种材料重量，根据各种材料的密度或表观密度，分别计算出各种材料的绝对体积，再按照普通泵送混凝土1%的含气量、引气混凝土按试验室实测含气量扣减0.5%～1.0%后，使各种材料的体积之和＋10×混凝土中的相应含气量＝1000L，即可有效解决$1m^3$量的争议。

大体积混凝土配合比的试验

王玉瑛，杜守明，冯锁钟
（内蒙古包头市杜氏建材有限责任公司，包头 014060）

摘　要　本文针对常规 C20、C30、C40 大体积混凝土配合比，初步试验分析不同的掺合料用量和砂率对强度的影响，结合工程实践，对大体积混凝土的配制技术提出了意见。

关键词　大体积混凝土；配合比；试验

1　引言

在保证大体积混凝土施工和易性和强度的前提下，必须降低大体积混凝土的水化热和混凝土内部最高温升，即控制混凝土中心温度和混凝土表面温度、混凝土表面温度和环境温度的两个温差小于 25℃和 20℃。采取的主要技术措施降低单方水泥用量，提高掺合料用量，使砂率满足泵送施工性能要求等。

在工业与民用建筑的高层建筑中，筏板基础多为大体积混凝土，强度等级一般为 C20～C40。近年来，我单位先后承担了许多大体积混凝土工程。针对此情况，专门进行了系统试验分析，以利于今后更好地开展大体积混凝土施工。

2　原材料

（1）采用 P·O42.5 级水泥，28d 抗压为 50.5MPa；

（2）中砂：实测级配为Ⅱ区中砂，细度模数为 2.7，含泥量为 3%，泥块含泥量为 1%；

（3）C20 混凝土选用 5～40mm 卵石，级配合格，含泥量为 1%；C30～C40 混凝土选用 5～31.5mm 花岗岩碎石，采用 5～20：16～31.5＝60：40 的二级配，针片状颗粒含量为 2%，压碎指标为 7%；

（4）采用复合掺合料：Ⅱ级粉煤灰的 0.045mm 筛细度为 12%，需水量比为 82%，烧失量为 1.2%；S75 级磨细矿渣粉，比表面积为 395m^2/kg，流动度比为 102%，7d 活性指数 70%，28d 活性指数 94%；

（5）天津雍阳减水剂厂产液体 YNB 型泵送剂。

王玉瑛（1942—　），男，河北定兴县人，高级工程师，内蒙古科技创新示范项目专家，杜氏集团总工程师，主要从事建材、商品混凝土、建筑施工技术研究和管理等

3 混凝土试验

3.1 基本要求

（1）试配常规混凝土等级 C20、C30、C40 混凝土；

（2）试验龄期为 28d、42d 和 56d，标准养护；

（3）复合掺合料为 40%、50%、60%，其中粉煤灰和磨细矿渣粉的比例按 1：1，粉煤灰按超量取代，系数按 1.2 计算，磨细矿渣粉按等量取代；

（4）每立方混凝土胶凝材料总量进行控制，C20 混凝土按 310kg/m^3、C30 混凝土按 390kg/m^3、C40 混凝土按 465kg/m^3 左右；

（5）混凝土坍落度按 180～220mm 控制。

3.2 试验结果

根据上述原材料和试验要求进行系统试验，结果见表 1。

C20～C40 普通大体积混凝土试验结果 表 1

序号	等级	胶凝材料（kg/m^3）	W/B	水泥（kg/m^3）	粉煤灰（kg/m^3）	矿粉（kg/m^3）	砂（kg/m^3）	石（kg/m^3）	水（kg/m^3）	泵送剂（kg/m^3）	砂率（%）	坍落度（mm）	强度及其占设计强度百分比（%）					
													28d		42d		56d	
1	C20	322	0.56	186	74	62	750	1140	180	4.2	40	205	30.3	152	34.5	173	36.6	183
2		294	0.61	140	84	70	760	1150	180	3.8	40	210	28.7	143	32.2	161	35.4	177
3		289	0.62	108	100	81	760	1155	180	3.8	40	205	25.7	129	29	145	31.7	159
4	C30	389	0.48	222	93	74	755	1085	185	5.8	41	190	39.1	130	44	147	42.7	142
5		365	0.51	173	105	87	765	1095	185	5.5	41	200	39.7	132	44.2	147	44.1	147
6		348	0.53	130	120	98	770	1100	185	5.2	41	180	35.8	119	39.5	132	39.4	131
7	C40	484	0.39	279	112	93	715	1020	190	8.2	41	200	43.7	109	48.4	121	48.4	121
8		454	0.42	216	130	108	725	1035	190	7.7	41	215	45	112	47.1	118	48.5	121
9		428	0.43	162	145	121	730	1045	190	7.3	41	195	42.2	106	46.9	117	45.7	114

从表 1 可以看出，在矿物掺合料掺量 40%～60%时，混凝土 28d 抗压强度达到了设计强度的 106%～152%，42d 强度达到了设计强度的 117%～173%，56d 达到了设计强度的 114%～183%。混凝土保证率满足施工要求。

4 养护问题

通过近几年来的大体积混凝土试验和工程应用实践，体会到大体积混凝土配合比试验和工程实际差别较大。普通混凝土试配和工程实际情况较为接近，而大体积混凝土试配因试件尺寸较小，不能很好地代表混凝土工程结构实体的水化放热情况；实体大体积混凝土强度的发展都是在较高的高温、高湿条件下产生的，而大体积混凝土试配强度则是在标准养护条件下产生的。根据大体积混凝土的施工经验可知，一般前3d的水化热释放量约占总热量的50%，3～5d混凝土中心温度可达最高峰值。因此，实体大体积混凝土28d的温度变化趋向平稳，强度发展也趋向平稳。

因此，标养28d试配强度不能代表实体大体积混凝土的强度，只能作参考。大体积混凝土配合比试配时，应根据混凝土工程结构厚度和混凝土强度等级的不同，适当延长标准养护龄期，或按等效养护龄期（℃·d）设计，即根据不同的混凝土等级、混凝土厚度，预计混凝土中心最高温度来确定混凝土配合比试配龄期、每$1m^3$混凝土最小水泥用量或胶凝材料总量。总结我公司的实践经验，提出混凝土等效养护的经验参考指标如表2所示。

不同等级混凝土的等效养护 **表2**

混凝土等级	每$1m^3$混凝土水泥用量（kg/m^3）	混凝土厚度（m）	预计混凝土中心最高温度（℃）	混凝土试配或验收龄期（d）	等效养护（℃·d）	实体混凝土结构达到设计强度龄期（d）
C20～C30	160～200	1～2	35～45	28	600～800	20
C30～C40	200～220	2～3	45～55	42	1000～1200	24
C40～C50	220～260	3～4	55～65	60	1200～1800	28
C50以上	260～300	4以上	65～75	90	1800～2000	32

注：1. 混凝土等级越高，每立方混凝土水泥用量相应也会高，混凝土中心温度及水化热也会提高，亦应提高配合比试配标养（或验收）龄期。

2. 混凝土越厚，混凝土中心最高温度相对也越高，亦应提高配合比试配（或验收）龄期。

5 结论

大体积混凝土多为地下筏板基础，水化放热集中，混凝土中心温度高，与普通混凝土配合比存在较大差异。因此，在进行配合比设计时，应根据混凝土耐久性要求，降低水泥用量、提高掺合料用量，适当延长标准养护龄期为56d或90d，也可采用等效养护（℃·d）进行试配。实践证明，采用上述措施使我单位取得了较好地技术经济效益。今后将进一步总结、完善大体积混凝土配合比设计方法，科学指导大体积混凝土工程应用。

透水模板新浇混凝土浅层水胶比试验分析

田正宏[1,2]，李雪宁[2]，刘兆磊[3]

（1. 河海大学水文水资源与水利工程科学国家重点实验室，南京 210098；
2. 河海大学水利水电学院，南京 210098；3. 北京新桥技术发展有限公司，北京 100101）

摘　要　为研究透水模板布（controlled permeability formworkliner，简称为CPFL）对排除多余水分后新浇混凝土水胶比的影响，分别用不同CPFL浇筑不同配合比混凝土试件，待其振捣排水过程结束采用微波法测定分析试件排水面由表及里水胶比。结果表明：利用CPFL浇筑试件，新浇混凝土表层水胶比可降低40%～50%，水胶比减少最明显的区域位于浅表层15mm范围内；随距离表层深度增加，混凝土自身浅层形成滤饼，阻碍更深部位新浇混凝土渗透排水，其水胶比变化较小；不同CPFL对新浇混凝土水胶比改善效果亦存在差异；此外，粉煤灰与减水剂掺量对CPFL使用效果也有一定影响。

关键词　透水模板布；新浇混凝土；水胶比；微波法；滤饼

1　引言

透水模板是在传统模板浇筑混凝土工艺上改进产生的一种可提高混凝土密实性能的新型施工工艺。其作用机理是：将透水模板布（controlled permeability formwork liner，简称CPFL）黏附在普通模板内侧形成模板透水层，利用振捣密实过程将新浇混凝土内部多余水分及气体排出，从而降低成型混凝土水胶比，改善密实性能[1]。国内外成品CPFL一般选用聚丙烯等原料加工成长短不等的丙纶纤维丝，再经无纺工艺及表面特殊二次工艺处理而成[2]。日本、德国及丹麦等国于20年前已开始对CP-FL的应用研究。近年来，国内在深圳盐田港、杭州湾大桥和苏通大桥等一些大型工程中也已开始应用，效果良好。

透水模板施工工艺能降低成型新浇混凝土（以下均称为混凝土）水胶比，但其影响程度和范围尚未见准确报道。针对这种新型材料及其施工工艺，本文利用不同CP-FL制成透水模板浇筑不同配合比混凝土试件，通过微波加热方法对排水结束时刻试件距表面一定深度范围内的试样水胶比进行了测试分析，研究CPFL降低新拌混凝土水胶比效果及规律。

田正宏（1966—　），男，江苏南京人，副教授，博士，主要从事土木水利工程施工新技术、新材料研究，E-mail：zh-tian@ hhu. edu. cn

基金项目：江苏省水利重点科技基金项目（2009021）：水工混凝土表层致密化研究

2 试件制作

2.1 试验准备

（1）原材料

水泥：根据《通用硅酸盐水泥》（GB 175—2007）要求，采用南京金江水泥厂生产的P·O42.5普通硅酸盐水泥；粉煤灰：华能南京电厂生产的II级灰；细骨料：级配良好的中砂；透水模板布：选取三种不同厂家CPFL产品A、B、C；水：自来水；减水剂：萘系高效减水剂JM—9。

（2）试验用混凝土配合比

试验用混凝土配合比方案如表1。

试验混凝土配合比方案　　表1

NO.	水胶比	砂率	减水剂	粉煤灰
1	0.50	35%	—	—
2	0.45	35%	—	—
3	0.50	35%	—	20%
4	0.50	35%	0.5%	—

2.2 制作方法

试验用试件分别由透水模板与普通模板成型。透水模板是在普通模板的底面涂脱模剂，其余4个面均匀涂胶后贴CPFL制成，普通模板只在其内侧均匀涂抹脱模剂。试件体积：长×宽×高为500mm×200mm×500mm。原材料按表1中配比方案分别掺配后用HJW-60型搅拌机搅拌120s，浇筑过程为分层浇筑，每层高度为250mm，每层浇注完成后放置在振动台上振实1min。将振实后的试件静置排水，至排水过程基本结束后拆除试模准备进行水胶比测定试验，整个排水过程约40min。

3 水胶比测定试验

3.1 微波法简介

微波是一种高频电磁波，采用高频率微波能使水分子的振幅急剧增大，水分子间碰撞激烈，从而使水迅速达到沸点并在短时间内蒸发。常用微波炉的电磁波辐射频率为2450MHz，对水分蒸发来说是最佳的频率。在国外20世纪70年代初就已开始用微波法测定土含水量的试验研究，并在1987年将其正式列入美国ASTMD4643—87试验标准，笔者也曾在高速公路路基土方填筑施工含水量控制中开展过这一工作研究[4]，现已在岩土工程中得到运用。2009年张景琦[3]等提出将微波法运用于测定混凝土水胶比，给出了测定混凝土水胶比的一个简便快捷的试验方法。

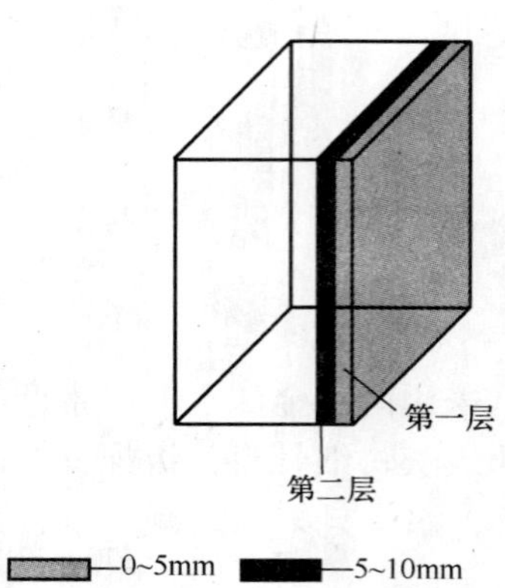

图 1　试验取样方法图示

用微波法测定混凝土水胶比有以下优点[5]：（1）烘干快速、均匀，测定准确；（2）温度可控，加热时间适当，可防止烧焦；（3）操作简便，无安全隐患。

2.2　试验步骤

（1）待浇筑试件排水过程基本结束后由其敷 CPFL 的一个侧面中心部位按 5mm 一层由表及里，分层取样，共取 6 层，计 30mm 深，取样方式如图 1。为减少粗骨料分布不均引起的误差，每层取试样应剔除粗骨料后进行试验，每层取样约 300g。

（2）将所取试样放置在加热容器内分别称重，然后将加热容器逐一放入微波炉内，并从炉内玻璃转盘中央向四周摆放，关好炉门。

（3）接通电源，旋转定时旋钮以 100%的微波功率开始加热。为了促使水分良好的蒸发，以防爆破，需间隔对试样充分搅拌并进行称重。在加热的最初 2min 内，每隔 30s 充分搅拌一次，随后每间隔 1min 停止加热，再充分搅拌一次，直至试样质量不再变化为止，总加热时间约 8min。

（4）加热完毕后切断电源，迅速从炉内将盛试样的加热容器取出放入搪瓷盘中。为减小空气中的水蒸气对试样质量的影响，加热后应迅速称取质量。

（5）每个试件排水过程结束后都取出混凝土样重复步骤（1）～（4）。

（6）为减少误差，需进行二次平行测定，计算结果取算术平均值，平行差值不大于 1%。

3.3　计算方法

为计算出每层混凝土试样的实际水胶比 $W/(C+F_A)$，首先应根据其配合比计算出每份试样理论含水与水泥的质量。试验中四种混凝土水和水泥含量见表 2。

300g 试验用混凝土中水 m_w 和水泥 m_c 含量　　**表 2**

NO.	1	2	3	4
m_w（g）	48.78	47.67	48.78	48.78
m_c（g）	97.56	105.84	78.06	97.56

本试验中所取混凝土试样是排水基本结束时新浇混凝土，所以计算含水量变化时应计及此段时间中水泥水化已消耗掉水量。通过微波加热 CPFL 排水的混凝土密封试样，结合表 2 中水分理论含量可计算获取这部分水量。另外石膏作为水泥的组成成分之一，其中所含结晶水在微波能量加热过程中当温度达到 107℃时，会被蒸发出来。结晶水质量一般占水泥质量的 1%左右，因此计算耗水量时也应该考虑到这部分水并将其扣除[3]。消耗排渗水量按下式计算：

$$m_{w耗} = m_{wi} - (m_0 - m_f + 0.01m_{ci}) \tag{1}$$

式中　$m_{w耗}$——消耗排渗水量（g）；

m_{wi}——混凝土试样中理论含水量（g）；

m_0——加热前样品的总质量（加热容器＋密封放置混凝土试样）（g）；

m_f——加热后样品的总质量（加热容器＋密封放置混凝土试样）（g）；

m_{ci}——混凝土试样中水泥理论含量（g）。

计算每层混凝土试样的水胶比公式为：

$$W/(C+F_A)=(m_{0i}-m_{fi}+m_{w耗})/m_{ci} \tag{2}$$

式中 $W/(C+F_A)$——混凝土水胶比；

m_{0i}——加热前样品的总质量（加热容器＋混凝土试样）（g）；

m_{fi}——加热后样品的总质量（加热容器＋混凝土试样）（g）。

3.4 结果分析

CPFL 试样 A 对不同配合比混凝土水胶比影响曲线如图 2 所示。由图 2 可以看出，CPFL 作用下所有成型混凝土试样的水胶比在 0～30mm 深度范围内均有不同程度降低，其中，表层混凝土水胶比已降至 0.27 左右，降低幅度达 40%～50%。水胶比改善最明显的区域为距表面深度 0～15mm 范围内，其中，水胶比为 0.50 且掺加 20%粉煤灰的 NO.3 试样水胶比降低深度相对较小。比较水胶比为 0.50 的三组试样水胶比变化曲线，可发现掺加粉煤灰的 NO.3 试样和加入减水剂的 NO.4 试样表层水胶比降低程度比 NO.1 试样略小，笔者认为产生这种现象的主要原因是混凝土中掺加了粉煤灰和减水剂后，排水过程中 CPFL 排渗淤堵现象加重，丧失了部分排水通道，导致混凝土部分水分无法排出[6]。另外，相比水胶比为 0.50 的 NO.1 试样，水胶比为 0.45 的 NO.2 试样在 15～30mm 范围内水胶比降低程度较大，笔者认为由于水胶比为 0.45 的 NO.2 骨料含量稍高，粗骨料表面界面薄弱区形成更多微细孔隙，渗透通道增多从而导致混凝土拌合物渗透性变大，更深部位水分更易排出，因此 CPFL 排渗影响趋于加深。

不同 CPFL 降低混凝土试样水胶比效果对比如图 3 所示。

图 3 表明不同 CPFL 产品对浅层 25mm 范围内成型拌合物的水胶比减少程度不同，尤

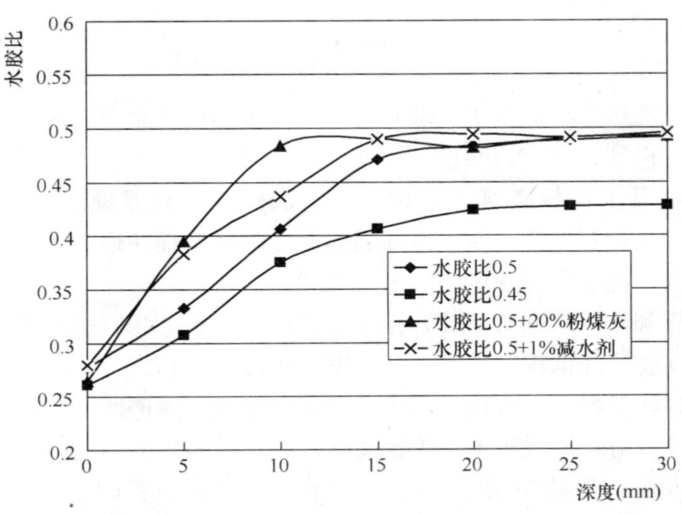

图 2 CPFL 试样 A 对不同配合比混凝土水胶比影响曲线

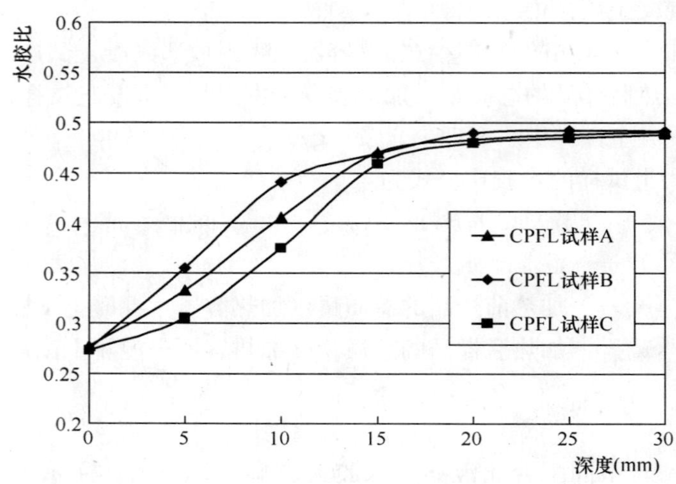

图 3　不同 CPFL 对混凝土水胶比影响沿深度变化曲线

其在 0～15mm 表层范围内差别较为明显，而在 15mm 深度范围以上改善效果差距不大。笔者认为三种 CPFL 试样之所以在浅层 15mm 深度范围内水胶比差别较大，主要缘于不同 CPFL 产品的孔隙率、孔隙结构形式和孔径分布不同，水力性能存在差别，继而影响 CPFL 排渗效果。另外，在深度大于 30mm 区域，浅层混凝土的排渗固结逐渐形成滤饼，阻碍了更深部位混凝土水分向外排出，因此综合 CPFL 排水性能和防淤堵能力的差异，其能显著降低新浇混凝土拌合物水胶比的范围约为浅层 30mm 厚度以内。

需说明的是，本文测试振捣排水后的新拌混凝土浅层水胶比变化是在试验室条件下进行的。成型拌合物水胶比减少受新浇混凝土侧压力、振捣强度及 CPFL 等多种因素影响，尤其工地现场浇注时，新浇混凝土侧压力与振捣强度远大于试验情况，排渗效果更加明显，因此其拌合物水胶比减少程度和影响深度会强于试验结果，但其规律与试验结果是一致的。

4　结论

本文运用微波加热方法测试了 CPFL 对不同配合比混凝土不同深度水胶比影响进行了试验室模拟试验，得到一些有益结论：

（1）与普通混凝土模板浇筑工艺相比，透水模板浇筑混凝土试样可降低其表层约 40%～50%的水胶比，对提高混凝土试样表面后期的密实性和耐久性起到了关键作用。水胶比下降最明显区域位于表层深度 15mm 范围内。

（2）掺加粉煤灰与减水剂对 CPFL 排水通道造成淤堵，并影响试样本身渗透性，进而影响排水效果和水胶比降低程度。另外，CPFL 对低水胶比试样的水胶比减少影响深度更大，此现象与骨料含量越多拌合物内部更易形成孔隙从而渗透性变大有关。

（3）不同 CPFL 对新浇混凝土水胶比的降低效果在浅表范围内差别较大，原因在于不同 CPFL 产品孔隙率、孔隙结构形式和孔径分布不同，影响了 CPFL 抗水泥颗粒淤堵能力和排除多余水汽效果。而内部深处新浇混凝土水胶比变化不大，缘于表层排渗形成滤饼效应，对更深部位新浇混凝土多余水分排渗产生了阻碍作用。

（4）试验结果反映了 CPFL 减少新拌混凝土浅层水胶比效果与规律，工程中采用 CPFL 减少新拌混凝土水胶比深度还需通过现场测试进一步确定。

参 考 文 献

［1］ L. Basheer，S. V. Nanukuttan，P. A. M. Basheer. The influence of reusing 'Formtex' controlled permeability formwork on strength and durability of concrete Materials and Structures. 2008：1363-1375.

［2］ 田正宏，郑小伟，宋健大，王建波．透水模板改善混凝土性能试验．建筑材料学报，2008；（2）：172-178.

［3］ 张景琦，杨英姿，于亮亮．微波法测定混凝土水灰比的试验研究．低温建筑技术，2009；（2）：6-8.

［4］ 刘全军，陈景河．微波助磨与微波助浸技术．北京：冶金工业出版社，2005.

［5］ 田正宏．宁淮高速公路石灰改善膨胀土路基施工工艺．施工技术，2004；（9）：15-18.

［6］ 田正宏，刘兆磊，张丹，王燕飞．透水模板布孔径分布测试方法与理论研究．建筑材料学报，2009；（6）：639-642.

控制混凝土拌合物中的用水量是对建筑结构施工质量的基本保证

李玉琳，周宝迎

（北京中宏基建筑工程有限责任公司，北京 100026）

摘　要　混凝土用水量既反映水胶比的大小从而影响抗压强度和密实性，也反映浆骨比的大小而影响体积稳定性以致影响耐久性，所以有效地控制用水量具有实际意义。当原材料一定时，影响混凝土强度和耐久性的主要因素就是水胶比。在施工中发现，只要混凝土拌合物的和易性满足要求，抗压强度基本也会满足要求。控制混凝土拌合物中的有效用水量具有重要意义，以新拌混凝土用水量检测可以作为一种混凝土质量过程控制手段之一。实验和对搅拌站实际混凝土拌合物进行检测和评价，证明以拌合物用水量控制混凝土质量是有效的，也是对建筑结构质量合格和安全的一种事前控制手段。

关键词　用水量；水胶比；和易性；饱和面干；现场质量控制

1　引言

由于混凝土是由地方性材料所组成的人工复合型材料，其性能不仅受环境温、湿度的影响，而且随时间而发展，形成一种固、液、气多相非均质性体系，从而使得混凝土的性能带有一定的复杂性和不确定性及不稳定性。在《预拌混凝土》（GB/T 1490—2003）标准中对混凝土规定了两个验收指标：抗压强度应符合结构设计要求和坍落度应满足施工性能需要。对于混凝土结构安全性而言，抗压强度无疑是个重要指标，现在，人们又认识到耐久性的重要性。一般来说，当原材料一定时，影响混凝土强度和耐久性的主要因素就是水胶比。那么，只要试验室里试配的水胶比能满足强度和耐久性要求，关键就是施工控制。“因管理不善再加上技艺不精，很可能使配合比设计和规范的全部努力都归于无效”[1]。无论是抗压强度还是和易性都涉及混凝土中的重要材料之一——水。混凝土中水的作用是相当重要的，水与胶凝材料结合发生水化反应是形成强度的首要因素，混凝土中需加入多余水化所需要的用水，主要是满足施工性能的要求。前者水的多与少决定混凝土的强度（水胶比）及耐久性（抗渗透性、碳化性、收缩性、抗冻性等指标），对结构安全的基本保证；后者水的多与少直接影响施工性，对施工工艺性能有很重要的作用（影响浇筑、振捣方式、模板种类和构件形式等），一旦控制不好会造成结构外观质量的缺陷，甚至是致命的缺陷。“质量缺陷是不合格品的特殊表征”[2]。混凝土中的有效用水量既反映水胶比的大小（影响抗压强度和密实性），也反映浆骨比的大小（影响体积稳定性以致影响

李玉琳，高级工程师，北京中宏基建筑工程有限责任公司总工

周宝迎，工程师，北京中宏基建筑工程有限责任公司副总工

耐久性），所以控制混凝土中用水量十分重要。

2 混凝土用水量控制现状

我们在分析实际施工过程中造成的工程质量问题中发现，主要在于混凝土拌合物的严重缺陷，如：水胶比过大造成的抗压强度偏低和碳化增大及抗冻性能降低；单位体积中的有效用水量控制不好造成的拌合物泌水、离析、堵泵和浇筑振捣后的结构件表观形成的孔洞、蜂窝、砂线等问题。混凝土的生产是从试验室设计配合比（各种材料的试配比例和拌合）到实际搅拌生产（配合比调整、计量、搅拌）的全过程，在这个过程中由于地方性材料的不均匀及不稳定性会带来混凝土的质量波动。按混凝土中水、胶凝材料、骨料、外掺加剂等材料本身的性能质量（主要检测项目），可以通过试验检测使之控制在指标要求范围之内，即供需双方合同约定材料的品种、等级、规格、技术要求等。

在实际生产混凝土中，在原材料进场验收技术指标符合要求的前提下，水是因单阶或双阶式搅拌工艺（储料系统）的不同和限制而不能准确计量总量的组分。骨料的自然含水（包括内部水和表面吸附水）会受骨料颗粒粗细分布不均、加工工艺不同和料场的影响，无法准确掌握含水率。而我国现行试配时所用材料的参数又是干燥状态下《普通混凝土配合比设计规程》（JGJ 55—2000）规定的，所以实际搅拌时就要将所用材料的含水多少考虑进施工配合比中（混凝土配合比通知单），要求每工作班检测含水率不少于一次。现在混凝土中所使用的粗骨料大部分以山碎石为主，与过去河卵石破碎后相比外部几乎没有任何含水（内部会有很少含水），在堆放时受自然环境影响所含的极少水分（外表不淌水），一般不会影响混凝土有效用水量的变化，可以忽略不计（日本和美国均不考虑）。细骨料无论是人工砂的破碎生产还是河床天然砂的筛取都会含有不同量的水，少则1%～3%（气干状态含水基本在0.3%以下），多的会超出5%以上（甚至会有淌水砂）。以我国目前的经济条件和混凝土生产产量，绝大部分的骨料存放都不是全封闭的，相比之下有棚式的料场比露天式的控制要好些。即使是这样，由于砂石的供需双方没有直接约定含水指标的要求，所以骨料内的含水始终处于不稳定状态，如存放时间的长短、环境天气的变化、堆放方式和存放厚度、有无棚顶的设施等，所以说砂含水始终是不可知的。在日本和西方一些国家对生产混凝土所用材料的含水是有验收要求的，他们认为这是保证混凝土拌合物和结构件质量的第一控制因素，对所购进的骨料均要求饱和面干状态（允许表面有少量吸附水）进行验收和使用。发达国家对骨料使用的要求全部要进行水洗，这样不但能保证骨料的粘结性能良好（混凝土破坏主要是界面破坏居多），还能稳定有效发挥外加剂的作用（含泥的影响），更易于使骨料处于饱和面干状态，以利水胶比的有效控制，从而保证强度、密实度、耐久性等。一般要求运至混凝土搅拌单位的骨料（主要控制细骨料）表面水允许在2%以内，因为超出这个范围后不但在运输过程中容易出现流淌现象，会给城市环境造成污染，同时也给使用单位质量控制带来麻烦。进入搅拌单位存储时又是存放在封闭式的料仓中（表面水损失较少），其材料表面含水的不同很容易在进入计量前，进行在线快速检测，得知材料表面含水具体数值，同时直接传入搅拌计量系统，对拌合物进行管理和控制也就可行和很容易了。相比之下我们现在所生产的混凝土，其拌合物中的水量始终是不可知的（尤其是生产量大时）。因为混凝土配合比设计规定、材料初始验收要求及存储方式都使得我们无法准确做到对拌合物中的有效用水量可知，所以也就无从谈起对拌合物的质量进行控制了。

目前在建安施工中，建筑结构浇筑使用的混凝土均为大流动性的拌合物，在所有使用具有减水作用的外掺剂的配合比中，水在混凝土拌合物中十分敏感，尤其是掺有高效减水剂的混凝土拌合物。砂含水的变动不仅直接影响着和易性，更会影响水胶比。在以往所有建筑施工现场浇筑的结构件中我们发现，凡是外观质量［蜂窝、空（孔）洞、不密实、疏松等］有明显质量缺陷的结构件，会直接影响回弹检测结果（回弹值低和碳化值大），当对该部位的混凝土钻取芯样检测抗压强度时，其圆柱体试件的抗压强度值均会低于设计强度值（实体密实性差）。正常情况下我们在配合比试配过程中首先检验的就是拌合物的匀质性，观察其和易性是否可以达到设计要求（流动性、可塑性、保水性等），经初始检测合格后的拌合物（即能满足施工工艺要求）才会进行试件成型与养护，再分别进行不同龄期的性能检测（抗压强度、抗折强度、抗渗性能等），凡是不满足施工性能要求的混凝土拌合物不会成型试件（和易性满足要求是基本条件）。只有和易性（主要是流动性）和一般力学指标完全满足委托要求后，才会发出施工配合比进行生产实际搅拌。所以在施工中使用的混凝土拌合物出现以上离析等缺陷现象时，首先说明生产混凝土的搅拌技术条件与试配要求的实际不一样（不是材料的品种、等级、规格问题，主要是水的变化）所致。混凝土拌合物的流动性能主要受水和具有减水作用外加剂的影响大（相比砂率而言），在实际搅拌计量中受骨料含水的影响，水始终是无法做到准确计量。结构构件中出现的外观质量缺陷主要应该是由拌合物的离析所致（包括堵泵）。从拌合物的静止状态能很容易判断外加剂多的因素所造成的现象（与水多时的状态不一样），但水灰（胶）比并没有改变，一般不会影响抗压强度值（但对施工振捣有直接的影响）。所以只要控制住混凝土拌合物中的有效用水量，就可以基本保证结构混凝土的抗压强度达到设计要求（强度、耐久性、外观性）。

我国传统的结构验收方法是对混凝土试件 28d 养护的立方体抗压强度的试验检测。从某种意义上讲，试件的立方体抗压强度达到设计要求，但并不一定和易性就能满足施工工艺要求，即：强度合格其拌合物不一定合格，也就是说试件强度虽然可以满足资料验收要求（抗压强度报告单），但实际结构并不一定能达到业主的基本要求（构件表面的外观质量无缺陷）。国际上在 ISO 9000 质量管理体系认证中常把缺陷定义为不合格品的特殊表征，也就是说缺陷在某种意义上比不合格品还具有潜在的危害性，因为混凝土的损坏或开裂是在最薄弱之处发生。在大量的施工过程控制中发现，只要混凝土拌合物的和易性满足验收要求（混凝土供需合同验收要求），所成型的立方体抗压强度数理统计一定会在验收范围之内，即：混凝土拌合物和易性合格，其抗压强度必合格。美国 ACI 标准规定混凝土拌合物的要求定义："符合特殊性能组合和均质性要求的混凝土"，说明混凝土拌合物和易性能的重要性和关键性，而水又是影响拌合物的关键材料，所以控制混凝土拌合物中的有效用水量已是当务之急。

3 检测方法

一些发达国家关于检测混凝土拌合物用水量的方法有很多，仅日本就有近 10 种左右，如烘干法、体积法、中子检测法、红外线检测法等。其中混凝土单位用水量测定仪在2000年研究成功，主要用于解决和避免混凝土工程因拌合物离析而产生的质量缺陷。又因为其准确度、稳定性、可操作性居于其他检测方法之上，所以2003年日本国土交通省行文并编制规程推广使用。2005年引进我国，在公路和铁路工程中使用。由于当时一些使用人员不了解中国的混凝土配合比设计方法（材料的基本要求）与日本及一些西方国家所用材料的要求（体积法和骨料饱和面干）存在的基本要求差异，在使用中，出现了一些实际检测数据与原始设计数据不相符的结果，使得国内有些技术人员对这种检测方法提出质疑（实际是我国配合比设计中的水灰（胶）比的概念与其有所不同，即总水量和有效用水量）。材料在干燥状态下使用应为总用水量，不是有效用水量，与水灰（胶）比不是一个概念。为了解决使用中发现的问题，我们先从分析仪器设计原理和验证做起，并结合国内材料特性和相关规程要求，做了大量的验证试验。在取得大量对比、复验的验证数据得出准确的检测结论后，又在北京一些混凝土搅拌公司供应到施工工地进行在线检测验证。从大量的检测结果得出：该检测方法是混凝土拌合物浇筑建筑结构件前能做到可控且原理正确、方法可靠、操作易行、检测时间短的检测方法（约5min），且对建筑结构质量起到积极的予控作用。

3.1 仪器原理验证试验

众所周知混凝土是由水、胶凝材料、骨料、外加剂等按照一定配合比组成并伴有一定空气含量的混合多相人工复合材料。按《普通混凝土配合比设计规程》（JGJ 55—2000）中体积法设计配合比，体积密度和含气量的关系见下式：

$$\gamma=\frac{m_0}{V_0}=\frac{m_{b0}+m_{w0}+m_{s0}+m_{g0}}{\dfrac{m_{b0}}{\rho_{b0}}+\dfrac{m_{w0}}{\rho_{w0}}+\dfrac{m_{s0}}{\rho_{s0}}+\dfrac{m_{g0}}{\rho_{g0}}+0.01\alpha}$$

式中 m_0——混凝土用量（kg）；

V_0——混凝土体积（m^3）；

ρ——混凝土体积密度（kg/m^3）；

m_{b0}、ρ_{b0}——胶凝材料用量和密度（kg、kg/m^3）；

m_{w0}、ρ_{w0}——水用量和密度（kg、kg/m^3）；

m_{s0}、ρ_{s0}——砂子用量和密度（kg、kg/m^3）；

m_{g0}、ρ_{g0}——石子用量和密度（kg、kg/m^3）；

α——混凝土内的含气量（%）。

由此得出下列图示关系：

通过图1可明显分析到，混凝土拌合物中的用水量与单位体积密度的大小和含气量的多少存在相关关系。以现在检测技术和手段能很准确地检测拌合物中的密度（高精度天平）和空气含量（含气量仪），通过大量试验数据回归，计算被检拌合物中单位体积内的有效用水量。再用检测后的不同水灰（胶）比的拌合物成型抗压试件，并与之确立相关关

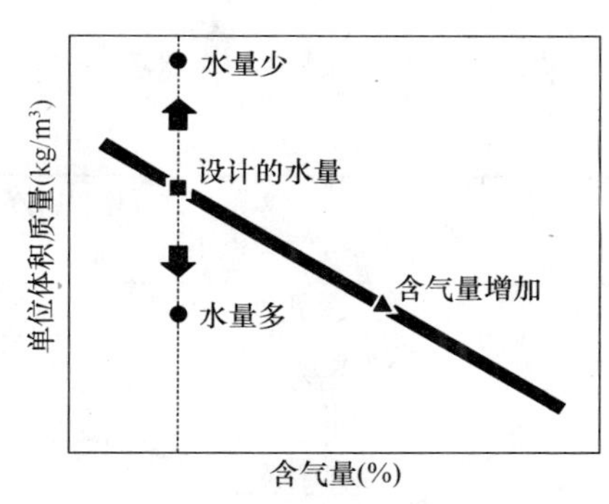

图1 混凝土拌合物密度、含气量与用水量的关系

系，从而达到只要控制混凝土拌合物中关键组分——水的目的，就可以清楚混凝土抗压强度的变化范围。要取得以上数据（密度和含气量）还需要准确的原材料（胶凝材料、水、外加剂、骨料）的试验检测数据值（用于计算配合比的表观密度值），所以该用水量检测法又具有双刃剑的结果（对试验单位材料检测试验的正确性和对搅拌站计量搅拌的准确性双控）。目前我国允许使用假定体积密度法计算混凝土配合比，这种方法较为简单，但在胶凝材料多组分的前提下，使用假定体积密度法计算混凝土配合比显然存在一定的不足，故此应该采用体积法计算混凝土配合比中的各组分。为了验证仪器设计原理的正确性和检测的准确性，采取两台相同型号仪器同时进行对比，配合比见表 1。

混凝土配合比设计（体积法） **表 1**

设计强度等级	材料用量（kg/m³）					设计体积密度（kg/m³）	设计含气量	目标强度（MPa）
	水	胶凝材料	砂	石	外加剂			
C30	179	347	843	912	2.89	2284	3.5%	38
C35	176	371	833	928	3.25	2311	2.0%	43
C40	171	400	811	923	3.40	2308	3.0%	48

注：目标强度中 σ 为一般水平取值 5.0MPa（约为设计强度值的 120%以上）；材料表观密度值为饱和面干状态；拌合物流动度 180～220mm。

两台测量仪实际对比结果如表 2 所示。

两台仪器平行对比试验结果 **表 2**

设计强度等级	仪器编号	体积密度（kg/m³）	含气量（%）	用水量（kg/m³）	胶凝材料（kg/m³）	28d 强度（MPa）
C30	1	2294	3.21	180.5	347.6	39.8
	2	2292	3.12	181.6	348.0	39.4
C35	1	2309	2.13	177.8	372.0	45.7
	2	2312	2.06	175.1	372.2	44.1
C40	1	2325	2.51	170.2	399.6	55.0
	2	2329	2.41	171.4	400.1	53.6

表 3 为数据分析结果（选择最大偏差）。

实际检测结果分析 **表 3**

设计强度等级		体积密度（kg/m³）	含气量（%）	用水量（kg/m³）	胶凝材料（kg/m³）	28d 强度（MPa）
C30	偏差值	+8.0	−0.38	+2.6	+0.4	+1.4
	偏差率（%）	+0.35	−10.8	+1.4	0.12	3.7
C35	偏差值	+2.0	+0.13	+1.8	+1.0	+1.1
	偏差率（%）	+0.1	+6.5	+1.02	0.27	2.56
C40	偏差值	+17	−0.59	+0.4	−0.4	+5.6
	偏差率（%）	+0.74	−19.7	+0.2	0.1	11.7

从试验结果分析，在试验室材料基本一致的条件下通过准确计量每种原材料的用量，使用标准搅拌设备（实验用搅拌机），将合格的拌合物（和易性与坍落度）分次装入设备容器（用水量检测仪）中，再正确输入原材试验原始数据（所用材料的饱和面干表观密度值和含气量），启动仪器检测程序，其被检混凝土配合比中各种材料使用参数均显示在计算机显示屏上，检测结果是：实际计量使用与检测数据的偏差都在较小的范围之内。

（1）用水量是影响混凝土性能的关键因素，故为检测主要对象。如前所述，只要拌合物满足施工要求（委托要求）实际用水量不能加入过多，至少保证水灰（胶）比不超出控制范围（设计强度值的95%的保证率），从而保证抗压强度满足设计要求。一般设计水灰（胶）比是根据包罗米公式原则进行计算，均考虑材料的差异和波动（富裕系数），原则上一般以 R_{28} 的强度为修正基础进行下一循环调整，此次检测结果有效用水量最大偏差+2.6kg/m³，相对偏差+1.6kg/m³，偏差率不到1个百分点。同时再综合分析抗压强度等因素，不足3kg/m³ 的水对强度没有实质性的影响，从对比值分析该仪器检测关键数据的准确性满足使用要求（试验室条件下的计量输入与检测结果对比）。

（2）强度是建筑构件承载力的基本保证，实际检测值均大于目标强度值（目标强度不小于标准设计值的120%），最小增加1.1MPa，增加百分率+2.6%，也就是说实际检测有效用水量超出原设计值的1.5%左右时，其抗压强度值还能大于目标强度值（试配强度）的2.0%以上，设计抗压强度值的125%以上，说明仪器检测的有效性满足要求。

（3）检测体积密度是分析混凝土拌合物中各种材料在单位体积下砂浆与骨料之间的位置与分布是否合理（拌合物的均匀性），因为水在整体中的重量最小，所以通过检测体积密度能判断离散程度（浆骨分布），现检测结果体积密度偏差最小+0.1%，说明与实际输入值基本吻合，说明试验计算正确符合规范要求，也证明仪器的可靠性和准确性。

（4）在混凝土拌合物检测指标中，国际上一些先进国家都比较重视含气量，因合理的空气含量不仅能改善混凝土拌合物的施工性，还能改善结构件的外观质量，从而提高混凝土表面抗风化的能力，而且有利于抵抗不同原因引起的膨胀型的腐蚀，例如盐结晶、冻融循环延迟深化成钙矾石等。但含气量过大后会明显降低抗压强度值，而在拌合物中含气量又直接影响体积密度与水量的检测结果变化，所以含气量在拌合物中的数值不可过大（应在合理的范围内）。此次检测最大偏差值+0.13。

在正常情况下，当混凝土拌合物明显出现流动性大或离析时，往往会由两个因素引起，水多或外加剂多。在实际工程中判断水多或外加剂多一般可以观察拌合物的静止后浆骨状态，当出现浆体呈黄色时（萘系减水剂）且骨料堆积具有明显的扒底不易铲动的情况，一般是外加剂偏多造成的结果。按水胶比原则考虑，只要实际计量水量不多，外加剂多并不影响水胶比值（仅会影响拌合物质量），故采取人为适当多掺减水剂，以检测水量是否在允许范围之内，检测数据见表4。

实际混凝土主要材料检测结果（配合比同上）　　**表4**

设计强度等级	材料用量（kg/m³）					体积密度（kg/m³）	含气量	备　注
	水	胶凝材料	砂	石	外加剂			
C30	177	347	843	912	2.89	2322	2.5%	设计值
	178		—	—	5.03	2329	2.53	离析后检测值
	198					2225	2.80	多加20kg水

拌合物流动度设计为180～200mm，当外加剂多加入后拌合物出现浆骨分离，坍落垂直距离在235mm，中间粗骨料堆积边缘浆体流出，由于浆骨明显分离，装入仪器内的拌合物匀质性不好（骨料偏多），检测数据见离析后的检测值。检测结果说明，虽然拌合物坍落度很大（不考虑离析现象），但不是水量多所造成的，所以实际检测水量没有超出控制范围之内，同时也证明此仪器的检测结果是可靠的。

为了对比拌合物离析时到底是外加剂问题还是水多的结果，在原基础上人为多加20kg/m^{3}水，看仪器是否可以检测出来。从实际结果证明当混凝土拌合物出现离析时，用仪器完全可以准确分辨出198kg/m^{3}与179kg/m^3。

3.2 工程随机抽检混凝土拌合物

通过在标准条件下对该仪器进行试验验证得到检测有效性和准确性后，针对北京地区原材料质量现状分别在5个不同单位（搅拌站）对共给施工现场的混凝土拌合物在线实际抽检，强度等级主要为C25、C30、C35、C40共计抽检约百组，并对抽检后的拌合物进行抗压强度试件成型，观察28d龄期强度变化。

分析结果如下：

（1）主要选择了常规用的设计强度等级C25～C40；

（2）所检拌合物坍落度在190～230mm之间，和易性基本满足要求（个别存在拌合物坍落度过大有离析现象，但无碍整体评定），符合施工技术要求；

（3）检测体积密度值波动最大在－1.3％～＋1.9％之间，总体分析混凝土拌合物浆骨分布基本均匀，计量准确，总用水量在控制范围之内。

（4）含气量对于普通泵送混凝土作用主要是增加润滑、减小摩擦、提高可泵性和抗冻性能。但对抗压强度有一定不利的影响（含气量大气孔多抗压强度会降低），所以应该综合分析与强度值的关系。含气量小摩擦阻力大不利于流动性，从实际检测坍落度结果均在190mm以上，说明没有影响拌合物的可泵性，施工可振性均能满足工艺要求，而28d的平均强度值最小也达设计值的125％，所以含气量即使偏大5％左右也没有降低抗压强度；

（5）虽然检测最大用水量有超出设计值的结果约为8kg/m^3，但最终检测混凝土的抗压强度均超出设计强度等级。其原因是：混凝土拌合物满足设计要求说明均质性好；混凝土试配强度本来就在一个范围之内，一般施工配合比都考虑较不利的因素，所以富裕系数一般偏大；其实离析是最主要的，往往对这种缺陷不引起人们的注意，而避免这种现象的出现恰恰是强度和耐久性的，最基本的可靠保证。所以若将检测有效用水量的控制指标在10kg/m^{3}范围之内是完全能满足施工混凝土强度验收要求的（日本为15kg/m^3）。

4 需要进一步完善的工作

（1）对新拌混凝土各主要组分进行分析，找出与其成型后性能的必然关系，以新拌混凝土的某些试验结果为依据，判定混凝土的质量，能够从生产伊始判断其浇筑成型后一系列性能是否能满足设计要求（业主要求），从而可避免很多工程质量问题甚至是质量事故的发生和处理纠纷。

（2）混凝土单位用水量测定仪设计原理合理、准确度高、操作简单、检测时间短，测试结果能很好地反映混凝土拌合物组分与设计配合比之间的偏差，为混凝土生产企业在生产过程控制环节中提供了一种稳定准确的检测设备，可迅速知道当前混凝土拌合物的性能是否满足委托方的要求；也为建筑工程混凝土结构施工提供了便捷可靠的验收检测手段，在浇筑之前能快速排除不符合要求的拌合物入模，从源头上保证混凝土结构的施工质量，对结构的安全性做到可知。

（3）用新拌混凝土体积密度与含气量的检测值计算单方有效用水量（水胶比），相对于以 28d 强度为基础的评判混凝土质量的方法具有予控性和可控性，还可以避免不合格的拌合物浇筑到结构后所造成的某些质量缺陷。同时对于混凝土拌合物的质量保证性更具有实际性（强调所用原材料试验的规范性、准确性、严谨性及所有生产环节中的各工序工作质量）。

（4）混凝土匀质性和稳定性的重要性相对抗压强度值而言更为重要，在国外一些先进国家中已普遍认可并在实际中予以控制（质量过程控制更重要）。强调对混凝土拌合物的控制在国内也已得到业内人士的共识。加强过程控制是现代质量管理的成熟理念和有效方法，把质量隐患（产生缺陷的可能）消除在发生之前，应该是我们在过程控制中有效避免不合格品出现的最好方法，也是投资者和建设者所追求的理想目标。任何研究都是从发现问题开始的，通过对前阶段混凝土拌合物单方用水量测定仪试用的调研和实验，根据我国建筑材料资源的现状，还应对以下问题继续研究，使这种检测手段技术更加成熟化，更加普及化。

5 结论

混凝土是重要的建筑结构材料，又是多相复杂的人工复合材料，由于材料使用的地方性、随意性、多变性和离散性，加强这种结构用材料施工过程的使用控制，保证结构的安全已是当务之急，混凝土拌合物用水量现场检测是目前有效的控制方法之一，予以推广很有必要，科学研究只有转换为生产力才真正具有真正的社会效益和经济效益。

基于顶升工艺的钢管自密实混凝土的研究及应用

周志强，田　丰，李伟清，吴　雄，林　熙

（中建商品混凝土有限公司，武汉 430074）

摘　要　本文针对钢管混凝土顶升施工工艺的特点，通过正交设计试验分析，考察了水胶比、掺合料用量以及砂率对自密实混凝土性能的影响，研究了混凝土工作性能、坍落度经时损失、力学性能等性能指标，成功地配制出了性能优良的钢管自密实混凝土，并在武汉重型机床集团有限公司机加公司一联厂房中得到成功应用。

关键词　自密实混凝土；钢管混凝土；顶升施工；坍落度

1　引言

混凝土最大的缺点就是自重大且呈脆性，钢筋混凝土则有效地改善了混凝土的抗折性能，而将混凝土填充到钢管中，使混凝土和钢管内壁是完全接触的，那么在受压过程中混凝土侧向受到钢管的约束，不可能产生突然的断裂，这样就克服了高强混凝土的脆性，同时也改善了钢管的钢性不足的缺点[1]。

钢管混凝土柱柱芯混凝土顶升施工工艺是利用混凝土输送泵的泵送压力将混凝土自钢管柱底部灌入，直至灌满整根钢管柱的一种混凝土免振捣的施工方法[2]。其工艺可减少工序环节，降低劳动强度，加快施工进度。与高位抛落免振捣法相比，可有效避免钢管柱内混凝土不密实，离析等缺陷，确保混凝土质量符合要求[3]。因此，顶升施工的关键是新拌混凝土具有良好的流动性，满足自密实混凝土的性能指标要求。本文针对钢管混凝土顶升施工工艺的特点，通过正交设计试验分析，考察了水胶比、掺合料用量以及砂率对自密实混凝土性能的影响，研究了混凝土工作性能、坍落度经时损失、力学性能等性能指标，成功地配制出了性能优良的钢管自密实混凝土，并在武汉重型机床集团有限公司机加公司一联厂房中得到成功应用，以期为同类工程的施工提供有价值的参考。

2　原材料

水泥：黄石华新 P·O42.5；

粉煤灰：汉川Ⅱ级粉煤灰，烧失量 3.1%，需水比 98%；

矿渣：湖北盛大 S95 级粒化高炉矿渣粉，比表面积 3900cm^2/g；

膨胀剂：武汉三源 SY－G；

细骨料：巴河中粗砂，细度模数 2.7；

周志强，（1981—　），男，工程师，中建商品混凝土有限公司，E-mail：Zhouzhou_1123@163.com

粗骨料：湖北乌龙泉碎石，5～25mm连续级配，含泥量0.4%，密度2.65g/cm³。

减水剂：萘系FDN缓凝性减水剂，固含量31.2%，减水率16.5%。

3 试验分析

试验将胶凝材料用量固定为482kg/m³、膨胀剂SY-G内掺胶凝材料的8%、萘系减水剂掺量2%，采用正交试验法初步研究自密实混凝土的性能和水胶比、砂率、掺合料比例之间的关系。

3.1 正交设计及试验结果分析

试验选定水胶比、掺合料、砂率3个因素[4]，每个因素选3个水平，采用 L_9（3^4）正交表安排试验。表1是试验的因素水平表，表2为正交设计及试验结果。

因素水平表 表1

因素 / 水平	水胶比 A	复合掺合料用量（%） B	砂率（%） C
1	0.33	0	39
2	0.31	15	42
3	0.29	30	45

L_9（3^4）正交设计及试验结果 表2

编号	水胶比A	掺合料B	砂率C	空列D	坍落度/扩展度（mm）		综合指标		抗压强度（MPa）	
					0h	1h	0h	1h	7d	28d
1	1	1	1	1	225/635	215/625	378.0	366.6	21.6	45.7
2	1	2	2	2	230/645	225/640	385.2	379.5	22.6	46.8
3	1	3	3	3	245/675	235/665	406.7	395.3	21.5	44.3
4	2	1	2	3	235/625	230/620	383.2	377.6	23.1	53.6
5	2	2	3	1	235/640	230/640	387.8	383.7	24.5	52.3
6	2	3	1	2	240/680	235/670	404.0	396.8	22.8	50.2
7	3	1	3	2	220/580	210/570	357.2	346.0	26.1	56.8
8	3	2	1	3	225/600	220/595	367.4	361.8	25.7	54.1
9	3	3	2	1	235/630	225/625	384.8	375.0	24.2	51.4

注：试验中发现有时坍落度相同扩展度并不相同，因此单一采用坍落度或扩展度来衡量流动性是不科学的，所以采用了流动性综合指标来衡量自密实混凝土的流动性，规定综合指标＝$\sqrt{坍落度\times扩展度}$。

各因素对试验结果的直观分析 表3

因素	3d抗压强度 A/B/C/D	28d抗压强度 A/B/C/D	初始流动性综合指标 A/B/C/D	1h后流动性综合指标 A/B/C/D
极差 *R*	3.4/1.4/0.7/0.4	8.5/3.4/1.1/1.5	21.9/25.7/2.6/3.7	25.1/25.6/2.4/4.2

从表 2 和表 3 可以看出：（1）在总体胶凝材料确定的情况下，水泥用量越高、粉煤灰、矿粉掺量越低，流动性能越好（扩展度越大）。砂率越大抗离析性能好，但是损失较快；（2）水胶比越小早期强度越高，掺合料掺量越大早期强度越低；后期强度也随水胶比的减小而增加，但掺合料的掺量影响不大，砂率则对强度影响不明显。

3.2 配合比确定

通过正交设计分析后，初步确定表 4 配合比为武重钢管自密实混凝土施工配比，并通过试配，进行进一步的论证。

混凝土配合比（kg/m^3） **表 4**

水泥	矿渣粉	粉煤灰	粗骨料	细骨料	水	FDN	SY－G
300	40	110	977	737	150	10.3	32

混 凝 土 性 能 **表 5**

坍落度（mm）	扩展度（mm）	倒坍落度（s）	L 形流动度（T40）（s）	V 漏斗（s）	28d 抗压强度（MPa）	
					振捣	自密实
240	660	10	2.45	24	49.1	47.7

混凝土的工作性能与抗压强度情况如表 5 所示，混凝土初始坍落度和扩展度分别达到了 240mm 和 660mm，1h 后的坍落度和扩展度分别为 235mm 和 650mm，配制出的混凝土具有非常好的流动性，混凝土的各项性能指标均满足自密实混凝土的要求。

图 1 为混凝土坍落度和扩展度试验，从图中可以看出扩展度达到 660mm 时拌合物仍然具有良好的匀质性。图 2 为 V 漏斗试验，试验过程中，混凝土拌合物能均匀快速的通过漏斗口。因此，综合考虑表 4 混凝土的各种性能质保，最终确定该配合比为武重钢管自密实混凝土施工配合比。

图 1 坍落度和扩展度试验

图 2 V 漏斗试验

4 工程应用

武汉重型机床集团有限公司机加公司一联厂房 A1 区钢柱（图 3）由浙江东南网

架设计院设计，强度等级为C40自密实混凝土，设计承受压力为250t横车梁。需顶升自密实混凝土施工的部位主要由B轴、C轴、D轴、E轴15根ϕ720mm的钢管柱以及A轴、F轴各30根ϕ426mm、高8.270m的钢管柱组成。其中ϕ720mm的钢管柱分别由高22.290m和10.270m的两根钢管柱组成，需求混凝土约468.22m^3，工程质量要求高。

图3　厂房A1区钢柱

4.1　施工组织策划

为保证武汉重型机床集团有限公司机加公司一联厂房钢柱柱芯自密实混凝土的施工质量，从原材料组织、混凝土生产、运输到施工过程，都制定了技术方案（图4）：

（1）严格控制原材料（水泥、外加剂、粉煤灰、矿粉、膨胀剂）的进场验收，并根据试配材料的检测结果制定了专门的验收标准，一次性将所需材料备足，从而保证了材料的稳定性和一致性。

（2）对混凝土的计量、搅拌、运输召开质检员与生产科专门的技术交底，将注意事项重点布控，并责任到人，尤其是在高温天气中生产运输的连续性将对混凝土性能有很大的影响。

（3）针对我方和施工方的浇注配合问题在现场会上进行了沟通，并达成了共识，尤其是泵送的连续性、排气孔的检查、截止阀的安装和闭合都进行了模拟试验。

（4）现场专人负责，只有经现场质检员验收合格的混凝土方可浇筑。

（5）制定了专门的安全和环保方案以及应急预案，以保证在施工过程中安全和无污染。

（6）针对混凝土的养护和检测安排了明确的时间表。

4.2　实施效果

武汉重型机床集团有限公司机加公司一联厂房A1区钢柱工程施工经过一个多月的施工，圆满完成了施工任务。

从表6中现场取样检测结果可以看出，混凝土在实际过程中，具有较好的流动性能，混凝土28d平均强度48MPa，满足设计要求。图5为混凝土入泵性能，图6为混凝土硬化后的效果。

图 4　混凝土施工现场

武重钢管自密实混凝土实际生产工作性及力学性能　　表 6

施工日期	坍落度（mm）	扩展度（mm）	抗压强度（MPa）	
			7d	28d
5 月 18 日	250	655	33.5	46.4
5 月 20 日	245	650	39.6	47.7
5 月 22 日	240	665	36.1	49.1
5 月 25 日	255	670	38.0	47.1
5 月 30 日	255	660	38.3	49.5
6 月 1 日	250	660	37.1	48.0
6 月 4 日	245	650	37.1	48.2
平均值	249	659	37.1	48.0

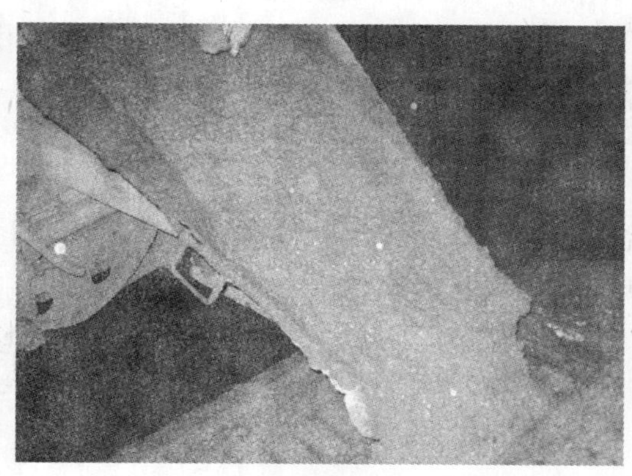

图 5　现场混凝土入泵

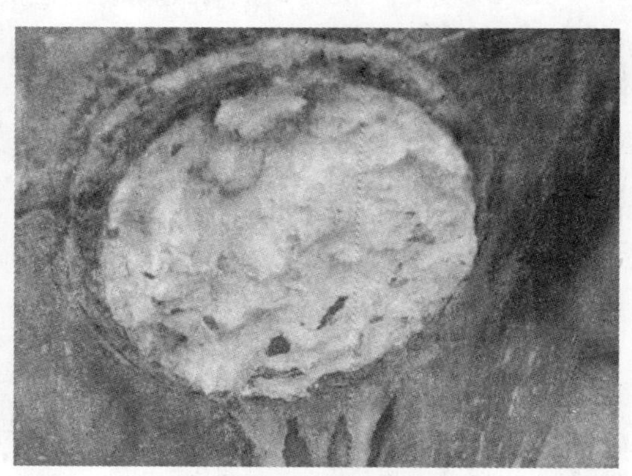

图 6　施工效果

5 结论

在钢管混凝土顶升施工工艺中，新拌混凝土的自密实性能是整个施工工艺中的关键点，只有合理的将水胶比、掺合料掺量和砂率等影响因素结合起来，才能配制出性能良好的自密实混凝土，从而满足实际工程施工的需要。

参 考 文 献

［1］ 沈剑波，高轩能，沈章春．钢管混凝土的特性及其性能研究［J］．新型建筑材料，2006（6）：60-62.

［2］ 钟善桐．钢管混凝土结构（第3版）［M］．北京：清华大学出版社，2002.

［3］ 黄为民，张勇涛，玉万贤等．C60高抛免振钢管混凝土的研究与开发［J］．混凝土，2002（12）：54-55.

［4］ 中国工程建设标准化协会标准．自密实混凝土应用技术［M］．北京：中国计划出版社，2006.

高速铁路异型刚构桥桥梁自密实饰面清水混凝土质量保障技术

王　军[1,2]，徐芬莲[1]，刘中心[1]，罗　波[1]，陈　柱[1]
（1. 中建商品混凝土有限公司，武汉 430074；
2. 武汉理工大学硅酸盐材料工程教育部重点实验室，武汉 430070）

摘　要　武广客运专线新建武汉站工程站房内高架桥中部为异型刚构桥桥梁，其桥墩钢筋布置密集，必须采用自密实混凝土才可以顺利完成施工，并且外观要求达到饰面清水混凝土装饰效果。本文从混凝土原材料选择、配合比设计与优化、模板和设备准备、混凝土生产和运输、混凝土施工、混凝土的浇筑与养护、混凝土温度监控等各个方面形成自密实饰面清水混凝土质量保障技术，并在武广客运专线武汉站工程应用中取得良好实施效果。

关键词　高速铁路；异型刚构桥桥梁；自密实混凝土；饰面清水混凝土；质量保障技术

1　引言

自密实饰面清水混凝土是一种兼具自密实功能及饰面清水功能的新型绿色高性能混凝土，它既有自密实混凝土的特点——即改善施工环境、加快施工进度、提高劳动生产率、降低工程费用、增加结构设计的自由度等[1,2]，又具有饰面清水混凝土的表面装饰效果——由有规律的对拉螺栓孔眼、明缝、蝉缝等组合形成的混凝土自然质感直接作为表面装饰[3]，可节约自然资源、保护生态环境。将自密实混凝土和饰面清水混凝土两种技术结合在一起，是一种便于施工且具有装饰效果的新型绿色高性能混凝土。该混凝土的研究与应用较少，在原材料选择、配合比设计、施工工艺、质量控制等方面还没有成熟的经验，此类混凝土的质量保障技术还有极大完善的空间。

武广客运专线是中国新建高速铁路之一，位于湖北、湖南和广东境内，全长约1068km，设计时速350km/h，最高时速380km/h，该工程混凝土耐久性要求为100年，工程施工质量必须达到结构安全、使用功能以及耐久性能的设计要求，主体结构质量实现零缺陷，满足设计使用年限内正常运营的需要。武广客运专线武汉站工程为桥建合一结构，站房内所有桥梁外露表面均要求达到饰面清水混凝土装饰效果。站房中间为异型刚构桥桥梁（见图1），其桥墩钢筋布置密集，钢筋间平均净间距为5.7cm，钢筋平均用量高达327kg/m^3，无法振捣施工，同时混凝土泵送施工垂直落差高达11m，对混凝土的抗离析性能要求高。因此，经分析研究，确定使用C50自密实饰面清水混凝土，要求混凝土

王军（1972—　），男，中建商品混凝土有限公司总工程师，高级工程师，主要从事预拌混凝土的研究应用与管理，湖北武汉东湖高新区华光大道18号高科大厦13楼（430074），电话：13367255868，E-mail：wjjob72@126.com

具有良好的间隙通过能力，在无需振捣的情况下可自行通过结构钢筋，填充模板的空间，以保证施工顺利实施，并达到饰面清水混凝土的表观效果。

图1 异型刚构桥桥梁饰面清水混凝土效果图

本文从混凝土原材料选择、配合比设计与优化、模板和设备准备、混凝土生产和运输、混凝土施工、混凝土的浇筑与养护、混凝土温度监控等各个方面形成自密实饰面清水混凝土质量保障技术，成功应用于武广客运专线新建武汉站工程异型刚构桥桥梁中，确保了工程质量与工期，为今后此类工程施工和自密实饰面清水混凝土的配制、生产、施工、质量控制及应用提供参考。

2 高速铁路异型刚构桥桥梁自密实饰面清水混凝土质量要求

结合本工程特点，自密实饰面清水混凝土的质量应达到以下要求：

（1）混凝土工作性能满足《自密实混凝土应用技术规程》（CECS203：2006）Ⅰ级自密实混凝土的要求，具有良好的流动性能和抗离析性能，能满足工程特点（钢筋含量高达 $327kg/m^3$，落差高达 11m）需求，在无需机械振捣的情况下能够充分流动并填充模板和包裹钢筋，形成内部密实的构件。

（2）为确保混凝土饰面清水效果，新拌混凝土必须匀质性好、黏聚性好，不泌水、不离析。为保证混凝土浇筑顺利，混凝土应保持 2h 以内工作性能基本无变化。

（3）混凝土 56d 抗压强度满足 C50 强度等级要求；混凝土总碱含量不大于 $3.0kg/m^3$，Cl^- 总含量不应超过胶凝材料总量的 0.10%；混凝土具有良好的体积稳定性，耐久性满足 100 年要求。

（4）混凝土硬化拆模后，4m 内观察混凝土表面颜色基本一致，无明显色差，气泡细小而均匀，由有规律的对拉螺栓孔眼、明缝、蝉缝等组合形成的混凝土自然质感作为饰面效果。

3 自密实饰面清水混凝土质量保障技术

3.1 混凝土原材料选择

混凝土原材料各种技术参数应符合《铁路混凝土结构耐久性设计暂行规定》（铁建设

[2005] 157号）中的要求，且在同一工程中使用的原材料应为同一厂家、同一产地、同一品种，为了保证混凝土耐久性满足100年的高要求，所有原材料都严格控制碱含量与氯离子含量。混凝土的原材料应有足够的存储量，至少要保证同一视觉空间的混凝土原材料的颜色和各种技术参数基本稳定。另外还应满足以下要求：

（1）水泥：水泥的颜色对混凝土外观颜色的影响是最直接的，不同厂家的水泥往往颜色差别显著。由于清水混凝土缺乏装饰面的保护，受自然环境影响较大，混凝土中大部分的碱来自水泥，含碱量的高低对于控制碱骨料反应非常重要，因此要选用低碱、清灰色、质量稳定的水泥。宜选用硅酸盐水泥或普通硅酸盐水泥，不宜使用早强型水泥[2]。通过大量调研和实地考察，本工程选用江西某水泥厂生产的P·O42.5低碱水泥，其质量稳定，不同批次的水泥色差基本一致，而且该厂在本工程附近有大型水泥中转库，能作为本工程专供水泥库，以避免使用高温水泥（用于生产的水泥温度控制在65℃以内）以及保证供应，碱含量≤0.6%，氯离子含量≤0.06%，比表面积330～360m^2/kg，28d抗压强度50MPa以上。

（2）矿物掺合料：所选用的掺合料必须对钢材无害。考虑控制水化热，提高混凝土的耐久性，改善混凝土工作性能，混凝土适当掺用粉煤灰。采用湖北某大型电厂生产的Ⅰ级（F类）优质粉煤灰，氯离子含量≤0.02%，细度≤12%，烧失量≤3%，需水量比≤100%。

（3）细骨料：细骨料的级配不好、含泥量及泥块含量过大时，易导致混凝土泌水、减水剂用量高、用水量高、混凝土力学性能和耐久性不良等不利影响[3]，并且还会导致混凝土硬化后表观颜色不均。通过大量实地的考察与对比，选用湖北某地的天然中砂，该砂储量丰富，到本工程所在地交通便利，细度模数在2.7（Ⅱ区）左右，砂浆棒法测得为非碱活性骨料，氯离子含量≤0.02%，含泥量在2.0%以内，泥块含量在0.5%以内，吸水率不大于2%，清洁无杂物，满足饰面清水混凝土的使用要求。

（4）粗骨料：粗骨料和细骨料一样，对混凝土的性能影响很大。粗骨料选自湖北某地，该地区有多家生产企业拥有大型反击破生产设备，产量充足。生产的粗骨料级配合理、粒形良好、质地均匀坚固、颜色均匀、洁净、线胀系数小，小棱柱体法测得为非碱活性骨料，氯离子含量≤0.02%，压碎指标在8%左右，针片状含量在5%左右。通过水路运输，分别在装船和起舶时进行水冲洗，保证碎石的含泥量和泥块含量。碎石进场严格分级运输、分级堆放、分级计量。粗骨料选用5～10mm和10～20mm碎石，两级配的比例为3∶7。

（5）减水剂：采用减水率高、坍落度损失小、适量引气、能明显提高混凝土耐久性且质量稳定的减水剂产品。减水剂与水泥、掺合料之间应具有良好的相容性。经过大量的对比试验，采用深圳某厂生产的聚羧酸高性能减水剂，碱含量≤10.0%，氯离子含量≤0.2%，减水率≥25%，含气量3%～6%，压力泌水率比≤50%。该减水剂与混凝土的各种材料适应性好，混凝土拌合物工作性能优良，没有泌水现象发生，坍落度损失小，对混凝土颜色影响小，对钢筋无锈蚀作用。

（6）水：采用清洁的饮用自来水。

3.2 混凝土配合比设计与优化

设计自密实饰面清水混凝土的配合比后，应进行试拌，每盘混凝土的最小搅拌量不宜小于25L，同时应检验拌合物工作性。工作性能检测包括坍落度和扩展度，并采用配筋模型试验等模拟方式更为严谨地测评拌合物的流动性、抗分离性、填充性和间隙通过能力。

根据试配结果对配合比进行调整，选择混凝土工作性、力学性能、耐久性都能满足相应要求的配合比。

3.3 模板和设备准备

由于自密实饰面清水混凝土流动性大，混凝土凝结以前可持续对模板产生较大的侧压力，所以模板要有足够的强度、刚度和稳定性，不得有低于最高浇筑表面的开放部分或缺口，模板间的缝隙不得大于1mm。施工前搅拌站及施工单位技术人员应检验模板直立、钢筋及保护层厚度等情况，对影响混凝土浇筑的问题及时处理。根据现场情况合理布置混凝土泵，保证混凝土浇筑顺利和均匀布料的需要。

3.4 混凝土生产和运输

(1) 生产自密实饰面清水混凝土必须使用强制式搅拌机。混凝土原材料均按重量计量，每盘混凝土计量允许偏差为水泥±1%，矿物掺合料±1%，粗细骨料±2%，水±1%，外加剂±1%。搅拌机投料顺序为先投细骨料、水泥及掺合料，然后加水、外加剂及粗骨料。应保证混凝土搅拌均匀，适当延长混凝土搅拌时间，但搅拌时间宜控制在90～120s内。本工程中自密实饰面清水混凝土采用HZS180型搅拌楼生产，$3m^3$的双卧轴强制式搅拌机，每次搅拌$2.5m^3$，计量误差按常规生产控制；搅拌时间设定为120s，确保自密实饰面清水混凝土搅拌均匀。

(2) 加水计量必须精确，应充分考虑骨料含水率的变化，及时调整加水量。混凝土每次生产前，要提前对材料含水率进行检测，依据含水率调整施工配合比进行试生产。生产上料时，要对骨料进行翻拌，保持含水率稳定。混凝土试生产时，对其性能进行检测，如图2～图4。混凝土坍落扩展度控制在700mm以上，U形箱填充高度控制在330mm以上，合格后才能生产。

(3) 混凝土罐车在装料之前应反转，清除罐内积水、积浆，严禁中途加水；罐车在运输途中保持旋转状态。在浇筑混凝土前，高速旋转，保证混凝土在运输车内质量均匀稳定。

图2 混凝土出站前温度检测

图3 出站前U形箱填充高度检测

3.5 混凝土施工

为了确保施工的顺利进行，加强施工组织管理，应采取如下措施：

(1) 编制自密实饰面清水混凝土施工方案，成立自密实饰面清水混凝土生产供应指挥小组，并对混凝土生产、浇筑过程中相关岗位人员进行技术交底；

（2）施工现场配备专门的现场混凝土调度，加强调度协调，保证混凝土供应的连续性；

（3）混凝土施工时，现场试验员全过程检查混凝土质量情况（如图 5～图 7），加强信息反馈，作好现场控制，杜绝质量隐患。

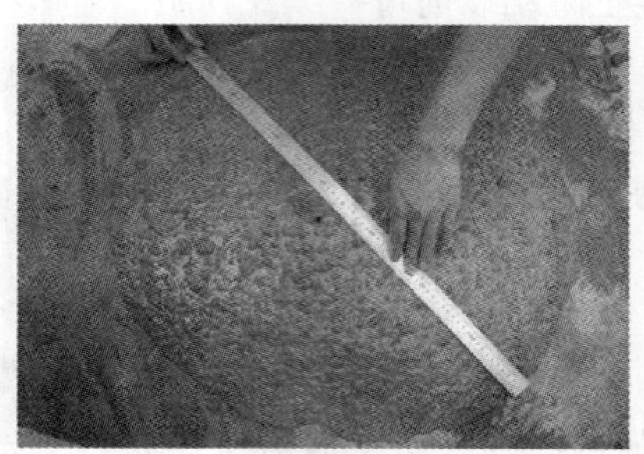

图 4　混凝土出站前扩展度检测

图 5　混凝土入模前测温

图 6　混凝土入模前扩展度检测

图 7　入模前 U 形箱填充高度检测

3.6　混凝土的浇筑

（1）混凝土搅拌车卸料前应高速旋转 60～90s，再卸入混凝土泵，以使混凝土处于最佳工作状态，有利于混凝土自密实浇筑成型。

（2）在非密集配筋情况下，混凝土的布料间距不宜大于 10m，当钢筋较密时布料间距不宜大于 5m。每次混凝土生产时，必须有专业技术人员在施工现场进行混凝土性能检验，主要检验混凝土的坍落度和扩展度，并进行目测，判定混凝土性能是否符合施工技术要求。发现混凝土性能出现较大波动，及时与搅拌站技术人员联系，分析原因，及时调整。

（3）混凝土应采取分层浇筑，在浇筑完第一层后，应确保下层混凝土未达到初凝前进行第二次浇筑。

（4）如遇到墙体结构配筋过密，混凝土的黏聚性较大。为保证混凝土能够完全密实，可采用在模板外侧敲击或用平板振捣器辅助振捣方式来增加混凝土的流动性和密实度。

（5）浇筑速度不要过快，防止卷入较多空气，影响混凝土外观质量。在浇筑后期应适当加高混凝土的浇筑高度以减少沉降。

（6）自密实饰面清水混凝土应在其高工作性能状态消失前完成泵送和浇筑，不得延误时间过长，每车自密实饰面清水混凝土从生产开始到浇筑完成宜在 120min 内完成，并且保持泵送的连续性。

（7）自密实饰面清水混凝土墩采用“导管向下灌注”的方式进行浇筑，如图 8 所示。由于混凝土自重大、对模板侧压力大，应加强模板体系以保证足够的承载能力和刚度，同时，注意有序的布料和下料速度，尽量使模板与混凝土接触面的气泡排净，保证混凝土的效果。

图 8　自密实饰面清水混凝土浇筑

3.7　混凝土的养护

（1）自密实饰面清水混凝土浇筑完毕后，应及时加以覆盖防止水分散失，并在终凝后立即洒水养护，洒水养护时间不得少于 7d，以防止混凝土出现干缩裂缝。

（2）模板应在混凝土达到规定强度后方可拆除。拆除模板后可在混凝土表面涂刷养护剂进行养护，也可于浇筑前在自密实饰面清水混凝土模板表面涂混凝土养护剂。由于本工程中三跨刚构拱桥为异型结构，拆除模板后在混凝土表面涂刷养护剂进行养护操作难度大，因此，本工程中自密实饰面清水混凝土采用在模板表面涂混凝土养护剂进行养护，墩顶部采取薄膜覆盖，防止表面失水产生裂缝。

3.8　混凝土温度监控

在混凝土浇筑前应先对现场的混凝土入模温度进行测定。混凝土测温时间为期 7d，混凝土浇筑完成后 1～2d，每 2h 测温一次；3～5d，每 4h 测温一次；6～7d，每 8h 测温一次。根据混凝土的测温数据，调整混凝土表面的覆盖厚度。

4　自密实饰面清水混凝土质量检测

为了确保工程质量，在混凝土硬化脱模，养护至 56d 以后，采用扫描式混凝土质量检测仪（见图 9），对自密实饰面清水混凝土的内部密实度进行检测（见图 10、图 11），结果表明，混凝土内部质量均一、密实，达到了预期的效果，满足了工程需求。

5　结论

本文针对工程特点，从混凝土原材料选择、配合比设计与优化、模板和设备准备、混凝土生产和运输、混凝土施工、混凝土的浇筑与养护、混凝土温度监控等各个方面形成自密实饰面清水混凝土质量保障技术。在国内无现成类似相关经验可循的情况下，首次采用泵送方式施工高速铁路桥梁自密实饰面清水混凝土，混凝土的工作性能满足了施工需要，混凝土的力学性能、耐久性等也达到了预期的效果，其表面也达到了饰面清水效果（图 12）。经扫描式混凝土质量检测仪检验，混凝土内部结构密实，完整性良好。类似大体积

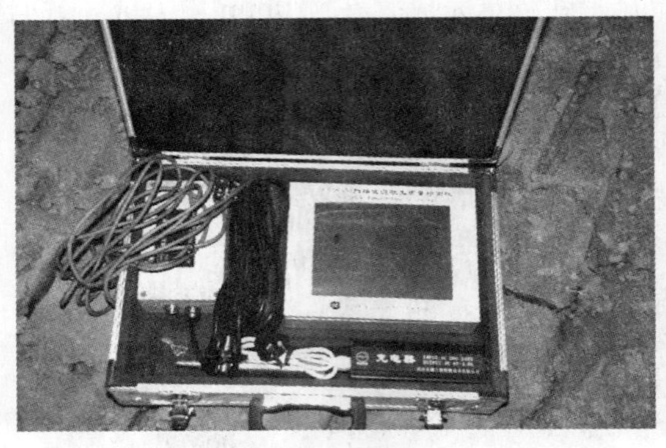

图 9　扫描式混凝土质量检测仪

图 10　检测布点

图 11　内部缺陷检测

图 12　实施效果

的自密实饰面清水混凝土成功应用在高速铁路桥梁工程建设中，在国内外属于首例。武广客运专线新建武汉站工程异型刚构桥桥梁自密实饰面清水混凝土的成功应用，为同类混凝土的应用积累了有益的经验。

参 考 文 献

［1］ 陶津，赵桂祥，袁勇等．高强自密实混凝土工作性能及配合比优化研究［J］．施工技术，2005（34）：31-34.

［2］ 杨建宁，陈志龙，刘会霞等．自密实混凝土的配制与应用［J］．混凝土，2007（2）：84-86.

［3］ JGJ 169—2009 清水混凝土应用技术规程［S］．北京：中国建筑工业出版社，2009.

昆明新机场航站楼超长混凝土结构施工技术

唐际宇，唐　锋，王晓锋

（中国建筑第八工程局有限公司广西公司，南宁 530028）

摘　要　针对超长混凝土结构，采取设置后浇带、采用补偿收缩混凝土技术、掺加聚丙烯短纤维、合理设置控制缝及施加预应力等多方面措施，以解决超长混凝土结构裂缝难题。

关键词　超长混凝土结构；后浇带；诱导缝；无粘结预应力

1　引言

昆明新机场航站楼前中心区为航站楼的核心部分，集中了航站楼的主要使用功能用房。由于工程地处高烈度、地震频发地带，前中心区采用橡胶隔震及黏滞阻尼器组合隔震体系，为满足建筑的整体隔震要求，该部分未设置结构变形缝。前中心区长 324m，宽 260m，为无缝设计，面积达 8 万 m^2，为国内罕见。此外，航站楼指廊部分最大单元长度达 96m，建筑总长 1120m。以上结构均为超长混凝土结构，见图 1。

为保证超长混凝土结构的施工后质量，在设计中，主要采取设置诱导缝及后浇带。其中，前中心区后浇带双向布置，间距 35～65m。在结构底板及外墙设计诱导缝，底板诱导缝双向布置，间距 18～30m。

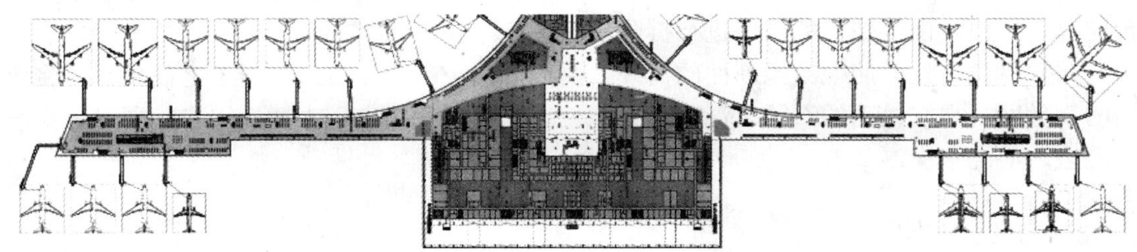

图 1　F2 平面图

2　超长混凝土结构控制措施

2.1　设置后浇带

在设计图纸的基础上，对后浇带的设置进行优化，根据超长结构浇筑混凝土需要，中心区后浇带划分为 40 块，东、西指廊各划为 6 块，见图 2。优化完成后，经过设计院审查确认后，方可用于施工。在施工中，后浇带混凝土应在其两边结构板混凝土浇筑完成一个半月后方进行浇筑。后浇带混凝土达到设计强度后，再开始张拉无粘结预应力筋。

经过对后浇带合理的布置，能有效的控制超长混凝土结构由于混凝土凝结收缩而开裂

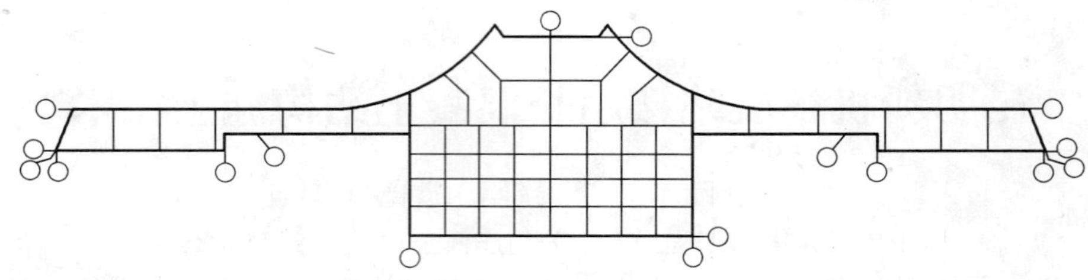

图 2　后浇带布置图

或混凝土因温度变化而拉裂。后浇带施工要点如下：

(1) 后浇带模板采用锯齿状的模板，为防止后浇带上层钢筋被踩踏，专门制作支撑钢筋。见图 3。

图 3　支撑钢筋

(2) 后浇带两边混凝土在浇筑后，强度达到 1.2N/mm² 以上，拆除侧模，对侧面凿毛，在凿毛时特别注意预应力筋，防止碰破表皮。将两边凿毛的混凝土及杂物及时清理干净。板面采用旧模板封闭进行保护，防止掉入建筑垃圾，保证施工安全，如图 4。

(3) 后浇带跨内的梁板在后浇混凝土尚未浇筑前，两侧结构长期处于悬臂受力状态，在施工期间本跨内的模板和支撑不能拆除，必须待后浇混凝土设计强度达到预应力张拉值，由上往下的顺序进行拆除，见图 5。

(4) 后浇带处两侧混凝土断面的清理：两侧混凝土断面在浇筑混凝土之前用錾子将成团的钢丝网、裸露松动的石子、浮浆及其他垃圾凿除，并用高压水冲洗干净，同时在浇筑混凝土之前浇水润湿 24h。

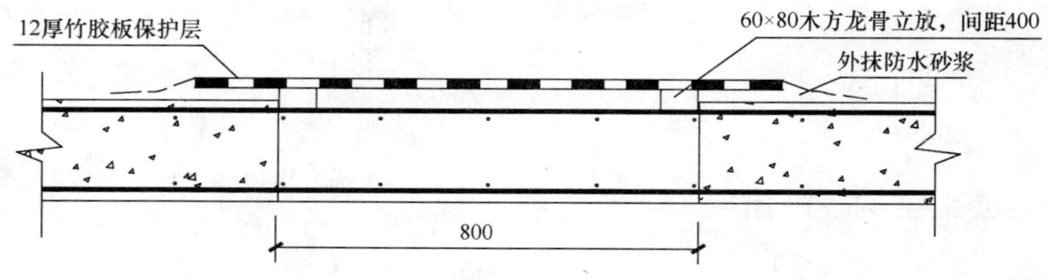

图 4　后浇带维护示意图

(5) 后浇带钢筋的整理：将后浇带处钢筋上的垃圾及浮锈用钢丝刷刷干净，并用水冲洗钢筋。然后将弯曲变形的钢筋调直，最后再将后浇带处的钢筋重新绑扎，并作隐蔽验收。

(6) 后浇带处混凝土的浇筑：将后浇带处的垃圾及积水清理干净后（地下室底板和外墙贴上两侧止水条），后浇带两侧的断面必须先用净水泥浆接浆，然后提高一级混凝土强

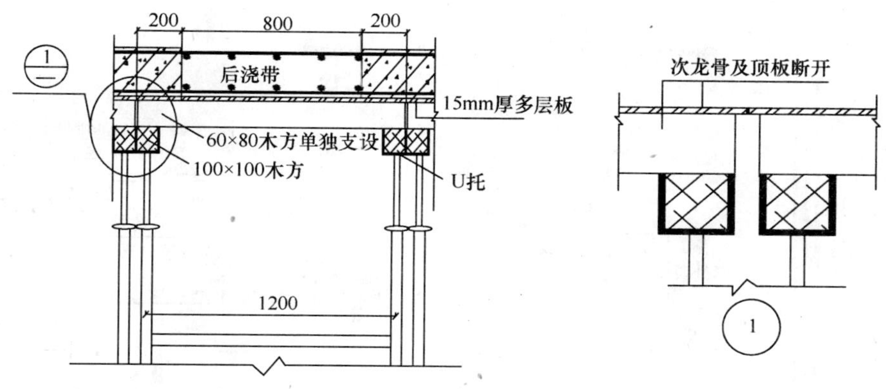

图 5　后浇带支撑详图

度等级，进行浇筑。振动要密实，抹面要将新旧混凝土接好边槎。

（7）混凝土浇筑完 10～12h 后，覆盖薄膜浇水养护 14d。

2.2　采取补偿收缩混凝土技术

为能降低或抵消混凝土在收缩时产生的拉应力，在施工过程中，采取补偿收缩混凝土技术。先在普通混凝土中掺加一定比例的微膨胀剂，然后在钢筋和邻位限制下，钢筋混凝土中建立起一定的预应力（0.2～0.7MPa 的预应力），这一应力能大致抵消混凝土在收缩时产生的拉应力，从而防止或减少混凝土构件的裂缝产生。主体结构部位（梁板及长度超过 40m 的混凝土墙）混凝土内掺 6％的微膨胀剂，后浇带混凝土内掺不超过 10％的微膨胀剂。

2.3　掺加聚丙烯短纤维

采用以聚丙烯为原料的短纤维 0.9kg/m^3，掺加到混凝土中进行使用。在混凝土中掺加聚丙烯短纤维，可以有效地控制混凝土塑性收缩，改善混凝土的抗渗性能，提高抗冲击及抗震能力。聚丙烯短纤维在混凝土拌合物中起到加强筋作用，由于纤维乱向分布，相互搭接对混合料形成网络缠绕，且纤维模量值高，延伸力强，具有有效的应力分布及阻裂功能，因此能有效克服骨料的滑移，阻碍混凝土结构裂缝的产生，同时，有效防止低温脆裂现象的发生。

2.4　设置诱导缝

为了能够合理的控制混凝土结构裂缝出现的位置，采取在结构底板及外墙设计诱导缝的方法进行控制。其中，在底板上的诱导缝采用双向布置，其间距 18～30m。诱导缝构造如图 6～图 8 所示。

2.5　施加预应力

为在混凝土楼板中约束楼板和水平构件温度变形所产生的作用，在前中心区主楼结构楼板内双向布置无粘结预应力钢筋，在指廊楼板内布置单向无粘结预应力钢筋。施加预应力后，预应力筋产生的拉力将可以约束或抵消由于楼板和水平构件温度变形所产生的作用力。预应力的施加过程应按照裂缝控制技术要求来施加。

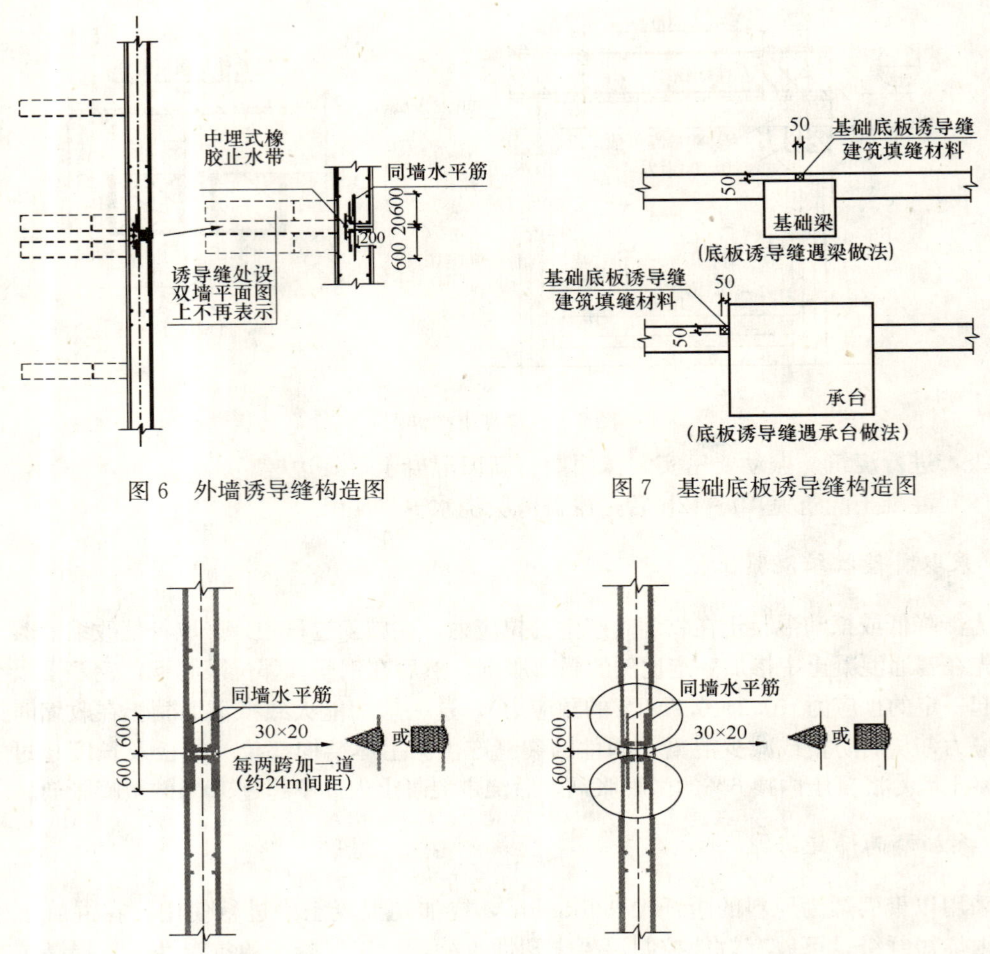

图 6　外墙诱导缝构造图

图 7　基础底板诱导缝构造图

图 8　外墙诱导缝构造图

3　混凝土施工

3.1　混凝土的强度要求

超长混凝土采用混凝土 60d 的后期强度作为混凝土强度评定、工程交工验收和混凝土配合比设计的依据，并严格控制混凝土的强度值，施工完成后的混凝土强度不大于设计强度的 1.3 倍。

3.2　混凝土配制

混凝土的配制，应先根据本工程各部位的特点及设计要求，再结合当地材料供应情况，研究确定混凝土的配合比和试配方案，进行试配。

（1）水泥品种的选择：为降低混凝土水化热，采用矿渣水泥配制混凝土；其水泥 7d

的水化热不大于270kJ/kg。

(2) 混凝土骨料选择：配制混凝土所用的粗骨料含泥量控制在1%；对于配制大体积混凝土，其粗骨料的连续级配为5～31.5mm；而非配制大体积混凝土粗骨料的连续级配为5～25mm；细骨料采用天然河砂，其含泥量控制在3%以内；对于配制大体积混凝土，其细骨料的级配为中、粗砂，细度模数为2.80，平均粒径为0.38mm。

(3) 掺加的外加剂及混合料的选择：对混凝土中掺加的外加剂或混合料的品种和掺量进行试验，满足规范及设计要求后方用于混凝土；所采用的混凝土外加剂质量要符合现行国家标准的相关规定；采用高效混凝土减水剂，有效降低水的用量，但其掺量应根据试验确定；在混合料中，粉煤灰掺量为胶凝材料的15%～30%，由混凝土配合比确定；矿渣粉掺量为胶凝材料的15%。粉煤灰、矿渣粉的质量要符合现行国家标准的相关规定，其质量等级均为二级。

(4) 配合比设计：昆明新机场航站楼超长混凝土结构的梁板及剪力墙的混凝土强度等级为C40。C40混凝土的配合比按表1设计。

设计配合比（kg/m^3） **表1**

强度等级	水泥	粉煤灰	砂	石子	水	矿渣粉	减水剂	膨胀剂	坍落度
C40	324	93	435	1078	187	46	9.7	24	160±20mm

注：实际应用时，根据气候情况、浇筑部位要求、浇筑时间等影响因素调整。

3.3 混凝土浇筑要求

(1) 严格控制混凝土的坍落度，入泵前坍落度为160±20mm。

(2) 竖向结构严格分层浇筑、分层振捣，一次下料厚度控制在50cm以内。

(3) 下料高度：混凝土浇筑时自由下落高度控制在2m以内，超过规定时，采取接长泵软管或使用溜槽或串筒下料。

(4) 严格控制振捣插入间距在40cm以内，振捣时间控制在15～30s之内；混凝土采取二次振捣措施。

(5) 在浇筑和振捣过程中，上浮的泌水和浮浆顺混凝土面流到板底，随混凝土向前推进，由集水坑或后浇带处抽排。

(6) 严格掌握混凝土表面收光时机，采取二次抹压技术，最后一道抹压收活控制在终凝之前完成。

3.4 混凝土的养护要求

(1) 水平结构采取覆盖塑料薄膜密封保湿养护。

(2) 拆模后使混凝土的周围环境相对湿度达到80%以上；地下室外墙采用挂麻袋片浇水或布设喷淋管定时喷水养护。

(3) 在施工操作上控制浇筑层厚度，不大于500mm，并通过测温记录与保温覆盖使内外温差控制在25℃以内，减小混凝土内外温差，混凝土中心和外表面的最大温差严格控制在25℃以内，总降温差严格控制在30℃以内。

（4）混凝土拆模根据工程的具体情况确定，但混凝土的拆模强度应满足施工规范要求，应尽可能地多养护一段时间，养护时间为两个月。

4 无粘结预应力施工

4.1 预应力深化设计

使用有限元软件Midas对楼层在使用阶段的温度应力进行计算，在模型中隔震层部分用弹簧支撑模拟橡胶垫的作用，其水平和竖向刚度根据设计单位提供的数据输入。计算模型如图9所示。

图9 整体计算模型

4.2 施工控制要点

（1）无粘结预应力筋制作

①预应力筋下料及堆放场地应平整，远离电气机具，避免机械损伤，露天存放时，应及时覆盖。

②钢绞线下料宜用砂轮切割机切割，不得采用电弧切割。

（2）无粘结预应力筋安装

①先铺设楼层板底，完成后按图在板上分格弹线确定无粘结筋位置。

②无粘结钢绞线的下料时，按设计长度进行下料，用砂轮锯切割，若出现无粘结钢绞线横穿混凝土预留洞口时，要绕过洞口，下料时要增加弧形弯曲段实际量长度。

③无粘结预应力布筋要等板钢筋绑扎完成，且预留管道洞口固定完，方可布筋，布筋一次完成。无粘结筋要与支架用铅丝扎好。

④无粘结筋铺设后有破皮处，可用水密性胶带进行缠绕修补，胶带搭接宽度不小于胶带宽度的1/2。其缠绕长度应超过破损长度。

（3）张拉控制应力确定

预应力筋的张拉力大小，直接影响预应力效果。张拉力越高，建立的预应力值越大，构件的抗裂性也越好；但预应力筋在使用过程中经常处于过高应力状态下，构件出现裂缝的荷载与破坏荷载接近，往往在破坏前没有明显的警告，这是危险的。另外，如张拉力过大，造成构件反拱过大或预拉区出现裂缝，也是不利的。反之，张拉阶段预应力损失越大，建立的预应力值越低，则构件可能过早出现裂缝，也是不安全的。因此，施工人员应准确建立预应力值，并在出现异常情况时告知设计人员加以解决。按照图纸要求，本工程预应力筋张拉控制应力$\sigma_{con}=70\%\times f_{ptk}=0.70\times1860=1302$MPa，本工程施工时可超张拉3%，即张拉力控制应力为1341MPa，即单根预应力筋张拉力$N=187.7$kN。

张拉程序为$0\rightarrow1.03\sigma_{con}$。

每束和每根预应力筋的张拉施工顺序：

清理承压板、钢绞线→穿锚环、安放夹片→安放千斤顶→安装工具锚→张拉至初应力

→量测千斤顶在初应力下的缸长 $L1$→张拉至控制应力→量测千斤顶在控制应力下的缸长 $L2$→校核张拉伸长值→锚固千斤顶回程→卸千斤顶。

（4）整体结构预应力筋的张拉顺序

张拉顺序：为减少预应力损失，前中心区总体张拉顺序为由中心向四周对称进行。先张拉楼板，后张拉楼面梁。板中的无粘结筋可以一次张拉，梁中的无粘结筋应对称张拉。在张拉前先试张拉，作样板，以样板引路，然后大面积张拉。

（5）无粘结预应力筋张拉

①在混凝土强度达到 80%设计强度之后，开始预应力筋的张拉。对于板内的无粘结预应力筋采取对称张拉的方式进行张拉。

②预应力筋张拉设备在使用前，应将千斤顶和油表送权威检验机构进行配套标定，并且在张拉前要试运行，保证设备处于完好状态。

③应先做好千斤顶和油表的配套标定工作，根据试验标定的数据，计算出 $10\%\sigma_{com}$、$100\%\sigma_{com}$、$103\%\sigma_{com}$时油表压力值，作为张拉时应力控制的依据。其中 $\sigma_{com}=0.75f_{ptk}=1395N/mm^2$。

④清理凹槽内的泡沫块及混凝土渣，承压板面清理干净。检查是否满足安装千斤顶位置，不满足要处理。

⑤安装锚板首先检查承压垫板是否同无粘结钢绞线垂直，不垂直要用垫片垫平，然后再安装锚板，锚板应对正：夹片应打紧，且片位要均匀。

⑥在全面展开张拉以前，应先试张拉一根，张拉以控制应力为主。

⑦由于开始张拉时，预应力筋在孔道内自由放置，而且张拉端各个零件之间有一定的空隙，需要用一定的张拉力，才能使之收紧。因此，应当首先张拉至初应力（张拉控制应力的 10%），量测预应力筋的伸长值，然后张拉至控制应力 $100\%\sigma_{com}$，再次量测伸长值，两次伸长值之差即为从初应力至最大张拉力之间的实测伸长值 $\Delta L1$。核算伸长值符合要求后，再超张拉 3%补偿预应力的损失，卸载锚固回程并卸下千斤顶，张拉完毕。

（6）无粘结预应力筋封堵方面

无粘结预应力板筋张拉后用砂轮锯切割锚头外多余钢绞线，要留 30mm 以上，不得用氧气切割。恢复被原切断的非受力钢筋，用 C40 微膨胀混凝土修补张拉端混凝土板面及墙柱锚头处，对封锚混凝土做好养护。

5 施工过程检验

（1）对混凝土、外加剂、掺和料及配合比的检验

检查各种产品合格证、出厂检验报告和进场复验报告。通过检查施工记录和试件强度试验报告，检验混凝土配合比。

（2）对预应力的检验

同一检验批内，抽查预应力筋总数的 3%；且不少于 5 束。预应力筋断裂或滑脱数量严禁超过同一截面预应力筋总根数的 3%，且每束钢丝不得超过 1 根。检查张拉记录，检验张拉是否满足要求。

锚具采用夹片锚，锚具进场时应有生产厂家出厂合格证明，并经有资质的检测机构，

按照国家标准经外观、硬度复检合格后方可使用。

（3）混凝土外观质量检验

对超长混凝土结构进行全数观察检验。

6 结论

昆明新机场航站楼超长混凝土结构通过采取多种措施，防止混凝土裂缝的出现。经历一年多的观察，未发现明显裂缝产生，取得了较好的效果，实现了设计意图。

参考文献

［1］《混凝土结构设计规范》(GB 50010—2002)．

［2］（美）林同炎（T. Y. Lin)，（美）伯恩斯（N. H. Burns）著．预应力混凝土结构设计．北京：中国铁道出版社，1983.

［3］《混凝土结构耐久性设计与施工指导指南》(CCES 01—2004)．

地铁高架区间清水混凝土多功能挡板预制技术

蔡亚宁，乔中胜，刘振丰，黄清杰，蔡宣荣，吴海玲，张建红
（北京城建建材工业有限公司，北京 100049）

摘　要　北京地铁亦庄线高架区间防护挡板首次采用了清水混凝土多功能要求设计，万余块清水混凝土挡板具有外形结构复杂、预埋件和预留孔多、钢筋分布复杂、混凝土含钢量大以及结构尺寸多变化的预制技术特征。通过对挡板预制过程重点和难点的认真分析和把握，采用水平反打式机组流水法预制工艺，托盘式单帮固定、可推拉伸缩型的沉盖箱形钢模板设计，先板后肋再立体组装的三步走钢筋成型方法，牢固可靠、操作便利的埋件精确定位设计，成功配制低坍落度高性能混凝土，加强混凝土施工和养护控制、压面控制、成品保护和运输方法的改进，以及建立挡板生产全过程的操作质量标准和验收质量标准文件，圆满地实现了清水混凝土挡板既定的质量和工期目标。安装后的清水混凝土多功能挡板整体颜色均匀，板面中的弧面和棱线自然流畅，清水效果和使用功能完全达到了设计要求，提升了地铁高架区间用混凝土挡板预制质量和功用品质，取得了良好的社会经济效益。

关键词　地铁；清水混凝土；挡板；预制技术

1　引言

北京地铁亦庄线是连接北京市中心和亦庄经济技术开发区的唯一一条轨道交通线路，工程正线全长 23.23km，同时连接京津城际铁路亦庄火车站及宋家庄公交枢纽等多个大型客流集散点。工程共设 14 座车站，两端为地下线路，中间为高架线路。在高架线路两侧架设清水混凝土多功能防护挡板，体现了“结构安全、线路美观和工程维护造价”三位一体的设计理念。防护挡板除起到美观线路和防护作用外，还要承担线路动力荷载、风荷载以及安装声屏障及吸声板荷载等，充分体现了其多功能特点。

清水混凝土多功能挡板设计混凝土强度等级 C40，总数量为 11204 块，混凝土总方量约为 7000m^3。挡板根据架设位置和尺寸不同分为两类：一类是标准排列的 A 板，另一类是用于 A 板两侧的异形 B 板。异形 B 板尺寸需要根据 A 板安装完成后现场实测得到，而具体规格取决于不同尺寸。清水混凝土挡板的多功能化要求和 B 板 4 型号 1462 种尺寸的变化，都为预制生产带来了高难度的挑战。

蔡亚宁（1970—　），女，陕西绥德人，硕士研究生，教授级高级工程师，总工程师

2 挡板特征和预制技术重点难点

2.1 外形复杂尺寸多变，模板设计制作难度大

标准A板的外侧面由2段弧面、3段斜面、3段（63＋114.4）mm×50mm的瓦楞面（凸面）和4段平面组成，共有19条棱线；上顶面为向内倾斜10mm的斜面；下底面呈L形状；内侧面有2个848mm×900mm×151.8mm向内50mm起坡的矩形凹槽。B型板在标准板的基础上进行长度上的变化，对模板设计和制作提出了挑战。图1为标准挡板立体图。

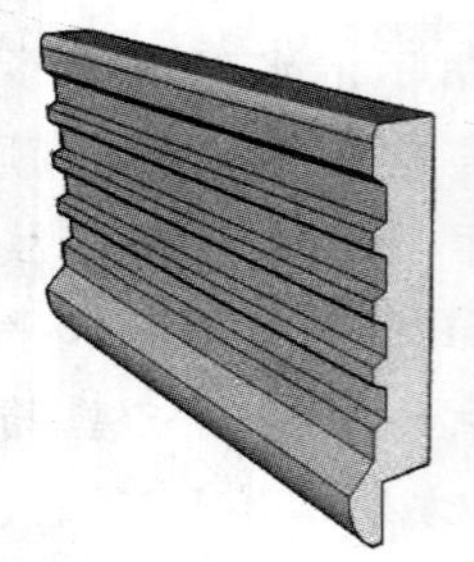

图1 标准挡板立体图

挡板模板必须采取合理的结构形式，不仅要适合于整个工艺流程设计，还要求在操作上有利于挡板外观清水效果和高精度质量目标的实现、在高强度预制生产条件下模板体系的质量稳定性以及降低模板成本投入。

在整个模板方案中，实现挡板外露面瓦楞状装饰线条的凹凸效果和相互之间的精度要求、确保挡板外观清水效果是难点部分，以及1462种长度变化的B板只能依靠逐一改动模板来实现。

2.2 预埋件和预留孔多、定位难度大

该工程挡板标准A板上共设有22个预埋件和10个预留孔。其中，顶部有1个声屏障埋件、3个避雷支持卡和2个M22的预留套筒；侧立面有4个$D=20$mm预埋PVC定位套管；内侧面竖肋上共有12个电缆预埋螺栓和10个$D=15$mm的吸声预留孔。图2为标准挡板平面预埋布置图。

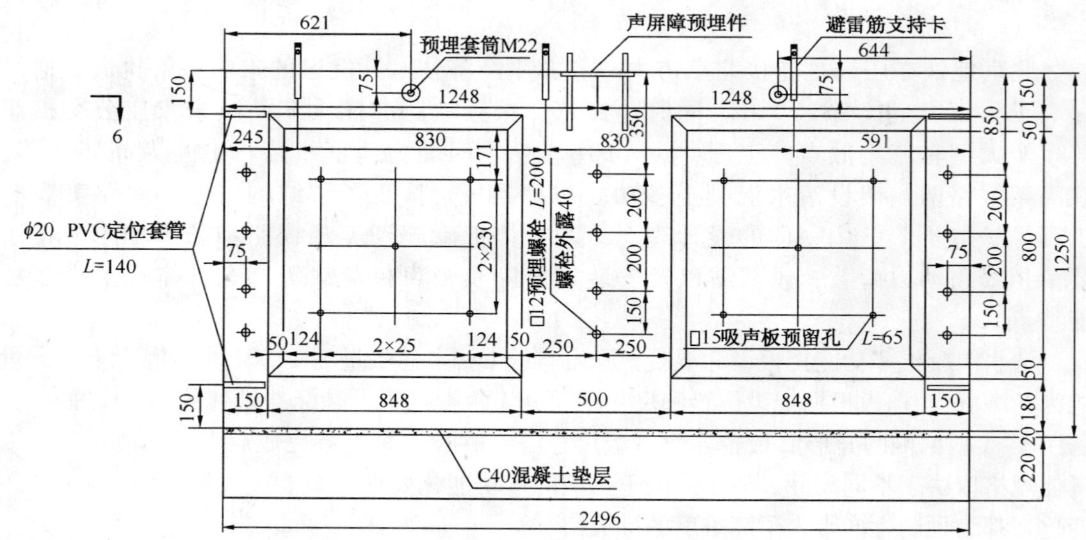

图2 标准挡板平面预埋布置图

采取何种方式确保最多时32个预留孔和预埋件安装的准确定位以及在混凝土成型过程中不发生位移变化，也是实现挡板结构功能和高精度质量控制的关键点。

2.3 钢筋骨架外形复杂、含钢量大，加工困难

挡板钢筋有6个规格、13种钢筋大样，每种钢筋的形状各不相同，分别有弧形、矩形、U形和L形，而且所有钢筋的端部都有角度不同的弯钩。另外，一般构件含钢筋重量（含钢量）大多在100kg/m^3左右，而挡板含钢量达到了300多kg/m^3。

挡板外形复杂必然带来钢筋骨架异型，加之混凝土含钢量大，给骨架加工制作和成型带来难度。另外钢筋尺寸需要严格控制其偏差才能精确地控制挡板成品混凝土保护层，保证挡板成品的耐久性。

2.4 混凝土设计和施工

需要设计和配制出性能优良、适合挡板预制的混凝土，并采取合理的施工过程控制方式，确保混凝土施工质量达到清水效果。

2.5 表观质量效果和尺寸精度要求高

从设计要求可知，本批挡板表观质量效果和尺寸精度要求高，必须从生产全过程严格质量控制，才能保证11204块挡板外表面为清水效果，以及挡板安装后整体弧面和棱线自然顺畅。

3 预制技术和质量控制要点

3.1 确定了平打的机组流水法生产组织方式

混凝土构件常用的生产工艺按照其流水特点来分类，一般可以分为固定台座法、机组流水法以及流水传送法三种，每种类型的工艺方式都有其不同的运行特点、设备组成、成型方法、优缺点、适用对象以及经济分析等等。经过对三种方式的研究和取舍，结合挡板工程特点和我公司现场实际条件，认为以振动台为工艺中心的“机组流水法”生产组织方式是本批混凝土防护挡板预制的最佳工艺方式，并采用以挡板正面为模板底面的“水平反打”方式来设计模板和混凝土浇筑方式。

3.2 高精度模板设计和制作

不同于其他预制构件，如鸟巢的看台板和桥梁梁板等构件均采用四个侧模和一个平面底模组成“槽形”的模板结构，本批挡板背面有3道竖肋、其上和下各有1道通长的水平横肋，构成了2个低于肋高152mm的矩形框架板面，因此，顶部没有任何模板的槽形结构设计显然不能满足挡板的板肋式结构的实际需要，而必须设计带有顶模板的箱形结构。

挡板正面设置的3条瓦楞形装饰槽和2个弧面是挡板实现清水效果的重中之重，这就意味着箱形模板的底模设计是模板结构设计的核心。箱四周的结构形式对于模板使用和四周埋件固定是否方便起着决定性的作用。箱形模板的顶盖设计又对混凝土施工的便利与否

和背面埋件的定位有影响。因此，“箱形钢模板”主体结构设计必须解决底模设计、箱周设计和上盖设计三个难题。

3.2.1　底模设计和制作

对于底模带有装饰槽和弧面的结构，一般可以通过数控压力机一次冲压成型或采用多次焊接的方法成型或采用折压的方法成型，但限于长度尚没有吨位如此大的数控机床可供一次冲压成型。如果全部采用焊接，每块料的下料精度要求高，且对焊接质量要求很高，要想保证数十套模具间的精度大体一致，其难度可想而知。

对于经过反复讨论和试验，我们最终确定采用3次折压成型再焊接的方法解决了底模制作这一难题。具体为：(1) 上、下弧面的成型：按图纸尺寸下长方形的钢板1和3，用卷板机将板1和板3卷成弧形，其弧度必须满足设计要求，然后在弧形板的两边用折弯机折两刀，分别形成上下弧面。(2) 中间瓦楞型装饰槽成型；根据图纸尺寸裁出成长方形板2，再根据各个槽的宽度划出11条控制线，偏差控制在2mm以内，然后根据控制线进行折压，进而形成中间的装饰槽线；(3) 将板1、板2和板3在胎具上拼装焊接，使之形成完整的板面。

3.2.2　箱周和上盖设计和制作

由于箱底的不平整结构，要想加工底包梆或底与部分侧帮一体已无可能，因此只能采用帮包底的形式，即用四周的侧模包住底模，该种结构更利于保障板面几何尺寸的准确性。具体为：首先将控制长度的两个侧模通过10个M16的螺栓与底模组合在一起；宽度方向是两个可以活动组合小模板分别与板1和板3螺栓连接形成。组合后的箱体侧模必须与底模垂直，平面不能扭翘，这样一个完整的箱体就形成了。

前文已述及，该批挡板背面为加强肋的肋板结构，顶部没有任何模板的槽形结构设计显然不能满足挡板的板肋式结构的实际需要。但是如果顶模为三竖肋和2横肋组成，混凝土从2块板内浇筑，由于肋高出板面152mm，不易保证肋处混凝土的饱满和密实，因此为了形成肋结构，需要在顶盖的上部做两个矩形的盒子一起下沉到箱体的内部才能形成，混凝土浇筑时从各道肋进入，即形成“沉盖箱形结构”。

3.2.3　模板细节设计

由于该模板的底部为瓦楞状，凹凸不平，为了保证模板的刚度、平整度和增加其刚度进而提高周转利用次数，设计了一个带有底板的骨架，具体为：底板骨架用120mm的槽钢按模板大小焊接成封闭的矩形，中间按不大于750mm的间距形成井字结构，骨架上面四周用5mm厚的钢板封闭。

构件生产实践经验表明，模板的支拆量和修改量越小、质量越容易保证且生产效率就越高，也能节约成本，因此对模板细节进行了进一步改进。充分利用设计允许的梢度将形成箱体的四个侧模中的一个与底模固定，在生产时只需要将其他3个侧模打开就可以确保挡板的脱模。由于异性B板在结构形式上类似A板，因此上面的模板结构形式在B板模板上也可采用，但要方便B板在底模、沉盖和侧帮上不断缩短的变化。处理方法是将B板模板的沉盖设计成“推拉式伸缩钢模板”，并取消了单帮固定连接。这种推拉伸缩性很好地避免了改造B板模板本来需要的大量割开钢板再施焊的繁琐，在保证质量的同时提高了预制生产速度。根据最后设计制作成功的高精度模板特征将其命名为：托盘式单梆固定（可推拉伸缩型）沉盖箱形钢模板，其实体见图3。

对于挡板正面的清水效果，折压后焊接的焊缝位置的设置也至关重要：既不能因为焊缝的存在影响成型后的整体效果，也不能将焊缝设置在易于打磨处，综合以上因素确定将焊缝设置在了中间瓦楞板的最外侧，完美地解决焊缝设置问题。

图 3　模板实体图

图 4　侧向连接校准孔预埋

3.3　制定了方便牢靠的埋件定位方式

3.3.1　侧向连接校准孔

每块挡板的两侧各设 2 个锥形孔，孔的 $D_{max}=25$mm，$D_{min}=20$mm，$L=140$mm。该孔主要用于连接相邻挡板，以增加安装后挡板体系的稳定性，同时还兼具校核相邻挡板制作和安装偏差的作用。为了精确定位其位置，首先在每套模板的两个侧模上用点冲准确定位其水平和垂直位置，并将误差控制在±1.0mm 以内，然后再用磁力钻钻出 $D=16$mm 的圆孔；再机加工一个带有螺栓 $D_{max}=25$mm、$D_{min}=20$mm 和 $L=140$mm 圆形锥体（见图 4），生产时用用螺母将带螺栓的锥体固定在侧模上，浇筑完混凝土后，在确保不塌孔的情况下，用专用工具将带有螺栓锥体拔出即可成孔。

3.3.2　吸声板安装定位预留孔

吸声板安装定位预留孔的作用就是精确定位和连接吸声板，该孔成型的精度直接影响着吸声板的安装质量。在每块挡板背面的每个沉槽内各有 5 个吸声板安装定位预留孔，每块挡板合计有 10 个，孔的 $D=14$mm，$L=65$mm。定位吸声板安装定位预留孔首先在沉盖底面和顶面精确定位并用磁力钻打出 $D=14$mm 的圆孔，然后在沉盖底面的每个圆孔的里侧焊接直径为 10mm 的同心钢管，并要突出沉盖的顶面，生产时将直径为 14mm 的钢管中插入圆钢就可以准确成孔。

3.3.3　声屏障预镀锌埋件

每块挡板顶端预埋 1 个声屏障预镀锌埋件，用于连接固定其上安装的声屏障。定位时首先将其绑扎在钢筋骨架里，然后将其上的 4 个外露螺栓插入预先在端模上精确形成 4 个 M18 的圆孔内，最后用螺母紧固（见图 5）。

3.3.4　避雷支持卡镀锌埋件

在挡板的顶部均要求预埋 3 个 $H=2$mm、$L=190$mm 的避雷支持卡镀锌埋件。其定位的方法是：首先在端（顶）模上铣出 3 个矩形扁槽，待模板组装完毕后从模板里侧将卡子通过扁槽露在外面，特别注意控制其外露长度并与钢筋骨架焊接牢固（见图 6）。

图 5　声屏障预镀锌埋件

图 6　避雷支持卡镀锌埋件

3.3.5　预埋套筒

预埋套筒设在挡板背部的顶肋中部，其 $\phi=60$mm、$L=100$mm，作用是连接固定安装用的临时支撑。套筒的定位方法为：首先在模板上精确打孔，然后将定位板固定在模板上，最后将预埋套筒用 M22 的螺栓固定在定位板上，拆模时卸掉螺母即可（见图 7）。

3.3.6　电缆预留螺栓镀锌埋件

电缆预留螺栓镀锌埋件的 $D=12$mm、$L=200$mm，外露 40mm，作用是固定线路上的电缆。其成型方法是：根据设计要求在一把木制定位尺刻出出豁口位置，混凝土浇筑完毕后用橡胶锤将电缆预留螺栓埋件通过木尺上的豁口砸入混凝土内，并确保其外露螺栓长度为 40mm。为了进一步控制其位置的准确性，再用打有定位孔的钢板套住螺栓以防错动（见图 8）。

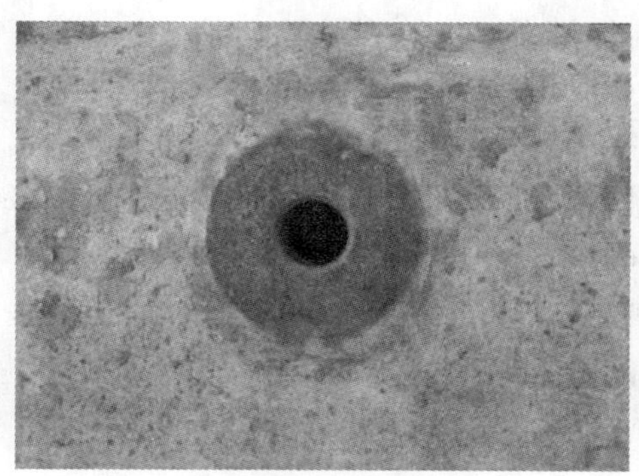

图 7　预埋套筒

图 8　电缆预留螺栓镀锌埋件

3.4　实施了“三步走”钢筋施工工艺

为严格控制挡板成品混凝土保护层以提高耐久性，骨架外形和内部各尺寸都要求非常精确的处在设计偏差范围之内。另外，还需要采取合理的骨架成型方法和手段，以利于加快骨架制作的速度，适应挡板生产进度的需要。我们在实践中总结出了挡板钢筋骨架成型“三步走”工艺：先板网片成型（见图 9）、后肋骨架成型（见图 10）和再立体组装（见图

11)，方便快捷、高标准地完成了钢筋骨架成型任务。

图 9　挡板钢筋网片成型

图 10　挡板钢筋肋骨架成型

图 11　挡板钢筋立体组装

3.5　配制了性能适宜的混凝土

混凝土设计基本思路为：根据设计要求和生产工艺确定混凝土施工及后期性能，再以混凝土性能为目标进行混凝土各组分配合比设计和试验，最后确定适宜的混凝土施工配合比和注意事项。

我们通过摸索，试制了多块挡板，分别对 60～80mm、80～100mm、100～120mm 坍落度进行了试验，对比挡板试验品的成品质量和施工情况，确定了适宜的坍落度为 80～100mm。

综合考虑到混凝土施工性能、硬化性能以及耐久性能，配合比确定采用掺合料＋新型高效减水剂的设计方法。通过对比拌合物的和易性、施工性能和试件强度与外观，确定了适宜的水胶比为 0.42，粉煤灰最佳掺量为 15％和最合理砂率为 41％。挡板 C40 混凝土配合比见表 1。

清水挡板 C40 混凝土配合比　　　　**表 1**

水胶比	砂率	水泥 (kg/m³)	水 (kg/m³)	砂 (kg/m³)	石 (kg/m³)	粉煤灰 (kg/m³)	减水剂 20HE (kg/m³)
0.42	41％	303	150	797	1146	60	3.57
		1	0.50	2.63	3.78	0.20	0.012

3.6　加强混凝土施工质量控制

3.6.1　混凝土浇筑和振捣

浇筑振捣工序是挡板成型内在质量和外观质量的关键环节。根据挡板结构特点和工艺要求，本研究中确定采用振捣台密实成型方式。浇筑混凝土时，遵循先中间后两边的顺序，即先在模板中间 500mm 的中肋处、后在其他肋中布入混凝土，边振捣边布料直至放满振平为止。注意布料时先布中间后两边，严禁空模振动。

3.6.2　混凝土蒸汽养护

挡板采取分组带模常压蒸汽湿热养护，使混凝土成型后快速达到起吊的强度，剩余的强度增长留待自然养护或二次蒸汽养护，以加速模板周转进而提高生产率。

养护制度决定了养护质量，挡板预养护时间不少于 3h，以 15℃/h 慢速均匀升温避免塑性收缩过于集中，恒温温度不超过 50℃，降温速度不超过 10℃/h，同时挡板出池时表面温度与环境温度之差控制在 20℃之内，减少了出现温差裂纹的可能。

蒸汽管道的布置也对养护效率有较大影响，整个养体内均匀设置温度计控制各路气源，保证混凝土强度均匀增长。根据养护线的尺寸以及模具形状，蒸汽管道使用 2 条间距 1.5m 直径 20mm 的钢管，出气孔向上均匀布置，最大限度地保证了每组模具包含在充足均匀的蒸汽内。

3.6.3　确保压面质量

在挡板声屏障埋件的后面有一个 300mm×300mm×20mm 的混凝土凸台，它的主要作用是保护声屏障埋件，使其有足够的保护层。当混凝土浇筑完毕后，先支上矩形小模板，再用人工添加混凝土然后拍实形成凸台。压面分为粗抹、中抹和精抹，当浇筑完后，首先用木抹子进行粗抹，搓出浆体。静停 2h 后用铁抹子进行中抹，使混凝土表面基本平整，紧接着用小压子进行精抹，最后达到表面平整光滑。

3.7　挡板码放和运输

本批挡板数量大，每天都需将生产的近 100 块成品从生产区运输到储存区，在挡板开始交付后更要大批量地将其运输到安装工地现场，因此挡板的码放问题不容忽视。一旦码放过程中出问题，那就前功尽弃。由于生产时是水平反打，立放就需要对挡板进行翻转增加生产工序，且容易带来棱角磕碰现象。因此，决定在码放和运输中都采用水平码放的形式。由于水平码放的底面为挡板正面，为了减少污染采用塑料薄膜将垫木包裹起来。根据挡板底部有密集的出肋钢筋，正好可以用作一侧支撑，另一侧通过支上与出肋钢筋等高的垫木来完成。如此互相交叉、多层码放的运输方法，取得了很好的效果。码放和运输见图 12 和图 13。

图 12　挡板码放

图 13　挡板运输

3.8 建立了生产操作质量标准和质量验收标准

清水混凝土多功能挡板表观质量要求和尺寸精度要求高，必须从生产全过程严格质量控制，才能保证11204块挡板外表面为清水效果。为此针对本批任务特点，建立了操作性强的生产操作质量标准和质量验收标准文件，使生产规范标准，验收有据可依，方便施工和检验控制。

4 质量效果

通过上述预制技术的实施和严格的质量控制，生产出的清水混凝土多功能挡板整体外观光滑细腻、棱角分明、气泡少，无任何可见的裂纹；清水外露面表面光滑，没有气泡、蜂窝、麻面；长、宽和高偏差均在±1.5mm、装饰槽尺寸均在±1.0mm之内，明显高于规范要求；除锚固钢筋外无钢筋外露现象，预留预埋件规范、准确和齐全，完全满足清水混凝土要求。安装后的挡板整体颜色均匀，板面中的弧面和棱线自然流畅，整体清水效果也完全达到了设计要求。清水挡板成品拼装试验见图14，安装后整体质量效果见图15。

图14 清水挡板成品拼装试验

图15 清水挡板安装后质量效果

混凝土房屋安全控制施工期结构性能实测研究

范洁群

（重庆广播电视大学，重庆 400052）

摘　要　混凝土结构现浇施工过程中，尤其是一些高、大模板支撑体系施工过程中整体垮塌的事故时有发生。其影响因素是多方面的，混凝土房屋施工期间的结构性能影响是其中关键的一方面。对某钢筋混凝土超高层建筑施工期结构性能进行实测研究，包括柱对角钢筋、梁支座及跨中、板中及相应模板支撑随不同施工工序进行的受力变化情况，同时实测了混凝土早期的抗压强度、弹性模量及模板支撑钢管的弹性模量。施工期临时受力体系、混凝土材料性能及施工工序等对施工期结构安全控制的影响很大，有时其安全风险可能高于正常使用状态，应予以重视。

关键词　混凝土结构；施工期；实测；安全控制

1　引言

混凝土结构房屋施工目前最普遍采用的仍是现浇方式。混凝土现浇施工过程中，尤其是一些高、大模板支撑体系施工过程中整体垮塌的事故时有发生。其原因是多方面的，如支撑材料性能、施工管理情况等，但混凝土房屋施工期间的结构性能对安全的影响是其中最关键的一方面。

混凝土结构现浇施工过程中，结构体系尚没有完全形成，结构材料基本性能及荷载也与正常使用状态有很大不同。现行的混凝土结构设计规范和施工规范没有对施工期混凝土结构受力分析提供方法或建议及思路，也没有提供较统一的安全度要求。这是混凝土结构施工期安全风险有时高于正常使用期的重要原因之一。此外，随着超高、超大体量、复杂结构体系建筑的使用，施工过程结构性能的变化对结构正常状态使用性能也有越来越大的影响。文章主要介绍了某混凝土结构性能实测结果并作简要分析。

2　房屋建筑混凝土结构施工期受力特点分析

与正常使用状态不同，施工过程中的钢筋混凝土结构，是由柱、数层楼板和连接多层楼板的模板支撑系统组成的临时性的受力体系，此受力体系可能随着施工工序（如上层混凝土结构绑扎钢筋、浇筑混凝土，下层模板支撑架拆除等）的进行而改变。在整个施工过程中，结构的形状、材料的性质以及所承受的施工荷载，均随时间变化。

新浇筑楼板的自重及施工荷载通过支撑系统向下层楼板传递，楼板随着新浇混凝土强

范洁群，（1973—　），女，讲师、工学硕士，主要研究方向为施工技术及管理

度和刚度的增长，在环境温度变化、混凝土早期收缩及徐变等作用下，将逐渐承担其结构自重，从而使整个结构的荷载不断地进行重新分配。荷载效应随着施工进程不断累积，可能使施工过程中楼板承担的荷载远超过结构设计允许的楼板承载能力。

这些特点使得施工期钢筋混凝土结构的特征与使用期的结构迥然不同，有时会产生整个结构生命周期中最危险的状况。钢筋混凝土结构施工过程中楼板出现的裂缝、挠度过大乃至破坏倒塌往往与此有关。如何保证混凝土结构在一定的安全水平下，施工快速高效地进行，对于当前正在进行大规模建设的中国具有特别重要的意义。对施工期钢筋混凝土结构进行有效的安全控制非常重要，如何有效控制也非常复杂。对钢筋混凝土结构施工期的安全性研究，涉及结构在施工过程中的结构特征、抗力、荷载、荷载效应及破坏模式等诸多问题。

施工期混凝土结构在养护期间形状没有大的变化，除构件自重外，施工荷载主要是施工材料的堆载和施工设备及人员荷载。但养护阶段材料性质快速变化。同时，由模板及支撑相连的整个时变临时受力体系，处于环境温度、湿度等的变化及混凝土自身收缩和徐变等各种因素影响之下（图 1）。在施工现场实测中，通过对新浇筑柱、梁、板内钢筋应力及其下支撑应力的实测，发现新浇筑的混凝土构件在养护期间，随着混凝土强度、刚度的增长，由最初的不承担任何荷载状态，逐渐开始分担自身重量和荷载。这导致混凝土构件施工荷载在其自身及由模板支撑相连的各层中进行重分配。这种荷载重分配会直接影响临时受力体系的结构特性，直接影响混凝土结构施工期安全控制。

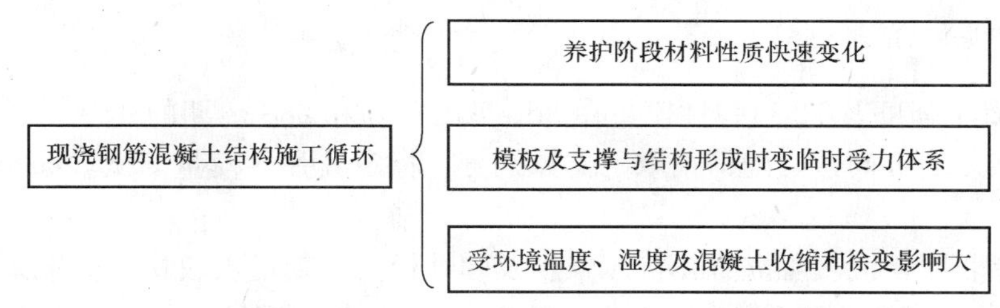

图 1　施工期混凝土结构分析主要影响因素

3　主要实测内容

以某超限超高钢筋混凝土房屋为实测对象，该工程长宽约为 80m×33m，总 57 层，高度 232.0m，框架—筒体结构。

测试由现场和实验室两部分结合进行，主要测试工作主要由（1）基础数据测量；（2）实际结构梁柱板及支撑架测试两大部分构成。

3.1　基础数据量测

基础数据量测包括以下几个小部分组成：混凝土早期强度、弹性模量；钢管支撑架弹性模量；施工及环境情况等。配合仪器读数情况，随时记录施工全过程，特别是模板支设、钢筋绑扎、混凝土浇筑、模板支撑拆除以及大型设备、大宗材料吊放等情况。随时记录环境情况：关键位置的温度、湿度、环境及风速。

3.2 实际混凝土结构（梁板柱）及模板支撑测试

3.2.1 测试区域及布点情况

对该工程7号楼52层～55层⑭～⑮/Ⓒ～Ⓗ轴线范围局部区域的混凝土结构及模板支撑架进行量测，每层10个测点，四层共计40个测点，具体布置在柱对角、梁支座、梁跨中、板中及相应模板支撑等位置。

3.2.2 测试读数

主要按施工工序进展读数，具体控制工序如下：

上层模板支设；

上层或本层钢筋绑扎；

上层或本层混凝土浇筑及浇筑后每天至28d；

下层或本层模板支撑拆除；

大型设备、大宗材料吊放等（吊放进行前后各读数一次）。

如遇没有工序施工时，每24h读数一次。

特殊情况下，有需要时随时加测。

4 实测结果及初步分析

4.1 基础数据部分

32组混凝土强度及32组弹性模量在3d、7d、14d和28d龄期的实测。同时，为了后续数值分析结果的准确性，随即抽取了支撑钢管，标定其弹性模量。试验结果如表1、表2所示。

试验结果表明，混凝土立方体抗压强度及弹性模量早期增长较快，标准条件养护试块3d强度平均值已达28d强度的44%，同条件养护试块3d强度平均值已达28d强度的47%。弹性模量早期增长更快，标准条件养护和同条件养护试块3d弹性模量平均值分别达28d弹性模量的67%和64%。这对施工方案的优化，加快施工进度是有益的。

混凝土立方体抗压强度一览（包括主要统计特征量） **表1**

龄期 / 组别	3d	7d	14d	28d
标1—1	18.20	26.60	35.30	39.80
标1—2	19.50	29.10	37.50	41.8
标1—3	15.00	23.00	32.80	39.0
标1—4	17.70	24.90	33.0	40.0
平均值	17.60	25.90	34.65	39.80
同2—1	18.20	26.60	34.20	36.70
同2—2	18.30	24.60	33.90	36.8
同2—3	13.80	21.70	25.60	31.6
同2—4	14.70	21.40	26.0	32.6
平均值	16.25	23.58	29.93	34.43

混凝土弹性模量一览（包括主要统计特征量） **表 2**

组别 \ 龄期	3d	7d	14d	28d
标 1—1	2.11	2.81	3.25	3.42
标 1—2	2.82	2.97	3.45	3.55
标 1—3	2.12	2.66	2.95	3.56
标 1—4	2.35	2.70	3.10	3.40
平均值	2.35	2.79	3.19	3.48
同 2—1	2.31	2.81	3.04	3.44
同 2—2	2.31	2.67	2.96	3.33
同 2—3	1.96	2.70	2.79	3.40
同 2—4	2.07	2.43	2.68	3.42
平均值	2.16	2.65	2.87	3.40

注：1. “标 1—”表示标准条件养护；“同 2—”表示同条件养护。

2. “—1”代表 52 层数据；“—2”代表 53 层数据；“—3”代表 54 层数据；“—4”代表 55 层数据。

随机抽取的支撑钢管弹性模量见图 2。

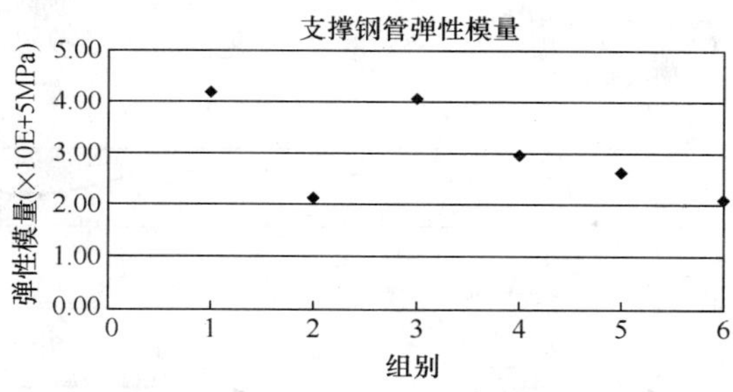

图 2 支撑钢管弹性模量实测值（平均值＝3.008；方差＝0.694）

4.2 结构构件部分

柱、梁、板主要测试结果如图 3～图 8，作简要分析。

上层梁板混凝土浇筑后，柱钢筋均为压应力，随着施工进程的开展，压应力整体呈逐渐增大趋势，上层混凝土浇筑及施工荷载堆放时，柱钢筋压应力有突变，显示施工工序开展会对施工期结构受力产生较大的影响。

梁支座及跨中钢筋在混凝土浇筑后的 1～2d 内，为压应力，显示此时外荷载尚不起主要作用，此压应力由混凝土主动收缩引起。此后，梁支座及跨中钢筋均为拉应力，表明混凝土收缩发展已经较小，外荷载起主要作用，梁底支撑拆除前，由于钢管支撑承担主要的外荷载，梁中钢筋应力变化不大。

与柱、梁钢筋应力变化情况相比，板钢筋受力明显规律性不强，两个钢筋计均显示出同一趋势，施工期板受力受材料临时堆放、环境等不确定因素影响较大。与梁钢筋受力相似的是，板中钢筋应力均较小，荷载主要由板底支撑承担。

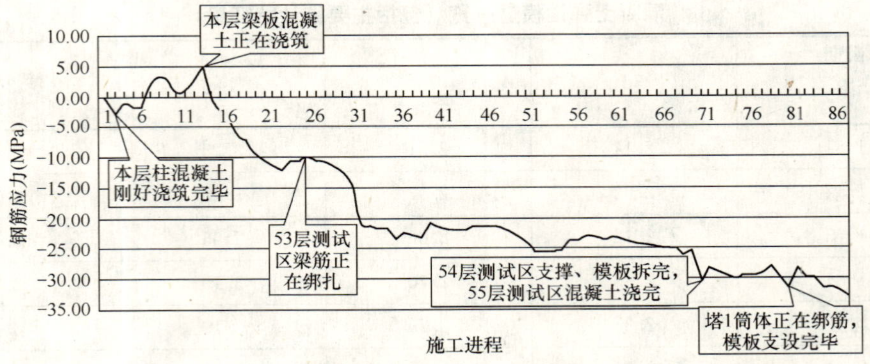

图 3　柱钢筋应力（52—1♯）

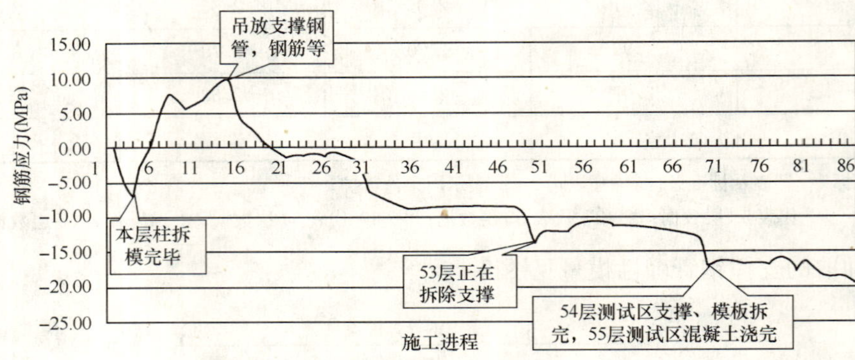

图 4　柱钢筋应力（52—2♯）

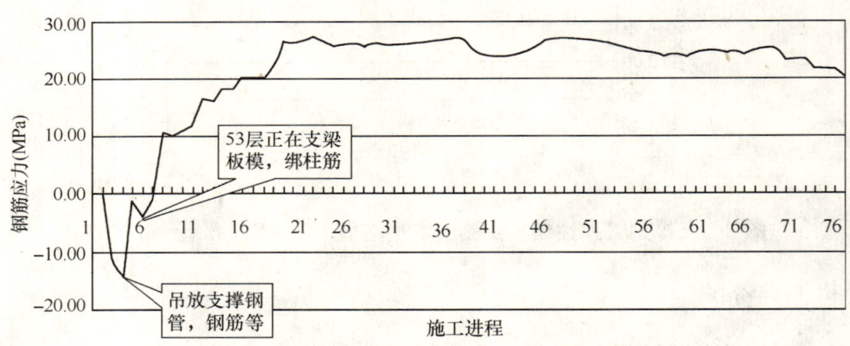

图 5　梁钢筋应力（52—支座）

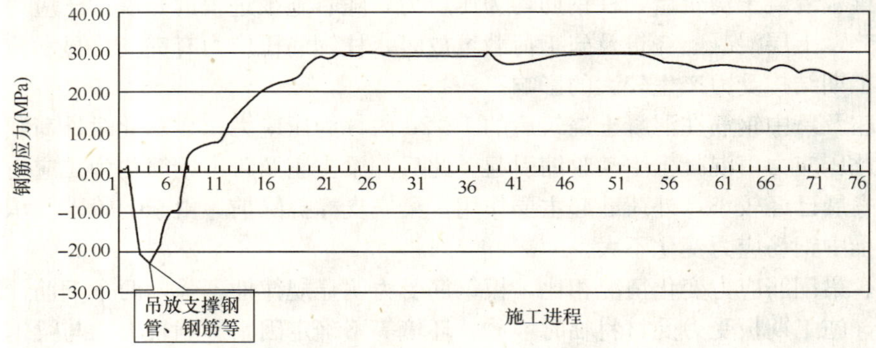

图 6　梁钢筋应力（52—跨中）

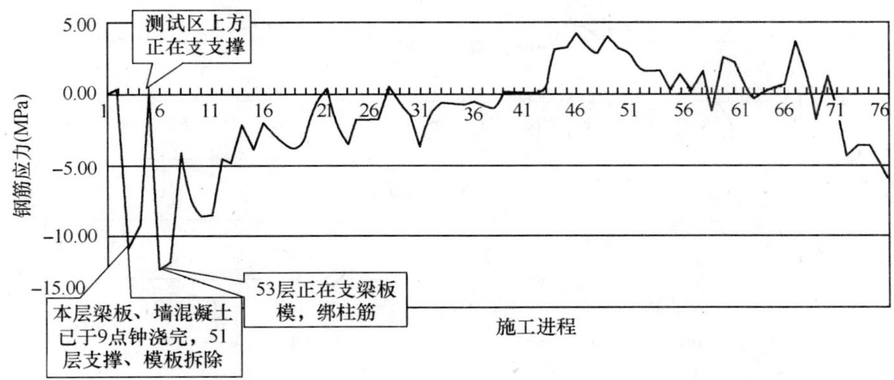

图 7　板钢筋应力（52—1#）

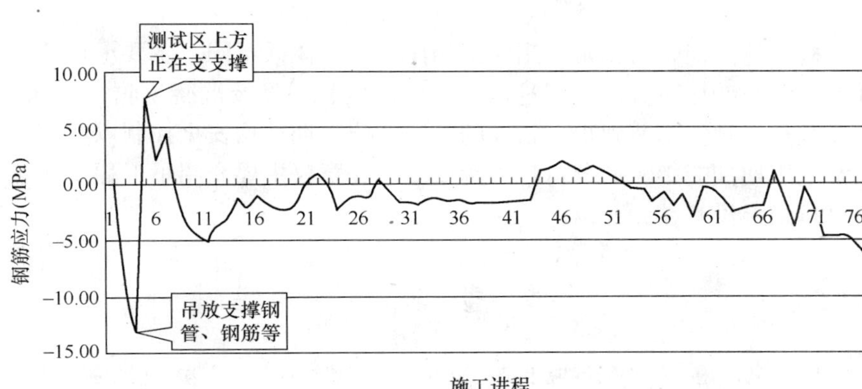

图 8　板钢筋应力（52—2）

钢管支撑及混凝土典型测试结果如图 9 所示。

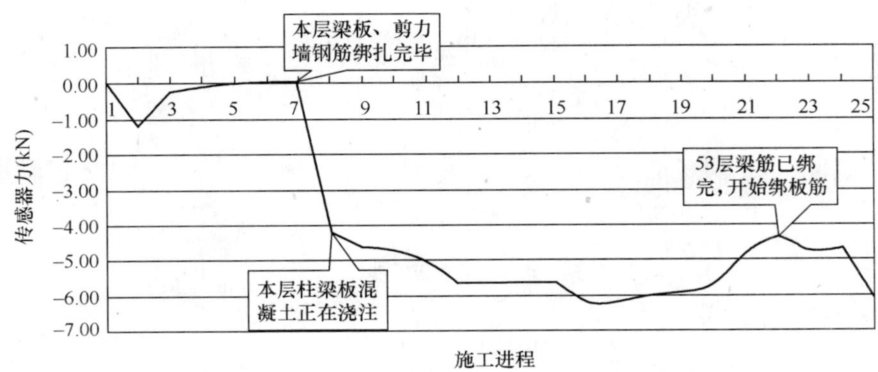

图 9　传感器（52—1#）

梁中混凝土收缩变形如图 10 所示。

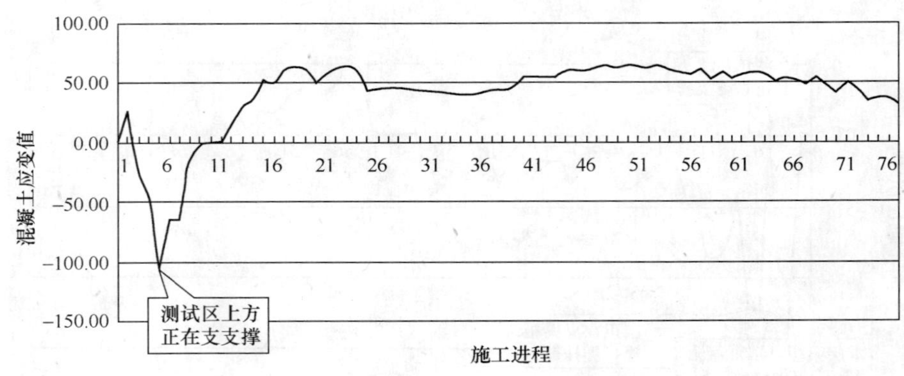

图 10　混凝土应变（52#）

5　结论

混凝土结构在施工期间与正常使用状态相比，受力体系不同，主要承重结构材料混凝土的基本性能随时间变化明显，施工过程受环境温度、湿度及混凝土收缩和徐变影响大，此外，施工荷载与正常使用荷载也有较大的不同，施工期结构安全控制以及施工期结构性能变化对正常使用期性能影响的分析越来越重要。文章仅主要介绍了工程实测结果及简要分析，数值分析结果没有在此介绍。

参　考　文　献

[1]　方东平，祝宏毅等．施工期钢筋混凝土结构特性的实测研究［J］．土木工程学报，2001，34（2）：7-11.

[2]　华建民，张希黔等．地下室混凝土墙体施工期间开裂的温度影响分析与试验研究［J］．施工技术，2007，36（4）：45-48.

[3]　赵挺生，方东平，张传敏．施工阶段多（高）层建筑钢筋混凝土结构统一模型［J］．清华大学学报（自然科学版），2004，44（12）：1680-1683.

超限超高层钢筋混凝土主体结构耐久性施工措施

徐智勇，刘光云

（重庆大学土木工程学院，重庆 400045）

摘　要　为提高超限超高层钢筋混凝土主体结构耐久性，本文以重庆某超限超高层钢筋混凝土主体结构工程为依托，针对影响混凝土耐久性的主要因素，提出了通过科学配比，合理浇筑，充分养护，加强特殊部位处理等施工措施来控制工程质量，提高结构耐久性，取得了良好的效果，为今后类似工程耐久性施工提供了有利借鉴。

关键词　超限超高层；耐久性；影响因素；施工措施

1　引言

重庆某超限超高层建筑地下 3 层，地上 54 层，建筑总高度 232.2m，设计合理使用年限为 100 年。结构合理使用年限主要考虑的就是结构的耐久性，因此通俗来讲，设计使用年限可以理解为建筑物的耐久性。所谓耐久性，是指结构在要求的目标使用期限内，不需要花费大量资金加固处理而能保证其安全性和适用性的能力；或者说是结构在化学侵蚀、生物的或其他不利因素的作用下，在预定时间内，其材料性能的恶化不致导致结构出现不可接受的失效概率[1]。混凝土的耐久性是个很古老的话题，又是当前十分关注且亟待解决的难题。特别针对于设计合理使用年限为 100 年的超限超高层建筑，混凝土的耐久性就显得更为突出。混凝土耐久性的研究可以追溯到 20 世纪三四十年代，经过几十年的研究与实际应用，取得了很多成果。但是针对钢筋混凝土结构耐久性研究主要集中在材料的耐久性研究和结构设计的耐久性研究方面，极少关注施工工艺等对混凝土耐久性的影响。

2　混凝土耐久性的影响因素分析

混凝土结构的耐久性，主要取决于自身的抵抗力和外界的环境状况：环境相同，抵抗力不同，其耐久性可能不同；反之，抵抗力相同，环境不同，其耐久性也可能不同。可见，混凝土结构的耐久性呈现出复杂性的特点，除去社会因素、人为因素外，技术方面的主要因素有以下几点。

2.1　混凝土的碳化

它是空气中二氧化碳与水泥石中的碱性物质相互作用，使其成分、组织和性能发生变化，使用机能下降的一种很复杂的物理化学过程。混凝土碳化的主要危害是由于混凝土碱性降低使钢筋表面在高碱环境下形成的对钢筋起保护作用的致密氧化膜（钝化膜）遭到破坏，使混凝土失去对钢筋的保护作用，使混凝土中钢筋锈蚀，同时，混凝土的碳化还会加剧混凝土的收缩，这些都可能导致混凝土的裂缝和结构的破坏。所以说，混凝土的碳化与混凝土结构的耐久性密切相关，是衡量钢筋混凝土结构可靠度的重要指标[2]。

2.2 混凝土的冻融破坏

混凝土中毛细孔内的自由水就是导致混凝土遭受冻害的主要因素，因为水遇冷冻结成冰后会发生体积膨胀，引起混凝土内部结构的破坏。处于饱和水状态的混凝土受冻时，其毛细孔壁同时承受膨胀和渗透两种压力。当这两种压力超过混凝土的抗拉强度时，混凝土就会开裂[3]。在反复冻融循环后，混凝土中的裂缝会互相贯通，其强度也会逐渐减低，最后甚至完全丧失，使混凝土由表及里遭受破坏。

2.3 侵蚀性介质的腐蚀

在各种侵蚀性介质如酸、碱溶液等作用的环境下，侵蚀性介质对混凝土产生腐蚀，最终可能导致结构破坏。

2.4 混凝土碱骨料反应

碱骨料反应是指混凝土骨料中某些活性矿物与混凝土微孔中的碱溶液产生的化学反应。碱主要来源于水泥熟料、外加剂，骨料中活性材料主要是 SiO_2 和硅酸盐、碳酸盐等。混凝土发生碱骨料反应破坏的特征：外观上主要是表面裂缝、变形和渗出物；而内部特征主要有内部凝胶、反应环、活性碱—骨料、内部裂缝、碱含量等。混凝土结构一旦发生碱骨料反应出现裂缝后，会加速混凝土的其他破坏，空气、水、二氧化碳等侵入，会使混凝土碳化和钢筋锈蚀速度加快，而钢筋锈蚀产物铁锈的体积远大于钢筋原来的体积，又会使裂缝扩大。

2.5 钢筋锈蚀

当钢筋外面的混凝土碳化或出现开裂等情况时，钢筋失去了碱性混凝土的保护，钝化膜破坏并开始锈蚀。锈蚀的钢筋不但截面积有所损失，材料的各项性能也会发生衰退，从而影响混凝土构件的承载能力和使用性能。钢筋锈蚀也是引起混凝土结构耐久性下降的最主要和最直接的因素[4]。在施工过程中，如不规范施工则会有多种导致钢筋锈蚀的情况，从而影响混凝土耐久性。

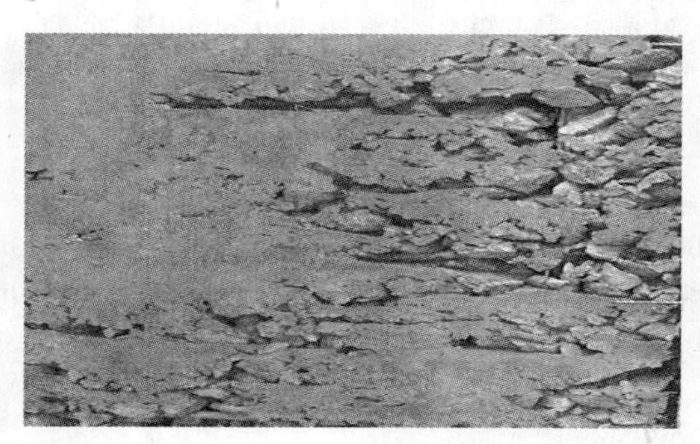

图 1 其他工程混凝土浇筑不密实

(1) 混凝土浇筑质量不好，比如存在蜂窝、麻面、不密实等，如图 1 所示，使得外界侵蚀性物质（二氧化碳等）更容易进入混凝土内部，到达钢筋表面，造成钢筋锈蚀或其他的耐久性损伤；

(2) 保护层不足或不均匀，导致构件钢筋外露，外露的钢筋段在大气中非常容易锈蚀，锈蚀后的钢筋段与未暴露的钢筋段形成电位差，产生宏电池效应，使钢筋呈间隔锈蚀的状况，如图 2 所示。

（3）楼面不平整，产生楼面积水，见图3，而水是许多化学反应的介质，比如钢筋锈蚀等，水的存在是产生耐久性问题的首要原因。

可见施工对混凝土结构耐久性的影响很大，较之设计对混凝土结构耐久性的影响，施工对混凝土结构耐久性的影响具有立竿见影的效果。

图2　其他工程保护层不足导致构件钢筋外露

图3　其他工程楼面不平整的照片

3　100年合理使用期内混凝土耐久性施工技术措施

前面分析了混凝土耐久性的影响因素对混凝土耐久性的影响。可以认为：要改善混凝土本身的耐久性，须根据工程所处的环境条件，从混凝土选择原材料和配合比设计，以及生产和施工过程（包括搅拌、运输、浇筑、振捣、抹面、养护及拆模等各个环节）赋予混凝土具有良好的耐久性；另一方面，建筑物可能存在一些构造薄弱部位（施工缝、后浇带、伸缩缝等），这些构造薄弱部位极易发生影响混凝土耐久性的质量问题。因此，保证这些薄弱部位的施工质量是保证混凝土耐久性的另一重要环节。根据以上思路，提出了100年合理使用期内混凝土耐久性施工技术措施：科学配比、合理浇筑、充分养护、加强特殊部位处理。

3.1　科学配比

科学配比即通过选用适宜的原材料（砂、石、水泥、外加剂、掺合料、水），确定它们之间的合理配比，使混凝土拌合物具有良好的工作性能，提高硬化混凝土内部结构性能，如最大限度地减少混凝土内部的气泡和微裂纹，保证混凝土的密实度，进而保证硬化混凝土的耐久性。在施工允许的条件下，应限制混凝土拌合物的坍落度（使易于泵送、浇筑和振实而不离析）；限制混凝土的早期强度（例如12～24h以内）的发展速率，使其具有坚实的基体和表面（没有裂缝）[5]。

3.2　合理浇筑

合理浇筑指在结构混凝土浇筑施工顺序安排合理，以减少或避免混凝土裂缝；合理安排施工机具和人员，保证混凝土供应能力和浇筑能力，避免产生施工冷缝；加强混凝土生产、运输、浇筑振捣成型过程中的质量控制（特别是对原材料的均化处理、生产过程的质量稳定性控制），确保混凝土施工质量。

对混凝土底板或顶板，其浇筑方向可采用以下两种形式，如图 4。

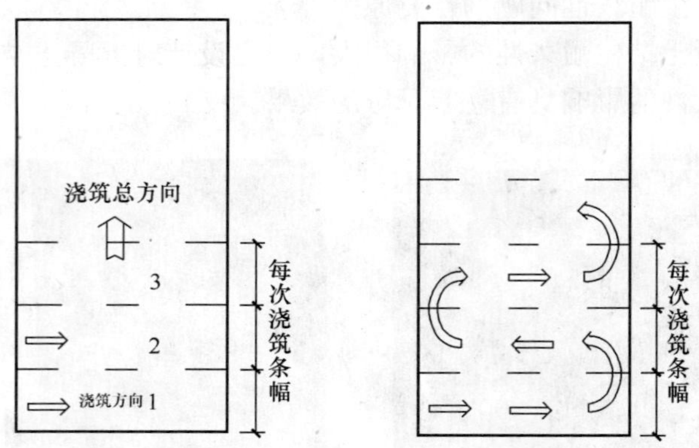

图 4　混凝土浇筑方向示意图

混凝土应振捣密实，不得过振和漏振。对于孔洞口、预埋套管等处，先浇筑较深处，静止 1～2h，让混凝土沉降后，再与孔洞、预埋套管上部混凝土一起浇筑。初凝前进行两次振捣可排除混凝土因泌水在石子、水平钢筋下部形成的空隙和水分，提高粘结力和抗拉强度，并减少内部裂缝与气孔，提高抗裂性。混凝土终凝前对表面进行二次抹压，减少混凝土表面的塑性收缩。

3.3　充分养护

养护不仅是保持足够的湿度以满足混凝土水化的要求，而且要在不同的环境温度下保持尽可能小的内、外温差和恰当的升温、降温速率。因此，混凝土浇筑后，“即时”、“适时”采取养护措施保持适当的温度、湿度条件，既要保持混凝土裸面潮湿、防止水分外散，也要保持温度变化适宜能符合强度发展需要并减小内外温差。

3.4　加强特殊部位的处理

建筑物中有一些特殊部位，需采取可靠的技术措施进行施工处理，否则容易产生质量问题而影响混凝土的耐久性。这些特殊部位有：施工缝、伸缩缝、后浇带、预埋套管等。

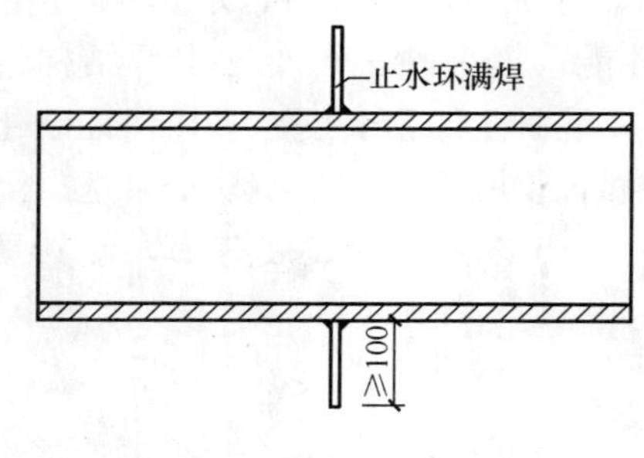

图 5　预埋套管示意图

如对地下室墙体预埋套管外侧需焊止水环，以防止地下水对混凝土的浸蚀而影响混凝土的耐久性，如图 5 所示。预埋套管处混凝土浇筑时，先浇筑较深处，静止 1～2h，让混凝土沉降后，再与预埋套管上部混凝土一起浇筑。

提高混凝土结构耐久性是一个综合工程、系统工程。原材料选择、配合比设计、混凝土生产和施工的各个环节、建筑物特殊部位处理状况都对混凝土结构耐久性造成影响。通过以上综合措施的具体应用和精心组织施工，能够满足 100 年合理使用期内混凝土耐久性的技术要求。

4 结论

近年来各地都兴建了大量超限超高层建筑，如何保证超限超高层的耐久性已经是摆在广大工程人员面前的难题。而混凝土耐久性问题是一个系统工程，它涉及了结构设计、材料使用、施工过程等多方面、多学科，只有各方面彼此交流合作，才能真正解决这个关系到整个建筑领域、关系到国计民生的问题。

参 考 文 献

[1] 蒲心诚．论混凝土工程的超耐久化［J］．混凝土，2000，(1)：3～7.

[2] 杨静．混凝土碳化机理及影响因素．混凝土，1995 (6)．

[3] 黄士元．混凝土早期裂纹的原因及防治［J］．混凝土，2000，(7)：3～5.

[4] 蔡光汀．钢筋混凝土腐蚀机理和防腐措施探讨．混凝土，1992 (1)

[5] 白建明，高秀青．提高混凝土耐久性的主要措施［J］．山西建筑．2005 (06)：120～121.

尊敬的读者：

感谢您选购我社图书！建工版图书按图书销售分类在卖场上架，共设22个一级分类及43个二级分类，根据图书销售分类选购建筑类图书会节省您的大量时间。现将建工版图书销售分类及与我社联系方式介绍给您，欢迎随时与我们联系。

★建工版图书销售分类表（见下表）。

★欢迎登陆中国建筑工业出版社网站www.cabp.com.cn，本网站为您提供建工版图书信息查询，网上留言、购书服务，并邀请您加入网上读者俱乐部。

★中国建筑工业出版社总编室　电　话：010—58337016　传　真：010—68321361

★中国建筑工业出版社发行部　电　话：010—58337346　传　真：010—68325420
E-mail：hbw@cabp.com.cn

建工版图书销售分类表

一级分类名称（代码）	二级分类名称（代码）	一级分类名称（代码）	二级分类名称（代码）
建筑学（A）	建筑历史与理论（A10）	园林景观（G）	园林史与园林景观理论（G10）
	建筑设计（A20）		园林景观规划与设计（G20）
	建筑技术（A30）		环境艺术设计（G30）
	建筑表现·建筑制图（A40）		园林景观施工（G40）
	建筑艺术（A50）		园林植物与应用（G50）
建筑设备·建筑材料（F）	暖通空调（F10）	城乡建设·市政工程·环境工程（B）	城镇与乡（村）建设（B10）
	建筑给水排水（F20）		道路桥梁工程（B20）
	建筑电气与建筑智能化技术（F30）		市政给水排水工程（B30）
	建筑节能·建筑防火（F40）		市政供热、供燃气工程（B40）
	建筑材料（F50）		环境工程（B50）
城市规划·城市设计（P）	城市史与城市规划理论（P10）	建筑结构与岩土工程（S）	建筑结构（S10）
	城市规划与城市设计（P20）		岩土工程（S20）
室内设计·装饰装修（D）	室内设计与表现（D10）	建筑施工·设备安装技术（C）	施工技术（C10）
	家具与装饰（D20）		设备安装技术（C20）
	装修材料与施工（D30）		工程质量与安全（C30）
建筑工程经济与管理（M）	施工管理（M10）	房地产开发管理（E）	房地产开发与经营（E10）
	工程管理（M20）		物业管理（E20）
	工程监理（M30）	辞典·连续出版物（Z）	辞典（Z10）
	工程经济与造价（M40）		连续出版物（Z20）
艺术·设计（K）	艺术（K10）	旅游·其他（Q）	旅游（Q10）
	工业设计（K20）		其他（Q20）
	平面设计（K30）	土木建筑计算机应用系列（J）	
执业资格考试用书（R）		法律法规与标准规范单行本（T）	
高校教材（V）		法律法规与标准规范汇编/大全（U）	
高职高专教材（X）		培训教材（Y）	
中职中专教材（W）		电子出版物（H）	

注：建工版图书销售分类已标注于图书封底。